Hans-Jürgen Probst

Controlling

Hans-Jürgen Probst

Controlling

Richtig planen, analysieren und steuern

alles,
was sie wissen müssen

REDLINE | VERLAG

Bibliografische Information der Deutschen Nationalbibliothek
Die Deutsche Nationalbibliothek verzeichnet diese Publikation in der Deutschen Nationalbibliografie.
Detaillierte bibliografische Daten sind im Internet über http://dnb.d-nb.de abrufbar.

Für Fragen und Anregungen:
probst@redline-verlag.de

Aktualisierte Neuauflage 2014

Nymphenburger Straße 86
D-80636 München
Tel.: 089 651285-0
Fax: 089 652096

Die vorherige Auflage erschien unter dem Titel *Controlling leicht gemacht* im Redline Verlag .

Satz: abavo GmbH, 86807 Buchloe, www.abavo.de
Umschlaggestaltung: Kirstin Hoffmann, München
Druck: Konrad Triltsch GmbH, Ochsenfurt
Printed in Germany

ISBN Print 978-3-86881-512-2
ISBN E-Book (PDF) 978-3-86414-511-7
ISBN E-Book (EPUB, Mobi) 978-3-86414-663-3

Inhaltsverzeichnis

Vorwort: Warum wir alle Controller sind

Im Grunde sind wir alle Controller. Wir wissen es meist nur nicht. Dabei machen wir im Alltag täglich das, was Thema dieses Buches ist: Controlling.
Es beginnt schon beim Aufstehen. Jeder macht sein **Zeitbudget** ab dem Ausstellen des Weckers bis zum Verlassen der Wohnung. Man braucht vielleicht 40 Minuten. Hinein ins Bad, schnell ein Frühstück. Zwischendurch schaut man immer wieder auf die Uhr: Liegt man im Zeitbudget? Wenn nein, dann wird rationalisiert (der Kaffee wird etwas schneller getrunken). Bad besetzt? Jetzt wird umdisponiert. Also erst die Tasche packen und Frühstück vorbereiten – jetzt Bad frei? Plan erfüllt, Straßenbahn erreicht! Genau das ist Controlling. **Man steuert den Prozess** „den Tag beginnen".
Weiter geht es beim Einkaufen. Man hat disponiert, was es heute zu Essen geben soll, hat gewisse Vorstellungen, man hat also eine **Planung**. Was darf es kosten? Gibt es andere Beschaffungsquellen? Manche führen ein Haushaltsbuch, haben also das, was man im Controlling **Berichtswesen** nennt.
Beim Autokauf wird eine **Investitionsrechnung** gemacht: Kosten/Nutzen/Restwert.
Auch mit unseren Kinder machen wir schon Controlling: Es gibt ein Taschengeld. Somit haben die Kinder bereits ein eigenverantwortliches Budget.
Ja, man hat vielleicht in der Familie sogar ein **Leitbild**: „Wir machen keine Schulden" oder „Bei uns stehen an erster Stelle die Kinder".
Derartige Aufzählungen ließen sich fortführen. Letztlich ist Controlling im Unternehmen mit anderen Instrumenten nur das, was wir auch privat täglich tun.
Sie finden in diesem Buch die wichtigsten Controllinginhalte, die in den letzten Jahren bzw. Jahrzehnten diskutiert wurden.
Vorkenntnisse benötigen Sie für dieses Buch nicht. Es ist gedacht für Controllingeinsteiger, für jene, die schnell einen Einblick in das Thema bekommen möchten, aber auch für die, die bereits aktiv im Controlling tätig sind und einen komprimierten Überblick oder Anregungen suchen.

Auf unnötige Theorie und praxisferne Details wird verzichtet und in einfacher und lockerer Form wird das Thema praxis- und anwendungsorientiert behandelt.
Zum Schluss möchten wir darauf hinweisen, dass aus Gründen der guten Lesbarkeit auf die Nennung jeweils beider Geschlechtsformen verzichtet wurde. Selbstverständlich ist auch immer die Controller**in** usw. gemeint.
Und jetzt geht es los. Verlag und Autor wünschen Ihnen viel Spaß und Erfolg mit der Lektüre.

Redline Verlag und Hans-Jürgen Probst

1. Was ist das: Controlling

Der betriebswirtschaftliche Reiseführer muss an Bord

„Der Wind bläst scharf und uns mitten ins Gesicht“, sagte ein Semiarteilnehmer, verantwortlich für das Rechnungswesen eines mittelständischen Automobilzulieferers zu Beginn eines Controllingseminars auf die Frage, warum er gerade dieses Seminar besuche.
Und in der Tat: Die Konkurrenz schläft nicht und drängt in unsere Märkte, möchte große Stücke des zu verteilenden Kuchens und ist teilweise auch noch billiger. So kommt es zu einem Nachfragerückgang und dies alles verschärft den Kostendruck im Unternehmen. Vor allem größere Unternehmen geben ihren eigenen Kostendruck an ihre Zulieferer weiter. Immer mehr wird dabei in die Handlungsspielräume der kleineren Unternehmen eingegriffen. Dazu kommen immer kürzere Produkt- und Technologielebenszyklen. Man traut sich z.B. kaum noch, einen Personalcomputer zu kaufen, denn morgen steht schon das bessere und billigere Produkt in der Zeitung.
Fazit: Es gibt aktuell viel zu tun, Controlling ist gefragt.
Mit dem Controllingthema befinden wir uns mitten im Zentrum der Betriebswirtschaftslehre. Im Controlling fließt alles zusammen, was im Unternehmen passiert, mit allen Erfolgen und Pannen, die Vergangenheit und die Zukunft: Umsätze, Kosten, Ergebnisse, Preise, Kalkulationen, Investitionen usw. So ist der Controller häufig die am besten informierte Person im Unternehmen.

Kurzer Ausflug in die Bereiche der Betriebswirtschaftslehre

Bevor wir uns konkret den Controllinginhalten zuwenden: Wandern wir gedanklich einmal durch ein typisches Unternehmen und beleuchten dabei kurz klassische betriebswirtschaftliche Bereiche und Fragestellungen. Dann sehen wir, in welchem Umfeld wir uns mit unserem Thema Controlling bewegen und dass Controllingfragen überall im Unternehmen auftauchen bevor wir richtig durchstarten.

Materialwirtschaft:

Hier geht es um den Einkauf, Lagerung, Prüfung usw. der benötigten Materialien.
Lassen wir unsere betriebswirtschaftlichen Prozesse mit dem Ankommen des Materials im Lager beginnen. Schon stellen sich erste Fragen:

- Brauchen wir überhaupt ein **Lager**?
  So radikal diese Frage klingt, viele Unternehmen verzichten auf aufwendige Lagerung. „Just in time“ heißt dies und soll Lagerkosten sparen, indem der Lieferant immer dann liefert, wenn die Ware gerade gebraucht wird. Diese, wie es auch heißt, fertigungssynchrone Anlieferung muss allerdings klappen. Einige kennen vielleicht noch das Beispiel eines Automobilherstellers, bei dem die Autos komplett fertig waren – nur die Lenkräder fehlten. Die Mitarbeiter des Zulieferanten der Lenkräder streikten, es wurde nicht just in time geliefert und auf Lager gab es keine Lenkräder. Die Folge waren Millionenverluste.
- Was kostet uns die **Beschaffung**?
  Die Frage nach den Kosten zieht sich wie ein roter Faden durch die Betriebswirtschaftslehre. Sind vielleicht die Kosten zu hoch? Geht es auch billiger? Wenn ja, wie? Was verursacht die Kosten der Beschaffung? Zum Beispiel die Einkaufsabteilung. Hier sind Mitarbeiter beschäftigt und verursachen Personalkosten. Derartige Kosten sind noch schnell zu greifen und zu analysieren.
- Ferner geht es um **Einkaufskonditionen**. Diese hängen wiederum von der Einkaufsmenge und der Variantenvielfalt ab. Und außerdem ist es eben auch vom Bestellaufwand auf Dauer billiger, wenn z.B. ein Uhrenhersteller von einem Lieferanten zwei Sorten Armbänder beschafft, als von fünf Lieferanten acht Armbänder. Derartige Fragestellungen sind in diesem Bereich in den letzten Jahren intensiv angegangen worden und weiterhin aktuell.
- Wichtig ist auch die Frage, **wie viel Kapital durch die Beschaffung gebunden wird**. Ware, die auf Lager liegt, ist meist bereits bezahlt und somit gebundenes Kapital. Das Geld zur Finanzierung der Lagerware hat uns entweder bei Kreditfinanzierung Zinsen gekostet oder, wenn eigenfinanziert, bringt uns keine Zinsen mehr, weil es im Lager gebunden ist.

Oder das Geld steht schlicht nicht mehr für andere Dinge, z.B. für Investitionen oder Werbemaßnahmen zur Verfügung.

- **Was kosten die Lager?** Brauchen wir unbedingt Zwischenlager in der Produktion? Was kosten die Ein- und Auslagerungsvorgänge; im Fachjargon: Was kosten Ein- und Auslagerungsprozesse? Alles wird kritisch hinterfragt.
- Kümmern wir uns um die **richtigen Dinge**?
  In einem mittelständischen Unternehmen war ein Mitarbeiter der Einkaufsabteilung dafür bekannt, dass er mit den Lieferanten um kleinste Beträge feilschte, selbst mit den Büromateriallieferanten im Ort. An sich recht lobenswert, nur – es stellte sich heraus, dass die wichtigsten Rohstoffe des Unternehmens über Jahre zu teuer beschafft wurden. Der Einkäufer hatte sich mit „peanuts" beschäftigt. Bei der Beschaffung sollte also an erste Stelle die Frage stehen: „Welche Materialien machen das größte Einkaufsvolumen aus, was ist wirklich wichtig?" In der Praxis unterteilt man nach Maßgabe des Einkaufsvolumens in A-, B- und C-Materialien, die sog. ABC-Analyse. Zunächst ist also A an der Reihe, hier muss gehandelt werden. Geht es billiger, schneller, qualitativ besser usw.
- Wie verteilen wir die Kosten der Materialwirtschaft auf die Produkte?
  Wie kalkuliere ich die **Kosten der Materialwirtschaft** auf das Produkt? Klar ist, das Produkt muss die Kosten tragen, die es verursacht hat. Bei den Materialkosten ist dies noch einfach, da kennt man den Materialpreis. Auch Lohnkosten können leicht zugeordnet werden. Man kennt die Kosten der Mitarbeiter. Im Bereich Materialwirtschaft wird es aber schwierig. Zwar kennt man die Kosten der Materialwirtschaft und auch die Produkte, aber einen direkten Zurechnungszusammenhang gibt es nicht. Je teuerer das Produkt, umso höher die zugerechneten Kosten der Materialwirtschaft? Dies wäre ein schlechter Umlageschlüssel, denn billige Produkte können mehr Aufwand verursachen als teure Produkte. Die Plastikuhr kann in der Beschaffung genauso aufwendig sein wie die teure goldene Uhr. Hier grübelt der Controller über der richtigen Zurechnung.

In Dienstleistungsunternehmen wie z.B. Banken, Versicherungen, Medienunternehmen oder dem öffentlicher Sektor spielt die Materialwirtschaft nur eine nachgelagerte Rolle. Hier gibt es kaum Lager.

Produktion/Technik/Forschung u. Entwicklung:

Wenn wir weiter durchs Unternehmen wandern, kommen wir in die Produktion. Hier fragen wir als Erstes:

- Stimmt die Produktivität?
  Österreich, Deutschland und die Schweiz haben mit die höchsten Arbeitskosten in Europa, ja weltweit, stehen aber in der Produktivität ganz oben. Produktivität misst grundsätzlich das Verhältnis von Input und Output. Also z.B. Stückzahl pro Arbeitsstunde. In der Produktion kennt man die wesentliche Kennzahl Leistung zu Anwesenheit. Wie viel Prozent der Anwesenheit der Mitarbeiter werden zu Leistung? 70 %, 85 % oder gar 95 %? Was passiert in der Zeit, in der die Mitarbeiter zwar anwesend sind, aber diese Anwesenheit nicht zur Leistung wird? Wird auf Material gewartet, sind die Maschinen laufend defekt, wird gar unverkäuflicher Ausschuss produziert?
- Ist die Produktion ausgelastet?
  Alles verursacht Kosten und die meisten Kosten laufen auch dann weiter, wenn nicht produziert wird. Zum Beispiel die Abschreibungen für die Maschinen, ja meist sogar die Kosten der Mitarbeiter. Folglich ist es ein wichtiges Ziel der Produktion, so banal es auch klingt, dass eben auch kräftig und regelmäßig produziert wird. Stillstand oder Produktion auf Sparflamme verteuert die Produkte. Ist die Auslastung nicht sicherzustellen, versucht man zunehmend, flexibler in der Produktion zu werden, also z.B. mit Zeitpersonal zu arbeiten.
- Müssen wir alles selber fertigen?
  Vorbei sind die Zeiten, in denen die Hersteller das gesamte Produkt selber gefertigt haben. Heutzutage werden viele Teile zugekauft, die andere besser, billiger oder schneller fertigen können. Man selber konzentriert sich auf seine sog. Kernkompetenz – auf Dinge, die wir besonders gut können.
- Sind Forschung und Entwicklung effektiv?
  Forschungs- und Entwicklungskosten bilden heute einen immensen Kostenblock in vielen Unternehmen. Umso wichtiger die ist Frage nach der Effektivität: Arbeitet unsere Forschungs- und Entwicklungsabteilung konkret am Kunden, vielleicht sogar am Kundenauftrag? Sind wir sicher,

dass die Forschungs- und Entwicklungskosten später über die Produkte wieder „eingefahren“ werden? Oder forschen wir mehr „auf Verdacht“? Forschung und Entwicklung wird meist in Form von Projekten durchgeführt. Verfolgen wir den Fortschritt und die Kosten der Projekte oder lassen wir sie einfach laufen?

- **... und was kostet das alles?**
  Wieder kommt hier die bekannte betriebswirtschaftliche Frage nach den Kosten. Zum einen stellen wir die Kosten für die Produktkalkulation fest, zum anderen analysieren wir die Kosten kritisch. Was kostet zum Beispiel die Produktionsminute, was die Entwicklungsstunde? Verschiedene Kennzahlen sind sinnvoll: Lohnkosten pro Minute oder pro Leistungseinheit (z.B. Stück). Darüber hinaus werden die Kosten der Fertigungsmethoden verglichen. Lohnt sich die Neuinvestition? Ist es billiger, statt Eigenfertigung z.B. die Rohteile fremd zu beziehen? Fragen über Fragen. Wir brauchen einen Controller!

Absatz/Marketing:

„Komm auf eine Tasse XY-Kaffee...“, wirbt der Kaffeehersteller. Was ist die Botschaft? Komm auf ein Schwätzchen. Über den Hebel Kommunikation wird hier Kaffee verkauft. Kaffeehersteller sind stark im Kommunikationsgeschäft engagiert. Das müssen die Hersteller wissen (und sie wissen es auch). Wir alle kennen die Zigarettenwerbungen, die mit der Zigarette Freiheit und Abenteuer versprechen. Wir sind offensichtlich in die Marketingabteilung gewandert.
Lag früher das Augenmerk bzw. der Schwerpunkt der Betriebswirtschaftslehre noch im Bereich der Produktion, hat sich dies grundlegend gewandelt. Heute stehen Marketing- bzw. Vertriebsfragen im Vordergrund. Ein Unternehmen lebt eben nicht von dem, was es produziert, sondern von dem, was es verkauft. Vertrieb ist allerdings nicht mit Marketing gleichzusetzen. Beim Vertrieb geht es um den Verkauf, den Absatz der Produkte. Wie verkaufe ich das Produkt? Mit Vertretern, Vertriebsgesellschaften, mit Zwischenhändlern usw. Und wieder die bekannte Frage: Was kosten uns diese Vertriebswege? Aber auch: Was verdienen wir am Kunden, an Kundengruppen, in den jeweiligen Verkaufsgebieten usw.

Marketing stellt andere, weitergehende Fragen. Was ist eigentlich Marketing? Über kaum einen Begriff im Rahmen der Betriebswirtschaftslehre wurde soviel diskutiert und kaum einer hat so viele Erklärungsversuche hinter sich. Immerhin hat sich dies herauskristallisiert (ein Definitionsversuch):

- Marketing ist Kundenorientierung als durchgängiges Denkschema.
- Es orientiert alle betrieblichen Funktionen auf den Markt hin.

Marketing fängt schon bei der Beschaffung an. Hier geht es nicht nur darum, die richtigen Mengen in der richtigen Qualität zum richtigen Zeitpunkt zu beschaffen. Marketing bedeutet hier, dem Kunden zu vermitteln:

- hier wird umweltfreundlich eingekauft
- hier wird Abfall gespart
- hier wird beste Qualität gekauft
- unsere Einkäufer sind kompetent.

Marketing bedeutet zum Beispiel beim Kundendienst, nicht nur schnell und zuverlässig zu reparieren, sondern dem Kunden das Gefühl zu vermitteln:

- hier wird gern geholfen
- der Kunde stört nicht
- der Garantiefall ist für uns ein Anlass für einen Lernprozess.

Marketing ist schon, wenn der Bierfahrer lächelt, wenn er Ihnen in den 3. Stock (ohne Aufzug) den Kasten Bier bringt. Wie lange noch würden Sie Bier bei einem Getränkehändler kaufen, wenn Ihnen permanent vom Fahrer das Gefühl vermittelt wird, dass Sie ein lästiger Kunde sind?
Neben diesen, wie man so schön sagt, „soft facts", gibt es aber im Marketing handfeste Instrumente: der **Marketing-Mix**. Hier werden wesentliche Aufgaben des Marketings beschrieben:

- **Produkt- und Sortimentspolitik**
  Welche Produkte, besser: Problemlösungen sollen am Markt angeboten werden? **Welche Eigenschaften** soll das Produkt haben, in welches Produktprogramm ist es eingebettet? Wie gestalte ich die Sortimente? Sie

werden keinen oberbayerischen Bierhersteller finden, der im Angebot Kräutertees führt. Das Produkt kann freilich auch eine Dienstleistung sein. Und so wirbt z.B. ein privates Bewachungsunternehmen mit dem Slogan „Wir produzieren Sicherheit!"

- **Distributionspolitik**
  An wen soll das Produkt verkauft werden und auf **welchen Vertriebswegen**? Wie wichtig ist z.B. eine Lieferbereitschaft innerhalb von zwei Tagen oder sogar nur Stunden (Medikamente)? Welchen Service biete ich?
- **Kontrahierungspolitik**
  Hier dreht sich alles um **Preise und was damit zusammenhängt**: Rabatte, Zahlungsbedingungen usw. Ein sensibler Bereich. Wichtige Fragen sind zum Beispiel, **wie hoch der Preis sein muss,** um die Kosten zu decken oder die andere Herangehensweise, **wie hoch der Preis sein darf**, damit noch genügend abgesetzt werden kann. Was erlaubt der Markt?
- **Kommunikationspolitik**
  Die potentiellen Abnehmer sollen motiviert werden, die Produkte zu kaufen. Instrumente sind **Werbung, Öffentlichkeitsarbeit**. Es war Henry Ford, der einmal sinngemäß sagte: „Ich weiß, dass ich die Hälfte meines Werbebudgets zum Fenster hinausschmeiße. Ich weiß nur nicht welche Hälfte." Ein schwieriges Terrain. Das wohl bekannteste Werbemodell ist das **AIDA-Schema**. Demnach verläuft der von der Werbung umworbene vier Phasen der Verhaltensbeeinflussung:
  A = **A**ttention (der potentielle Käufer wird auf das Produkt aufmerksam)
  I = **I**nterest (es besteht ein Interesse an dem Produkt)
  D = **D**esire (es kommt der Wunsch auf, das Produkt zu kaufen)
  A = **A**ction (Aktion, der Käufer „drückt auf den Knopf" und kauft das Produkt).

Der Marketing Mix wird wesentlich beeinflusst von der Marktforschung. Was will der Kunde?
Darüber hinaus gibt es aber eine weitere wesentliche Frage:

- Lohnt sich das Produkt?
  Das Marketing muss sich permanent fragen, ob das Produkt, so schön es vielleicht auch ist und so gut es beim Kunden ankommt: Lohnt es sich

auch? Verdienen wir damit Geld? Manchmal hat man in der Praxis den Eindruck, dass in den Marketingabteilungen diese Fragen eher nachgelagert behandelt werden. Aber zum Glück gibt es ja Controlling!

Buchhaltung/Finanzen:

Wir wandern weiter in die Buchhaltung und treffen dort auf die Mitarbeiter, die alles zahlenmäßig festhalten, was im Unternehmen passiert. Doch nicht nur die Geschäftsvorfälle werden erfasst, es muss auch jemanden geben, der sich darum kümmert, dass das Unternehmen stets liquide ist, dass also immer genügend Geld da ist. Hier werden erstellt:

- die laufende Buchführung, z.B. Verbuchung der Rechnungen, Feststellung der Abschreibungen (Anlagenbuchhaltung), Verbuchung des Materialverbrauchs, Reisekostenabrechnungen und einiges mehr
- der Jahresabschluss mit Bilanz und Gewinn- und Verlustrechnung, die gesetzliche Rechnungslegung
- Wie wird das Unternehmen finanziert? Über eigenes Kapital, Kredite, Beteiligungen? Welche Finanzierungsform ist für uns die günstigste?
- Finanzpläne: Ist zur rechten Zeit genügend Geld da, zum Beispiel wenn eine Investition fällig ist oder Rechnungen und Löhne bezahlt werden müssen?

Kostenrechnung/Controlling:

Wir wandern zur nächsten Stelle im Bereich Rechnungswesen: Zur Kostenrechnung. Hier fragt man

- **Welche** Kosten sind entstanden (**Kostenartenrechnung**)?
- Basis sind die Kosten der Buchhaltung. Diese werden jetzt kritisch durchleuchtet und „weiterverarbeitet“.
- **Wo** sind die Kosten entstanden (**Kostenstellenrechnung**)?
- Man möchte wissen, welche (Kosten-)Stelle im Unternehmen die Kosten verursacht hat. Hat man die Kosten geplant, kann man jetzt sogar feststellen, ob die Planung über- oder unterschritten wurde und durch die Analyse der Abweichung ein ganzes Stück klüger werden.

- **Wofür** sind die Kosten entstanden (**Kostenträgerrechnung**)?
  Für welches Produkt, für welchen Kunden usw.? Jetzt ermittelt die Kostenrechnung, ob wir z.B. mit einem Produkt Geld verdienen oder Geld verlieren. Ferner findet hier die Kalkulation statt. Was kosten unsere Produkte?

Die Kostenrechnung arbeitet direkt dem Controlling zu. Hier fließt alles zusammen, es wird geplant, analysiert, berichtet usw. Controlling beobachtet das betriebliche Geschehen und behält die Ziele im Auge. Wie wir später noch sehen werden, geht aber der Controllinggedanke heutzutage weit über das Arbeiten mit Zahlen hinaus und hat eine übergreifende Steuerungsfunktion. Kostenrechnung und Controlling haben eine große Schnittmenge. Teilweise werden Controllingaufgaben bereits in der Kostenrechnung vorgenommen, ja manchmal heißt die Controllingabteilung noch schlicht Kostenrechnung.
Heutzutage stellt das Controlling recht weitgehende Fragen: Wer sind wir, was können wir, welche Vision haben wir? Diese strategischen Fragen werden dann übersetzt auf Jahrespläne bis hin zu tagesaktuellen Entscheidungen.

Personalwesen:

Wir bleiben im Verwaltungsbereich, dem sog. Overhead. So nennt man gern die Verwaltungsabteilungen (andere sagen genauso gern Wasserkopf dazu). Übrigens: Die hier verwendeten Begriffe wie zum Beispiel Rechnungswesen oder Personalwesen werden zunehmend anders benannt (ohne dass sich allerdings die Bedeutung wesentlich ändert). So sieht man häufig Accounting für Rechnungswesen oder Human Ressources für Personalwesen. Der neueste sprachliche Hit für die Stelle, die Mitarbeiter einstellt, ist Recruiting (von rekrutieren). Im Personalwesen gibt es im Wesentlichen folgende Funktionen:

- **Personalgewinnung** („Recruiting“) durch Personalanzeigen, Personalberatungen, Arbeitsamt usw.
- Personalbeurteilung

- Häufig findet man heute folgende Beurteilungskriterien: Persönlichkeitskompetenz, Sozialkompetenz, Fachkompetenz, Führungskompetenz
- Personalhonorierung
  Dazu gehören die Lohn- und Gehaltsbuchhaltung. Aber auch die Frage der Entlohnungspolitik. Wenn zum Beispiel die neuen Mitarbeiter, weil sie gut verhandelt haben und man sie dringend benötigte, einiges mehr verdienen als die altgedienten Kollegen, dann wird diese Honorierungspolitik zu „Unmut" führen. Ungerechte Gehaltspolitik hat bislang noch jedem Unternehmen geschadet.
- Personalentwicklung
  Hier geht es um die zielgerichtete (Be-)Förderung der Mitarbeiter, Auswahl des Führungsnachwuchses, Fortbildung usw. Hier können die Verantwortlichen viel Motivation schaffen – aber auch vernichten.

Im Personalbereich geht es also viel um die sog. „soft facts", um Gerechtigkeit oder Motivation. Zur Zeit beschäftigt sich die Betriebswirtschaftslehre intensiv mit der Frage, wie diese „soft facts" gemessen werden können. So kann z.B. die Veränderung der Fluktuationsrate Auskunft darüber geben, wie zufrieden die Mitarbeiter im Unternehmen sind. Gibt es z.B. Ausreißer nach oben in einem Bereich, heißt es – Achtung!

Unternehmensführung/Management:

Endlich sind wir in der obersten Etage des Unternehmens angelangt, im Management. Warum sitzt das Management in der Regel immer in den obersten Etagen? Könnte es nicht ein ganz anderes Bild von sich vermitteln, wenn es mitten im Unternehmen säße: „Wir sind nicht über euch, sondern neben euch und die Türen sind offen." Einige Unternehmen praktizieren dies bereits so. Mit Erfolg. In einigen Unternehmen heißt es: Wir haben keine Manager mehr, sondern Coaches. Coaches kennt man aus dem Sport. Übertragen auf das Unternehmen sollen sie die Mitarbeiter fördern und fordern. Das Managementbild ist im Umbruch.
Zunächst sollte erst einmal klar gestellt werden, dass mit Management, personell gesehen, nicht ausschließlich die oberste Führungsriege gemeint ist. Es gibt neben dem sog. Top-Management das Middle(mittlere)-Management und Lower(unte-

re)-Management. Ferner ist Management ein Prozess, der auf vielen Ebenen abläuft, auf denen es etwas zu entscheiden und durchzusetzen gibt. Der Verantwortliche für ein Verkaufsgebiet ist ein Manager; der Meister, der verantwortlich für die Rohfertigung der Produkte ist, ist ein Manager. Ebenso der Leiter der EDV, bzw. wie man heute sagt, des IT-Bereiches (IT für Informationstechnologie).
Unternehmensführung/Management könnte den Rest des Buches füllen. Hier nur einige Schlaglichter, was Unternehmensführung für Aufgaben hat:

- **Umsetzung der Unternehmensziele**
  Man muss wissen, wo man hin will. Abgeleitet aus der Strategie müssen Ziele konkretisiert und effektiv umgesetzt werden. Also erst die richtigen Dinge tun, und dann die Dinge richtig tun. Heißt die Strategie Marktführerschaft, bedeutet dies für das Ziel wahrscheinlich Umsatzsteigerung, Unternehmenswachstum. Ist das Ziel eine möglichst hohe Rendite für die Anteilseigner, kann das Ziel Kostensenkung heißen. Ziele sind Managementaufgaben! Dummerweise ist es in der Praxis so, dass die Mitarbeiter über die Ziele wenig informiert sind. Wie soll man einen Fahrplan einhalten, den man nicht kennt, und dann für Verspätungen einen auf den Deckel bekommt. Und schon sind wir beim Führungsstil.
- **Führungsstil schaffen**
  Es muss ein Führungsstil geschaffen werden, der zum Unternehmen, zur Branche, zu den Mitarbeitern oder schlicht zur Landesmentalität paßt. Extrem ausgedrückt: Man kann nicht in Österreich morgens vor der Arbeit die Mitarbeiter eine Firmenhymne singen lassen.
- Populär sind die sog. Management by ...-Techniken. Beispiele:
  - **Management by delegation**
    Delegieren Sie! So kann man diesen Grundsatz kurz umschreiben. Geben Sie Ihren Mitarbeitern Verantwortung, lassen Sie große Entscheidungsspielräume. Delegation entlastet und schafft Motivation.
  - **Management by exception**
    Sich nur im Ausnahmefall einschalten. Alles andere wird im normalen Betriebsablauf entschieden. Ein Eingriff „von oben“ erfolgt nur, wenn gewisse Ermessensspielräume überschritten werden oder bei wichtigen Dingen eine Abstimmung erforderlich wird.
  - **Management by results**
    Wichtig ist nicht, wie es einer tut, sondern dass das Ziel erreicht wird.

- **Management by participation**
  Jeder Mitarbeiter, der ein Ziel erfüllen soll, muss bei der Zielaufstellung beteiligt sein. Nur so schafft man Identifikation.

Mittlerweile haben sich eine Vielzahl von Management by ...-Regeln entwickelt. Auch der Humor hat hier Einzug gehalten und manchmal ist an den folgenden Management by ...-Regeln ein Körnchen Wahrheit:

- Management by champignons:
  Die Mitarbeiter im Dunkeln lassen, ab und zu mit Mist überschütten und wenn einer den Kopf raussteckt – abschneiden!
- Management by alligators:
  Erst das Maul aufreißen und wenn es brenzlig wird – abtauchen.
- Management by jeans:
  An allen entscheidenden Stellen sitzen Nieten.

Grundsätzlich: Zum Führungsstil gehört immer gute Information der Mitarbeiter (Management by information). Und die Mitarbeiter sollten immer wissen, was man von ihnen erwartet? „Herr Müller, warum kümmern Sie sich nicht um das Werbebudget?" Müller wusste gar nicht, dass dies zu seinem Aufgabenbereich gehört. Selbstverständlichkeiten, aber schauen Sie sich einmal in Ihrem Unternehmen um ...
Und schon sind wir bei der Führungsaufgabe „Organisation des Unternehmens."

Organisationssysteme

Wie ist das Unternehmen aufgebaut und wie sind die Abläufe organisiert? Wer hat was zu tun, wem zu berichten usw. Ein Unternehmen muss funktionieren. Hier gibt es immens viele Diskussionsansätze. In den letzten Jahren kann man die Diskussion grob umschreiben mit „Weg von den Hierarchien". Da gibt es schon mal Anleihen bei der Biologie. Eine Organisation soll sich selbst steuern, sich verändern können – leben.
Wichtig ist für das Management immer die Frage: Haben wir noch den Überblick? Und hier schreit es förmlich nach Controlling.

Folgende Abbildung fasst einige Aspekte unser Wanderung nochmals zusammen:

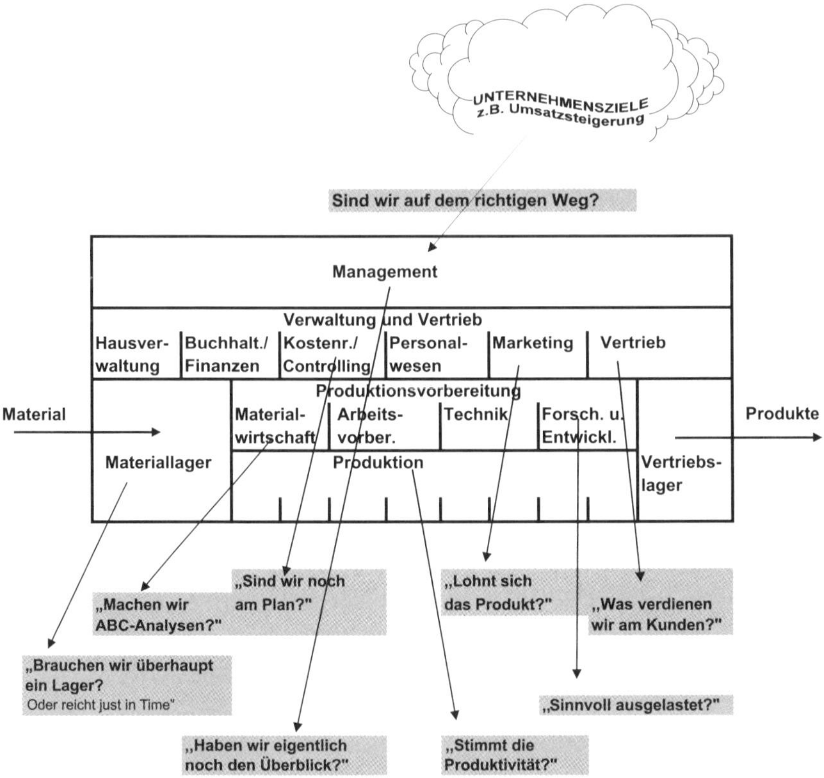

Abbildung 1: Die betrieblichen Funktionsbereiche

Unserer kleiner Ausflug in die Bereiche der Betriebswirtschaftslehre ist nun beendet. Viele Dinge konnten wir nur streifen. Ein Unternehmen ist eben ein sehr komplexes Gebilde. Und um alle Bereiche und somit das Gesamtunternehmen steuern zu können – dafür gibt es das Controlling. Denn wir leben in dynamischen Zeiten. Das Radio existierte 38 Jahre, bevor es 50 Millionen Zuhörer hatte. Das Fernsehen brauchte nur 13 Jahre für diese Größenordnung und das Internet vier Jahre.

Der Controller als ökonomischer Lotse des Unternehmens

Unsere Wanderung durch ein Unternehmen hat gezeigt: Es gibt viel zu überblicken und viel zu tun für die Verantwortlichen im Unternehmen. Und hier hat das Controlling die Funktion des betriebswirtschaftlichen Reiseführers, oder besser – Lotsen.

Ein Unternehmen ist wie ein Schiff, dass sicher im Hafen des Gewinns ankommen will. Der Kapitän (das Management), braucht dabei einen Lotsen zur Unterstützung, der die Gewässer kennt und um Klippen und Untiefen herumsteuern kann. Der Lotse sagt dem Kapitän, wo es langgeht. Befehle aber gibt der Kapitän. Schon dieses kleine Gleichnis sagt, dass Controlling nicht viel mit Kontrolle zu tun hat, auch wenn es im deutschen danach klingt. „To control" bedeutet mehr steuern, regeln, weniger kontrollieren.

Weitere Schlüsselworte sind Kommunikation und Motivation. Der Controller ist der interne Berater oder auch mal Coach. Dabei gilt der Satz eines ehemaligen Vorstandssprechers der Deutschen Bank, nachdem künftig nicht mehr belohnt werden solle, wer viel wisse, sondern wer viel Wissen teile; nicht, wer viele Menschen führen, sondern wer viele Menschen motivieren könne.

Wer macht Controlling im Unternehmen? Es ist ein Irrglaube zu meinen, Controlling findet nur in der Controllingabteilung statt. Wie ein Lotse mit dem Kapitän oder den Offizieren des Schiffes zusammenarbeitet, arbeitet der Controller mit dem Management. Er schaut auf seine Instrumente (wenn keine vorhanden sind, müssen welche geschaffen werden) und informiert das Management. Erst dies ergibt das Controlling.

Viele kennen dieses Bild aus der Mengenlehre: die Schnittmenge. Wie kann solch ein Prozess in der Praxis aussehen?

Beispiel

Ein Unternehmen ist mit einem neuen Produkt auf dem Markt. Die ausländische Konkurrenz hat nicht geschlafen und so streitet man um Marktanteile. Auf keinen Fall darf die Herstellung des Produktes teurer werden und aus dem Plan laufen. Der Controller hat dies zu beobachten und im Notfall Alarm zu schlagen. Als auf Grund höherer Material- und Personalkosten das Produkt 3 % teurer wird, drückt der Controller auf den Alarmknopf (Eisberg voraus!). Jetzt sind Korrekturzündungen angesagt.

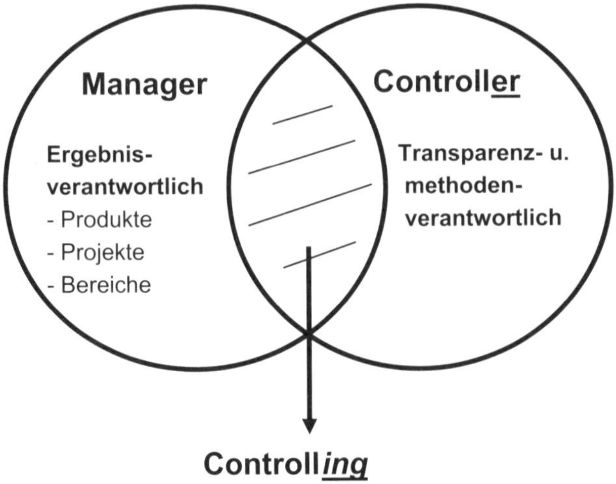

Schnittmenge aus der gemeinsamen Arbeit von Management und Controller

Abbildung 2: Controllingschnittmengenbild

Runter mit den Kosten. Das Management wird informiert, danach die Verantwortlichen für die Material- und Personalkosten. Gemeinsam versucht man, die Kosten wieder auf marktverträgliches Niveau zu bringen. Es werden vom Controller Maßnahmen (Korrekturzündungen) vorgeschlagen: Harte Verhandlungen mit dem Lieferanten, teilweise Zukauf von Teilen statt teurer Eigenfertigung. Umsetzen kann sie der Controller nicht. „Befehle" gibt das Management. Das Management entscheidet, die Maßnahmen werden umgesetzt.

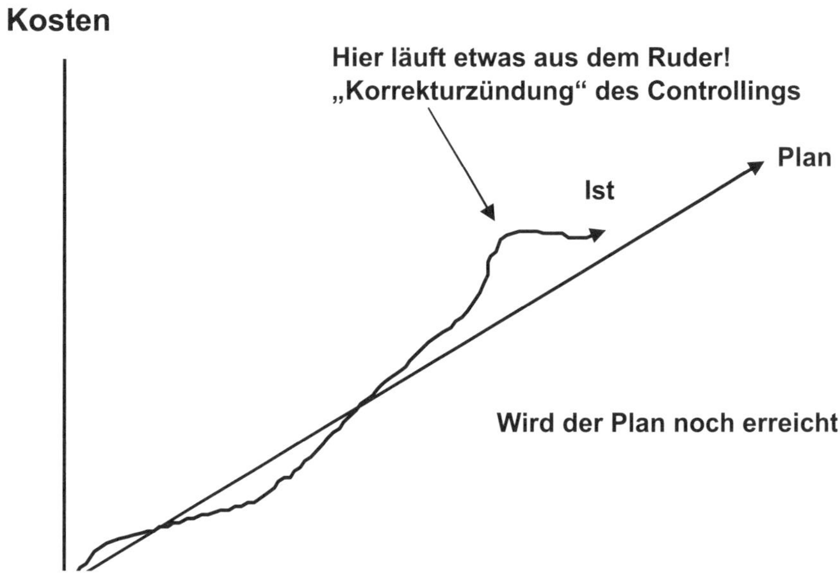

Abbildung 3: Korrekturzündungen im Controlling

Der Controllingprozess setzt sich aus verschiedenen Elementen zusammen. An erster Stelle steht erst einmal das Ziel. Wo wollen wir überhaupt hin? Hier geschieht Abstimmung mit dem Management. Jedes Ziel braucht Mittel und überhaupt befinden wir uns in einer bestimmten Umweltsituation, auf die man Rücksicht nehmen muss. Veranschaulichen wir einmal die verschiedenen Controllingelemente an einem Beispiel. Dass Controlling letztlich ein Prozess ist, der auch privat stattfindet, also außerhalb des Unternehmens, illustriert neben der betriebswirtschaftlichen Reise unsere „Urlaubsreise".

Die betriebswirtschaftliche Reise mit dem Controlling

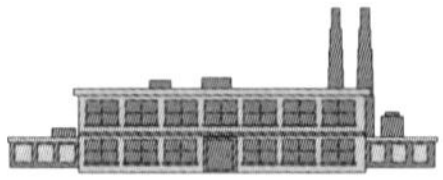

Controllingelemente	im Unternehmen	Urlaubsreise
Zieldefinition	Die Umsätze sollen steigen. Kosten sollen konstant bleiben	Auf zum Gardasee. Geplanter Termin: Um 18.00 Uhr im Hotel
Mittel	- Produktverbesserung neue Produkte - Kostenanalysen	- Auto, - Proviant
Umweltsituation	- Konkurrenzanalyse - Konkurrenzprodukte - kennt man den Markt, ist es leichter (Marktforschung) - ...immer mal Konjunktur-nachrichten hören	- Straßenverhältnisse - "kennt man den Weg, ist es leichter" - ...immer mal Verkehrs-nachrichten hören
Unsicherheiten (schwer planbar)	- Der Mitbewerber gibt Gas Wie reagieren? (Preisnachlässe, Sonderaktionen) - Der Verkauf liegt unter Plan, Ladenhüter verkaufen sich nicht	- Bremsen und über-holen - Zähflüssiger Verkehr und Staus
Probleme	- Liquidität am Ende - Maschinenausfall	- Benzin ist aus - Panne
Plan/Ist-Vergleiche	Wir hinken dem Plan nach: Maßnahmen? - Förderung von neuen Produkten - Überstunden in der Produktion	Wir sind spät dran: - Wir machen eine Rast weniger - Wir fahren schneller.
Zielerreichung	- Hochrechnungen - Am Plan vorbei - Plan erreicht!	- "Wann kommen wir wohl an?" - Verfahren - Wir sind da!

Abbildung 4: Controllingelemente – die betriebswirtschaftliche Reise

Werden wir aber erst einmal offiziell. Es gibt die International Group of Controlling, die ein Leitbild formuliert hat. Danach wird Controlling wie folgt definiert:

- Controller sorgen für Strategie-, Ergebnis-, Finanz-, Prozesstransparenz und tragen somit zu höherer Wirtschaftlichkeit bei.
- Controller koordinieren Teilziele und Teilpläne ganzheitlich und organisieren unternehmensübergreifend das zukunftsorientierte Berichtswesen.
- Controller moderieren und gestalten den Management-Prozess der Zielfindung, der Planung und der Steuerung so, dass jeder Entscheidungsträger zielorientiert handeln kann.
- Controller leisten den dazu erforderlichen Service der betriebswirtschaftlichen Daten- und Informationsversorgung.
- Controller gestalten und pflegen die Controllingsysteme.

Derartige Leitbilder sind übrigens für alle Unternehmen völlig unverbindlich. **Sie können Ihr Controlling ausgestalten, wie Sie es für richtig halten.** Aber halten wir fest: Das Controlling bewegt sich also auf zwei Ebenen – auf der strategischen und auf der operativen Ebene. Fälschlicherweise wird strategisch mit langfristig und operativ mit kurzfristig gleichgesetzt. Strategisch bedeutet, dass heute Maßnahmen ergriffen werden, die auch zukünftig die Existenzsicherung ermöglichen und dass man plant, welche Schritte morgen notwendig sind, damit übermorgen nichts passiert.

Strategisch bedeutet:

> **Die richtigen Dinge tun**
> Was ist unsere Kernkompetenz. Was können wir?
> Was will der Markt; morgen, übermorgen?
> Wo stehen wir jetzt, wo wollen wir hin?

Operativ fragt dagegen:

> **Die Dinge richtig tun**
> Abgeleitet aus der Strategie: Was sind die nächsten Schritte? Wenn ich in fünf Jahren da und da sein will, was ist jetzt zu tun?

Es ist also klar, dass die Ebenen zusammenhängen. Wie heißt es so schön: „Was man strategisch versäumt, muss man operativ ausbaden." Wenn Sie bei einem Spaziergang strategisch versäumen, den Wetterbericht zu hören und den Schirm zu Hause lassen, müssen sie die Folgen bei Regen im wahrsten Sinne des Wortes ausbaden. Ebenso im Unternehmen. Wenn Sie strategisch versäumen, sich gezielt einen Kundenstamm aufzubauen, dürfen Sie sich nicht wundern, wenn Sie mit Hauruck-Aktionen versuchen müssen, den Umsatz zu retten.

Wo findet Controlling im Unternehmen statt? Überall! Letztlich sind alle Fragen, die wir oben bei unserem Rundgang durchs Unternehmen gestellt haben, Controllingfragen. Speziell haben sich in der Praxis mehrere Controllings entwickelt: Historisch ziemlich am Anfang stand das Produktionscontrolling. Ferner gibt es das Marketingcontrolling, Vertriebscontrolling, Forschungs- und Entwicklungscontrolling, Projektcontrolling u.a. Wir werden uns unten intensiv damit befassen.

Controlling ist, wie man heutzutage so schön sagt, ein ganzheitlicher Prozess. Soll heißen, dass das gesamte Unternehmen einbezogen ist. Will man effektives Controlling betreiben, muss man unten im Unternehmen anfangen und fragen: Was ist vorhanden? Im Controlling „wühlt" man sich quasi durch das gesamte Unternehmen. Stellen wir es einmal als Pyramide dar (siehe Abb. 5):

1 Ganz unten: Mit welcher Informationstechnologie kann ich arbeiten? Was ist vorhanden?

2 Dann die klassischen Bereiche wie Materialwirtschaft, Produktion usw. Die muss man kennen! Hier entstehen die Leistungen, letztlich ist dies die Mitte, der Bauch des Unternehmens.

3 Dies alles mündet in die gesetzliche Rechnungslegung wie Bilanz/ Gewinn- und Verlustrechnung.

Mit den Punkten 1 – 3 haben wir das Fundament gelegt. Dieses dürfte in allen Unternehmen in irgendeiner Form vorhanden sein. Dies ist sozusagen die Pflicht. Jetzt kommt die Kür. Man braucht auf jeden Fall ...

4 die Kostenrechnung. Hier entsteht das Zahlenmaterial für das Controlling. Wie gut ist die Kostenrechnung ausgebaut? Gibt es überhaupt eine?

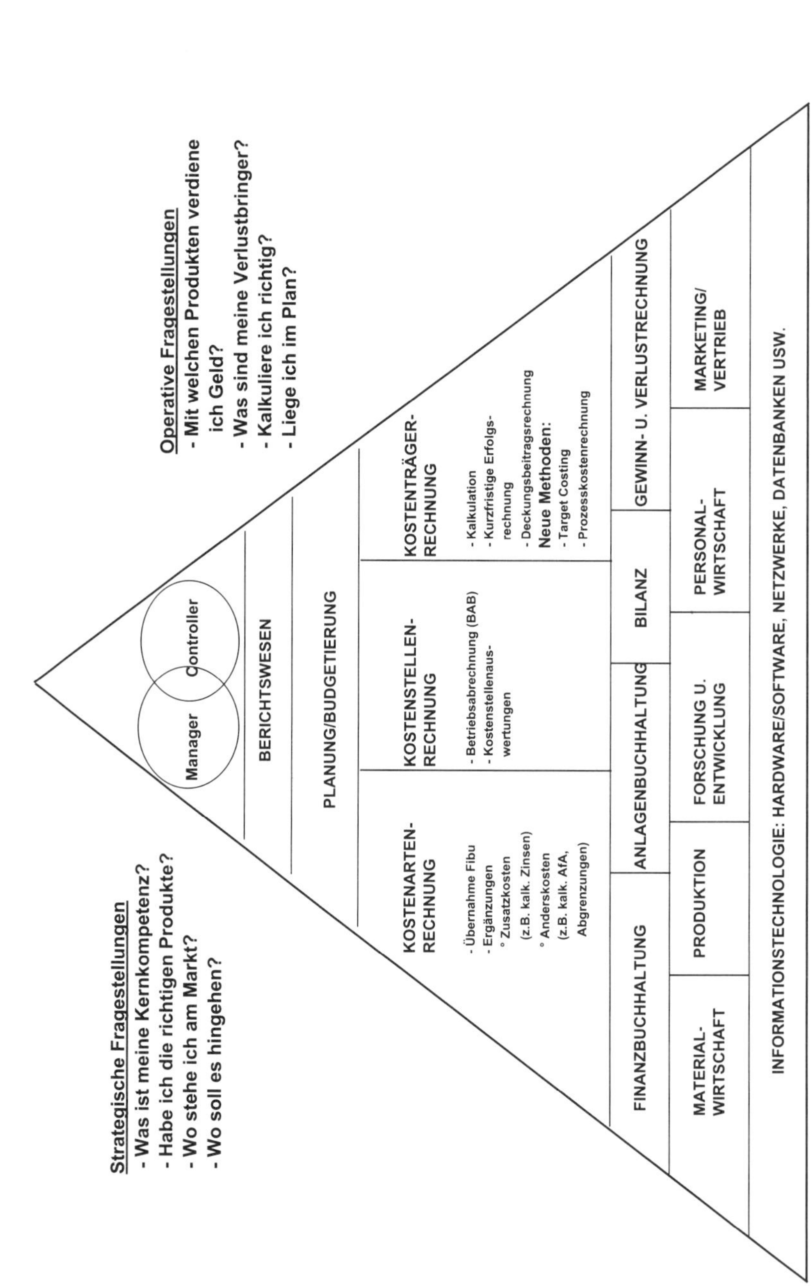

Abbildung 5: Controllingpyramide

5 Über alles wird der Plan gestülpt und dann werden die sogenannten Istzahlen (die tatsächlichen Werte z.B. aus der Buchhaltung) mit dem Plan verglichen. Abweichungen werden analysiert. Ein Lernprozess beginnt.
6 Was nützen die schönsten Erkenntnisse, wenn sie nicht an die relevanten Leute gelangen. Hier braucht es also ein effektives Berichtswesen, damit alle im Bilde sind.
7 Jetzt sind wir so weit, operative und strategische Fragen beantworten zu können. **Jetzt können Controller und Manager Controlling betreiben!**

Fehlen nur noch die richtigen Werkzeuge. Die schauen wir uns im nächsten Kapitel an. Zuvor begleiten wir aber einen Controller durch sein Arbeitsjahr.

Ein typisches Jahr im Berufsleben eines Controllers

Es soll kurz einmal dargestellt werden, welche Aufgaben ein „klassischer" Controller heute bewältigt und welche Inhalte sein Job wahrscheinlich morgen haben wird. Nehmen wir einmal einen typischen Controller, nennen wir ihn Herrn Schulze. Gehen wir jetzt einmal mit Herrn Schulze durch sein „Controllingjahr". Das also macht Herr Schulze „heute". Zum Vergleich dann ein Szenario, was ein Herr Schulze „morgen" eventuell machen wird, wie ein „Controllingjahr" in vielleicht zehn Jahren (in vergleichbarer Stellung) aussehen wird.
Allerdings ist anzumerken, dass das, was untenstehend unter „morgen" läuft, bereits in etlichen Unternehmen mit einem modernen Controlling schon „heute" geschieht. Dagegen finden Sie häufig Controllinginhalte, die untenstehend unter „heute" laufen, vor allem in kleineren Unternehmenhäufig noch gar nicht. Controlling ist in der Praxis in ganz unterschiedlicher Ausprägung vorhanden.

Januar

Heute: Herr Schulze ist wie jedes Jahr froh, wenn es überhaupt bis Januar eine verbindliche von der Geschäftsleitung verabschiedete Jahresplanung gibt (es ist schon vorgekommen, dass sich die Jahresplanung bis in das neue Jahr

hineinzog). Bis in den Dezember wurde der Plan noch durchgeknetet, dann war schließlich die dritte Fassung o.k. Jetzt heißt es, diese Planung weiter zu bearbeiten und vor allem intern weiterzugeben. Das hat im Dezember nicht überall aus zeitlichen Gründen geklappt. Die Budgets müssen aber bekannt sein. Auf Basis der Planung werden jetzt Kostensätze ermittelt, es wird neu kalkuliert usw. Die Plandaten werden in das Kostenrechnungssystem eingegeben, damit man Ende Januar schon einen Plan/Istvergleich hat.
Daneben wird das alte Jahr analysiert. Plan/Istvergleiche usw. Zwar ist der Buchhaltungsabschluss noch nicht fertig, so gibt es z.B. noch Diskussionsbedarf über die Höhe der Rückstellungen, aber so lange kann das Controlling nicht warten, außerdem landen derartige Fragen der Bilanzgestaltung sowieso meist im neutralen Ergebnis. Herr Schulze ist aber letztlich nur für das Betriebsergebnis zuständig. Auch müssen die Buchhaltungsdaten kostenrechnerisch bearbeitet werden, es kommen z.B. kalkulatorische Kosten dazu. So macht Herr Schulze jetzt eine (vorläufige) Erfolgsrechnung. Dann schaut er sich Artikelergebnisse, Profit-Center und Kundenergebnisse an. Insbesondere die Deckungsbeitragsentwicklung interessiert ihn. Viel Zeit braucht er für Analysen. Warum ist z.B. der Umsatz in der Sparte Kleinkunststoff zurückgegangen? Rückfragen beim Vertrieb, beim Marketing usw. Dies alles mündet im Jahresberichtswesen mit einem Kommentar.
Dann müssen die Projekte für das laufende Jahr vorbereitet werden. So sollen in diesem Jahr einmal die Gemeinkostenbereiche kritisch durchleuchtet werden. Dafür muss Herr Schulze ein Team zusammenstellen, ein Arbeitsplan muss her und nicht zuletzt muss er mit den zu untersuchenden Bereichen Vorgespräche machen. Es bricht ja immer gleich die Panik aus, wenn derartige Projekte gestartet werden. Aber nicht zuletzt die Planung hat gezeigt: In einigen Bereichen sind wir zu teuer.
So ist der Januar ein verdammt harter Monat. Es kommt zuviel zusammen.

Morgen: Zwar wurde am Ende des vergangenen Jahres noch eine Planung gemacht, aber diese Planung wurde nicht mehr in feste Budgets gegossen. Man hatte sich im Unternehmen für das Prinzip „Beyond Budgeting" entschieden. So hat Herr Schulze nun deutlich weniger Arbeit als früher mit der Planung. Allerdings: Geplant wird weiterhin, nur anders. Es ist überhaupt ein Irrtum, dass im Rahmen des „Beyond Budgeting" gar nicht mehr geplant wird, man verzichtet nur ausdrücklich auf daraus abgeleitete feste

Budgets. Natürlich macht man sich weiterhin Gedanken über die Zukunft. Für viele Entscheidungen müssen Plannahmen getroffen werden, z.B. für Outsourcingentscheidungen, für rechtzeitige Personaleinstellungen, schon allein für eine vernünftige Produktionslogistik usw. Außerdem will Herr Schulze demnächst einen Shareholder Value ermitteln, und dafür benötigt er die geplanten Cash Flows der nächsten Perioden. Ohne eine gewisse Planung geht das alles nicht. Trotz fehlender fester Budgets muss Herr Schulze trotzdem einige Vorbereitungen für das neue Jahr treffen, z.B. Deckungsbeitragsauswertungen, Kundenergebnisrechnungen usw. vorbereiten. Und Preise müssen kalkuliert werden, ob es nun Budgets gibt oder nicht. Auch beschäftigt sich Herr Schulze mit weitergehenden Aufgaben, die für dieses Jahr anstehen, z.B. sollen die Werttreiber im Unternehmen einmal ausführlicher untersucht werden. Dies sind auch die sog. „Soft Facts" bzw. die sog. „Intangible Assets", also die immateriellen Faktoren, z.B. Qualität des Personals und die internen Motivationsmechanismen. Das Aufgabengebiet des Controllings hat sich in den letzten Jahren erweitert, es ist weniger zahlenorientiert geworden. All dies wird im Rahmen der unternehmensspezifischen Balanced Scorecard berücksichtigt, die sich immer mehr in den Mittelpunkt der Controllingbetrachtungen des Unternehmens stellt. Auch steht dieses Jahr ein Rating für das Unternehmen an und hier ist längst nicht nur die Buchhaltung gefragt.
Letztlich ist der Januar – wie schon immer – ein sehr arbeitsintensiver Monat.

Februar

Heute: Wie immer ziehen sich die im Januar geschilderten Aktivitäten in den Februar hinein. Das alte Jahr hat Herr Schulze jetzt soweit im Griff. Vom Buchhaltungsabschluss erwartet er keine Überraschungen mehr. Die Bilanzpolitik bzw. das Ausnutzen von Bewertungsspielräumen ist nicht sein Revier. Dies macht der Buchhaltungschef mit der Geschäftsleitung.
Vor allem ist er jetzt gespannt auf erste Januarergebnisse. Liegen wir mit unserer Planung einigermaßen richtig? Müssen wir jetzt schon an eine erste Hochrechnung denken, weil sich bereits eine Menge geändert hat?
Manchmal kommt man im Februar schon zu liegen gebliebenen Routinetätigkeiten, z.B. liegen neue Fertigungszeiten und Preisänderungen vor, die in die Kalkulationssysteme eingearbeitet werden müssen.

Morgen: Die Vorbereitung des neuen Jahres ist nahezu erledigt und auch der Jahresabschluss einschließlich Analyse ist gelaufen. Jetzt wird das Ergebnis des Januars ermittelt: Wie läuft das neue Jahr an?
Im Januar sind einige Routinen liegen geblieben, die jetzt im Februar nachgeholt werden. Es sind ähnliche Routinen wie früher: Preispflege, Kalkulationen. Bei den Kalkulationen geht man nun „umgekehrt" vor: Früher wurden Herstellungskosten ermittelt und diese waren Basis für den Vertrieb bzw. für die Marktpreise. Heute gibt der Vertrieb die möglichen erzielbaren Marktpreise in das Controlling und dort wird geprüft, ob man mit den Herstellungskosten hinkommt. Dieser „Target Costing-Prozess" wird immer wieder mit dem Vertrieb abgestimmt: Geht hier ein bisschen weniger? Muss dieser teure „Schnickschnack" am Produkt sein usw.?

März

Heute: Wieder hat Herr Schulze großes Interesse am Monatsergebnis. Falls etwas schief läuft: Jetzt wäre noch Zeit für Korrekturzündungen. Greifen erste Kostensenkungsmaßnahmen? Das kumulierte (d.h. die aufgelaufenen Daten er einzelnen Monate) Februarergebnis analysiert er eingehend. Zwei Monate des laufenden Jahres sind vorüber. Falls es jetzt bereits gravierende Abweichungen zum Plan gibt, kann eine Hochrechnung angestoßen werden. Man wird aber noch den März abwarten, damit man ein komplettes Vierteljahr als Hochrechnungsbasis hat.
Einige Investitionen sollen jetzt getätigt werden. Er überprüft nochmals die Investitionsrechnungen aus der Planung. Ist alles noch aktuell? Nach dem betriebswirtschaftlichen o.k. reicht er die Unterlagen weiter an die Kollegen aus dem Finanzwesen. Ist genug Geld für die Investitionen da?
Jetzt ist ein bisschen mehr Zeit für Routinen und ab und zu Luft, sich ein paar kreative Gedanken zu machen. Was kann man z.B. am Berichtswesen verbessern? Veröffentlichen wir immer noch zu viele Zahlen? Welche Kennzahlen könnten noch interessant sein?
Die Routinen haben das Controlling wieder eingeholt. Neue Produkte werden kalkuliert, Abweichungen analysiert oder neue Preise eingepflegt, der Vertrieb mit Daten versorgt usw.
Insbesondere neue Projekte, die im Laufe des Jahres fertig werden sollen, z.B. eine neue Investitionsrechnung oder Verbesserung des Berichtswesens wer-

den jetzt diskutiert. Oder: Wie rechnet sich die Herbstkollektion? Stimmen die Verrechnungen der Instandhaltung an die anderen Kostenstellen? Muss man nicht den Verrechnungssatz der EDV nach drei Jahren wieder einmal überarbeiten?

Morgen: Erst einmal kümmert sich Herr Schulze wieder um das Monatsergebnis. Zwei Monate des neuen Jahres sind gelaufen und es wird geprüft, ob wichtige Kennzahlen stimmen, z.B. Produktergebnisse, Kostenkennzahlen (etwa Fixkostenentwicklung) usw. Auch wird jetzt geschaut, ob es gewisse „Warnsignale“ gibt. Man arbeitet mit einer Art Früherkennungssystem und beobachtet regelmäßig sensible Märkte, wirtschaftliche Entwicklung wichtiger Kunden, Branchenentwicklungen usw. Die Beobachtung der Branche hat man zu einem Benchmarking ausgebaut und geht systematisch auf die Suche danach, was andere gut können oder womit andere erfolgreich sind. Hier hat das Controlling seinen Einsatz über die Grenzen des Unternehmens ausgeweitet.
Aber auch intern ist noch genug zu tun, z.B. die Betreuung von Investitionsrechnungen. Zwar sind die Bereiche heute flexibler in ihrer Investitionstätigkeit, aber sensible und große Projekte werden natürlich gerechnet und hier bietet das Controlling weiter seine Methodenkompetenz an.

April

Heute: Das Quartalsergebnis ist fällig. Plan/Istvergleiche werden angestellt. Liegen wir am Plan? Meist erstellt Herr Schulze auf Basis des ersten Quartals eine Hochrechnung. Wo werden wir auf Basis der Ist-Daten der ersten drei Monate wohl am Jahresende landen? So gibt es im April eine Menge zu besprechen, denn sowohl die Ergebnisanalyse als auch die Hochrechnung erfordern, dass man sich durch alle Bereiche einmal durchwühlen muss.
Die Projekte werden konkret. Das Projekt Analyse der Gemeinkosten erfordert detaillierte Tätigkeitsanalysen. Andere Unternehmen delegieren manchmal so etwas an externe Berater. Herr Schulze findet es aber besser, wenn man das im Unternehmen selber macht: „Warum sollen wir andere erst einarbeiten wenn wir den Laden kennen?“

Morgen: Wieder zunächst das Monatsergebnis und dann gleich eine Hochrechnung. Plan/Istvergleiche zum Budget entfallen, man schaut weniger

zurück. Im Rahmen des „Beyond Budgeting“ hat man ein „Rolling Forecasting“ eingeführt und macht jetzt öfters Hochrechnungen als früher. Zunächst jedes Quartal aber auch bei Bedarf. Die Hochrechnung dient jetzt nicht mehr wie früher dazu, die Planerreichung zu prüfen, sondern geht auch schon mal über das Jahresende hinaus. Am 31.12. ist ja nicht Schluss.
Und natürlich wieder Routinen wie Preispflege, Berechnung von Innenaufträgen usw.
Mit dem Quartalsabschluss kümmert sich Herr Schulze wieder einmal intensiver um die Balanced Scorecard. In welche Richtung gehen die Kennzahlen? Wird auch mit dem Instrument gearbeitet? Bewirkt es etwas? Hier trifft sich das Controlling mit den einzelnen Bereichen. Dabei hat das Controlling die Aufgabe der Moderation bzw. Unterstützung. Die Balanced Scorecard ist kein Instrument speziell für das Controlling, sondern soll eine Hilfestellung für alle sein.

Mai

Heute: Erst einmal wieder das Monatsergebnis. Diesmal schon erster Vergleich mit der Hochrechnung. Wenn schon die Planung etwas danebenging, stimmt wenigstens die Hochrechnung?
Im Mai hat Herr Schulze traditionell Luft, sich einmal mit Dingen zu beschäftigen, zu denen er sonst wenig kommt. Zum Beispiel endlich mal die längst überfällige Analyse des hohen Ausschusses im Bereich Vorfertigung. Dann hat er den Außendienst gebeten, ob er nicht einmal bei einigen Kundenbesuchen dabei sein kann. Mal andere Luft schnuppern. Wie geht es draußen zu?
Dann will er sich endlich einmal mit neuen Methoden beschäftigen, wieder mal kurz in die Theorie einsteigen. Dazu kommt er viel zu selten. Na ja – und ein bisschen Urlaub liegt vielleicht auch noch drin.

Morgen: Monatsabschluss, Routinen usw. Endlich kommt Herr Schulze auch dazu, sich einigen weitergehenden Projekten zu widmen, z.B. dem Projekt „Werttreiber“: Was schafft Werte im Unternehmen? Sind es die guten Produkte, das Personal, die Vertriebswege? Er gönnt sich eine Woche Schulung zu diesem Thema.

Juni

Heute: Wie immer erst einmal die Routinen:

- Monatsabschluss (Betriebsergebnis)
- Ergebnisanalysen
- Laufende Kalkulationen
- Sonstiges (Rechnungsprüfung, Materialabrechnung, Preispflege usw.)

Langsam wird auch der jeweilige Monatsabschluss Routine. Dafür um so mehr „Action“ bei den Projekten, die ja möglichst vor der nächsten Planung abgeschlossen sein sollen. Ein erster Zwischenbericht zu unserem Gemeinkostenprojekt: Na ja – viel Luft sehen wir nicht. Wir haben ja auch in den vergangenen Jahren darauf geachtet, dass der Gemeinkostenbereich nicht zu sehr aufgebaut wird.
Eine Woche Schulung. Es geht um neue Controllinginstrumente wie Prozessmanagement und Balanced Scorecard. Mal sehen, was man in die tägliche Praxis einbringen kann.
Danach bereitet Herr Schulze schon mal die zweite Hochrechnung vor, die auf Basis des Juniergebnisses gemacht werden soll.

Morgen: Klar – Monatsabschluss, aber ergänzt durch eine außerplanmäßige Hochrechnung. Die Konjunktur hat sich schlechter als gedacht entwickelt und auf einigen Märkten kriselt es. Die Hochrechnung soll klären, welche Auswirkungen dies in den nächsten zwölf Monaten auf Umsatz und Ergebnis haben wird. Im Rahmen des Benchmarking wird analysiert, wie andere Unternehmen einer eventuellen Krise begegnen.
Auch beginnt in diesem Monat der Ratingprozess. Wie die Bank uns wohl einstuft?

Juli

Heute: Ein halbes Jahr ist ergebnismäßig gelaufen. Herr Schulze macht einen Schnitt. Ausführliche Ergebnisanalyse und Vergleich mit Planung und Hochrechnung. Und eventuell eine neue Hochrechnung.
Auch für die Geschäftsleitung ist das Halbjahresergebnis besonders wichtig, gilt es doch jetzt schon wieder, die weiteren Ziele für die nächste Planung

anzuvisieren. Außerdem interessieren sich eine Reihe von Leuten für die Ergebnisse: die Gesellschafter und die Banken. Spätestens jetzt wird erkannt, ob das Unternehmen im Rahmen der Ziele liegt. War das Umsatzsteigerungsziel richtig? Haben die Werbemaßnahmen gegriffen?
Nachdem die Preise zunächst auf Planbasis gemacht wurden (es gab ja noch kein Ist), macht man jetzt eine Nachkalkulationen. Die Ergebnisse werden immer mit Spannung erwartet. Haben wir richtig kalkuliert? Die Margen in der Branche sind so knapp geworden, dass schnell einmal unter Herstellkosten fakturiert werden kann. Manchmal ist man schon über einen kleinen Deckungsbeitrag froh.
Und der Urlaub von Herrn Schulze muss vorbereitet werden. Wer vertritt ihn? Was ist zu tun?

Morgen: Zwar gab es erst eine außerplanmäßige Hochrechnung, aber zum Halbjahresabschluss macht man gleich noch eine und außerdem wird der Markt immer unruhiger. Herr Schulze bekommt von der Unternehmensleitung die Aufgabe, ein Szenario intern zu moderieren, das die zukünftigen Entwicklungen untersuchen soll. Viele Verantwortliche im Unternehmen nehmen an diesem Workshop teil.

August

Heute: Monatsabschluss – wie immer. Es wird schon langsam die nächste Planung vorbereitet. Einige Analysen. Zum Beispiel, ob sich die Investition im Bereich Spritzerei gelohnt hat. Endlich auch Urlaub!

Morgen: Neben den Routinen beobachtet man im Rahmen des internen Reportings alle sensiblen Daten. Auch schaut man sich die laufenden Projekte an und tut die Dinge, die vor der Urlaubszeit noch gemacht werden müssen. Dann Urlaub, der nun auch im Controlling bis in den September hinein genommen werden kann. Früher war der September immer schon Planungsmonat aber mittlerweile ist der Planungsprozess durch das „Beyond Budgeting“ wesentlich kürzer.

September

Heute: Waren die letzten Monate ein wenig ruhiger, beginnt jetzt bereits langsam der Jahresendspurt. Die Jahresernte soll eingebracht werden. Der Plan, bzw. die Hochrechnung drückt. Man hat Erfahrungen mit dem laufenden Jahr gesammelt, die Urlaubszeit ist vorbei, die Planung steht an, in vielen Branchen die Herbstmessen. Auch die Vertreter, Kunden usw. sind wieder aktiv und gehen in die letzte Runde!

Durch die Aktivitäten der anderen Unternehmensbereiche ist das Controlling zunehmend gefordert. Preise, Kalkulationen, Anfragen usw. Einige Bereiche erinnern sich jetzt, dass es ja eine Stelle im Unternehmen gibt, bei der alle wesentlichen Zahlen zusammenlaufen: das Controlling. Man wird im Controlling zwar nicht unbedingt geliebt, aber man weiß im Unternehmen, dass es dort immer Hilfestellungen gibt.

Und manche erinnern sich jetzt erst, dass es ja gewisse Jahresvorgaben gab. Wie haben sich eigentlich die Kosten entwickelt? Sollten sich die Rabatte nicht nach unten entwickeln? Was bedeutet dies für den Deckungsbeitrag? Was ist eigentlich der Deckungsbeitrag? Da war doch was! Auch das ist Aufgabe von Herrn Schulze: Interne Schulung in betriebswirtschaftlichen Fragen.

Kurz: Häufig wird es im Unternehmen jetzt im September hektisch.

Übrigens nie zu vergessen – die Routinen: Preispflege, innerbetriebliche Leistungsverrechnung, Sonderkalkulationen, Sonderauswertungen, Einarbeitung neuer Mitarbeiter usw.

Die Controllingdaten werden jetzt mit dem August-Ergebnis immer aussagekräftiger. Jetzt hat man auch die Sommer-Daten. Der Jahreserfolg oder – Misserfolg zeichnet sich ab.

Insgesamt ein arbeitsintensiver Monat und – die Planung beginnt. Zumindest schon für das Controlling. Vorbereitende Gespräche mit allen Beteiligten, Versand der Planungsunterlagen usw.

Wie immer bedauert Herr Schulze, dass er zu wenig in strategische Planungsfragen mit einbezogen wird. So hat er ein persönliches Ziel für das nächste Jahr: Mehr Mitsprache bei der Unternehmensstrategie. Immerhin kennt (in aller Bescheidenheit) kaum jemand das Unternehmen so gut wie er.

Morgen: Das aktuelle Jahr ist nun schon recht aussagekräftig und durch Hochrechnungen, Früherkennungsinstrumente und Szenarien hofft Herr Schulze nun, dass man „alles im Griff hat“. So kümmert er sich nun um die Projekte (Werttreiber) und versucht, die Balanced Scorecard noch besser in das Unternehmen zu integrieren. Nebenbei gibt es aber immer die „lästigen“ Routinen, so sind wieder einmal die Kalkulationen für die Frühjahrskollektion fällig. In diesem Zusammenhang will er mit dem Vertrieb einmal einige Instrumente diskutieren, z.B. das Life Cycle Costing. Analysen haben ergeben, dass hohe Vorleistungen, z.B. Werkzeugkosten sich immer schwerfälliger amortisieren.
Und wieder hat er eine Aufgabe von der Geschäftsleitung bekommen: Er soll den Prozess des Corporate Governance unterstützen. Im Rahmen des Ratings wurde das Management darauf hingewiesen, dass es für die Bewertung hilfreich wäre, wenn es sich Grundsätze für die Unternehmensführung schaffen würde. Hier kann man jetzt alle Instrumente, von der Früherkennung bis zur Balanced Scorecard, integrieren.

Oktober

Heute: Das Quartalsergebnis des III. Quartals ist fällig. Fast schon ein vorläufiges Jahresergebnis. Zumindest kann man auf dieser Basis eine recht genaue Hochrechnung machen, die wiederum eine Basis für die Planung des nächsten Jahres ist.
Es ist Planungszeit. Die Planungsunterlagen sind verteilt. Es wird vor Ort aber auch im Controlling geplant. Die anderen Bereiche müssen unterstützt werden. Gerade jetzt im Rahmen der Planung tauchen viele Fragen von grundsätzlicher Bedeutung auf. Warum ist der Preis bei der Linie Fashion so hoch? „Bei diesem Preis können wir fast nichts mehr absetzen.“ Herr Schulze kennt die Antwort: Die Herstellkosten sind sehr hoch, Investitionen der letzten Jahre müssen über den Preis amortisiert werden. Der junge Produktmanager argumentiert, dass diese Linie im Konkurrenzvergleich diese Kosten eigentlich nicht verträgt. Ist hier seinerzeit bei der Rentabilitätsrechnung geschlafen worden? Oder eine andere Frage: Stimmt eigentlich die Organisation des Bereiches Vertrieb? Die Konkurrenz scheint dies billiger zu können, hört man. Planung ist immer auch ein Anlass für das kritische Überdenken der gewachsenen Strukturen. Und es werden viele Sünden der Vergangenheit

aufgedeckt. Hat die Investition die Kostensenkung tatsächlich gebracht oder war es doch mehr eine Spielerei eines Technikers? Waren die Projekte erfolgreich? Planung ist ein Lernprozess!
Treffen die Planungsunterlagen ein, werden sie von Herrn Schulze auf Plausibilität geprüft. Kann es sein, dass der Bereich „Kleinplastik Wohnen" 40 % mehr Umsatz erzielen will, der Wareneinsatz aber nur um 15 % steigt?
Der Oktober ist sehr arbeitsintensiv. Ab jetzt ist bis Februar nächsten Jahres nicht an Urlaub zu denken.

Morgen: Quartalsergebnis mit erneuter Hochrechnung. Auf dieser Basis kümmert man sich jetzt um das nächste Jahr. Man legt die Marschrichtung fest und sucht Indikatoren, mit denen man die Aktivitäten steuern kann. Herr Schulze hat im Laufe der Zeit Erfahrungen gesammelt, mit welchen Kennzahlen man hier arbeiten kann, z.B. angefangen vom Cash Flow bis hin zu „weichen" Kennzahlen wie Fluktuation usw. Instrumente wie die Balanced Scorecard werden mit einbezogen und es geht auch darum, um was man sich im nächsten Jahr speziell kümmern will. So steht die Idee im Raum, sich einmal um das sog. Value Management zu kümmern. Ein Ansatz war ja schon in diesem Jahr das Projekt „Werttreiber". Jetzt soll alles konkreter werden und das Controlling bekommt die Aufgabe, einen Shareholder Value oder einen Economic Value Added (EVA) zu ermitteln. Der Logistikchef regt an, sich einmal intensiver mit internen Prozessen zu befassen. Hier scheint die Konkurrenz schon weiter zu sein.

November

Heute: Neben – fast müßig zu erwähnen – Monatsabschluss und Routinen: Planung! Egal wie geplant wird, „bottom up" oder „top down", im Mittelpunkt steht das Controlling: Koordination, Informationen Einsammeln, Ordnen, Verdichten usw. Dabei immer wieder Nachfragen. Im ersten Novemberdrittel geht die erste Planungsversion an die Geschäftsleitung. Es beginnt die Phase des Planknetens. Geht hier nicht noch ein bisschen, warum hier zu wenig, da zu viel? Da war doch noch der Großkunde Fischer. Ist der in der Planung drin? Usw. usw. Ergebnis ist eine zweite Planungsversion. Überstunden sind angesagt. Seine Familie sieht Herr Schulze im November recht wenig.

Herr Schulze hofft, dass die Planung spätestens Anfang Dezember verabschiedet werden kann, damit man sie noch im Dezember umsetzen und im Januar dann starten kann. Häufig nur Wunschdenken.
Viele haben erst Ideen, wenn die erste oder zweite Planungsversion vorliegt. Zwar denkt es sich besser, wenn man etwas komplett vor sich liegen sieht, aber Herrn Schulze ärgert es immer, dass einige Erkenntnisse oder Ideen so spät kommen. Er sagt: „Wir müssen unsere Planungskultur verbessern." Gleich merken für die nächste Planungsrunde.
Dazu kommt noch, dass man im Rahmen der Planung häufig noch „die Leichen des vergangenen Jahres" aufarbeiten muss. Warum hat das Projekt nicht geklappt, warum waren die Planansätze für das laufende Jahr derart falsch, warum ist dieses und jenes nicht aktualisiert usw. All dies muss ja für das nächste Jahr berücksichtigt werden. Im Rahmen der Planung zeigen sich oft alle Sünden und Versäumnisse eines Unternehmens. Und diese drücken sich als Zahlen aus. Und Zahlen zeigen sich im Controlling. So einfach ist das!
Ein Controller sagte einmal: „Der November ist der scheußlichste Monat im Jahr." Aber auch der interessanteste.
Morgen: Das Jahr wird immer konkreter und konkreter werden auch die Vorbereitungen für das nächste Jahr. Man geht nun in die Planung. Im Gegensatz zu früher plant man Umsätze und Kosten relativ grob. Wichtig ist vor allem, gewisse Eckdaten zu erreichen, angefangen von Kapitalrenditen, Umsatzrenditen, Marktanteilen usw. bis hin zu detaillierteren Daten wie Reklamationsquoten oder internen Durchlaufzeiten. Die einzelnen Bereiche im Unternehmen bekommen keine Budgets mehr, sondern nun gibt es Zielvereinbarungen, die gemeinsam verabschiedet werden. Diese Zielvereinbarungen werden in die Balanced Scorecard eingearbeitet.

Dezember

Heute: Immer noch Planung. Manchmal hat Herr Schulze den Eindruck, dass Planung einfach zu viel Zeit und Kraft beansprucht, dass Aufwand und Nutzen in einer schlechten Relation stehen.
Besondere Berücksichtigung gilt dem Novemberergebnis und dessen Analyse. Man versucht freilich noch, aktuelle Erkenntnisse, z.B. aus dem Novemberergebnis, in die Planung zu übernehmen. Jeden Tag kommen noch neue Erkenntnisse, aber irgendwann muss Redaktionsschluss sein.

Vielleicht noch einmal eine letzte Überarbeitung der Hochrechnung. Istdaten-November plus vorläufige Dezemberdaten sind schon ein erstes vorläufiges Jahresergebnis (wenn das November-Ergebnis feststeht, ist ja bereits häufig der 10. oder 15. Dezember; da gibt es schon Dezember-Daten). Also erste Jahresanalysen: Umsätze, Kosten usw. Aber auch: Wie sind die Investitionen des aktuellen Jahres gelaufen? Hat sich das Projekt Gemeinkostenanalyse gelohnt? Was haben wir aus der Planung gelernt? Und nicht zuletzt: War es ein erfolgreiches Controllingjahr?
Die Planung wird verabschiedet. Wie immer viel zu spät. Herr Schulze ärgert sich wieder einmal, dass alle denken, die Planung sei vorbei, wenn die Geschäftsleitung ihren Segen erteilt hat. Nein – es geht weiter. Jetzt geht es um die Umsetzung. Ermittlung von Kostensätzen, Neukalkulation auf Planbasis usw.
Das Jahr endet hektisch. Endlich Weihnachten. Herr Schulze weiß aber: Der Januar wird hart ...

Morgen: Das Übliche: Monatsabschluss, Routinen.
Das neue Jahr wird vorbereitet, mit anderen Bereichen wird über Zielvorgaben und künftige Projekte diskutiert. Hier übernimmt das Controlling wieder einmal die Moderation, schließlich laufen immer noch alle Daten im Controlling zusammen.
Auch wird der Jahresabschluss schon vorbereitet. Zukünftig sollen im Rahmen der Jahresabschlussanalyse möglichst auch Daten der Konkurrenz berücksichtigt werden. Darüber hinaus kümmert sich Herr Schulze aber auch um einige Punkte, die in diesem Jahr aktuell waren: Wie sind die Projekte gelaufen? Haben sich die Controllinginstrumente bewährt? Was kann man im neuen Jahr besser machen?

2. Der Werkzeugkasten des Controllers

Der Controller als betriebswirtschaftlicher Handwerker

Zur Bewältigung seiner Aufgaben sollte der Controller sich gut im betriebswirtschaftlichen Instrumentarium auskennen. Er muss bei Bedarf in seinen Werkzeugkasten hineingreifen können und das richtige Werkzeug herausziehen. Manch ein junger dynamischer Betriebswirt kommt kurz nach seiner Ausbildung in ein Unternehmen und meint, auf Grund seiner langen und qualifizierten Ausbildung könne er nun Seite an Seite mit der Unternehmensleitung Visionen und Strategien entwickeln. Eigentlich hat man nur auf ihn gewartet, um über das Tagesgeschäft hinaus das Unternehmen in die Zukunft führen zu können. Dummerweise sieht die Realität in 99 % der Fälle für unsere jungen Betriebswirte anders aus. Zunächst geht es erst einmal darum zu zeigen, dass man sein Handwerk beherrscht, dass man mit Werkzeugen umgehen kann. Dies ist für viele sicher eine Ernüchterung, hatte man doch gehofft, nach der Ausbildung nie mehr mit diesen vermeintlich trockenen Dingen wie Rechnungswesen in Berührung zu kommen. Aber es ist nun mal die Basis und deswegen liegt das Rechnungswesen gleich ganz oben in unserem Werkzeugkasten.

2.1 Basiswerkzeug: Das betriebliche Rechnungswesen

Wie lege ich z.B. das Management um?

Das Rechnungswesen hält dem Unternehmen den zahlenmäßigen Spiegel vor. Es bildet alle Vorfälle im Unternehmen ab, d.h., die physischen Vorgänge werden durch das Rechnungswesen in Geld ausgedrückt. Kommt Ware in das Unternehmen, wird dieser Vorgang per Rechnung in der Buchhaltung abgebildet. Verlieren die Maschinen im Laufe der Jahre an Wert, wird dies berücksichtigt: Abschreibungen. Intern zeichnet es auf, wie der Produktionsprozess wertmäßig verläuft und verteilt die Kosten auf die Produkte. Der Verkauf wird wiederum abgebildet, es entsteht ein Gewinn usw. So kann das

Rechnungswesen z.B. signalisieren, dass die nächsten Löhne nicht gezahlt werden können oder dass das Unternehmen unwirtschaftlich arbeitet.
Das Rechnungswesen hält aber nicht nur den Spiegel vor, zeigt das IST, sondern schaut auch in die Zukunft: PLAN. Werden nun IST und PLAN verglichen, gibt es Abweichungen, die analysiert werden. Wir nähern uns dem Controlling.
Das Rechnungswesen unterteilen wir in ein externes und internes Rechnungswesen. Um es vorwegzunehmen: Viel wichtiger für das Thema Controlling ist das interne Rechnungswesen. Allerdings muss man beides kennen, *das interne Rechnungswesen baut auf dem externen auf.*

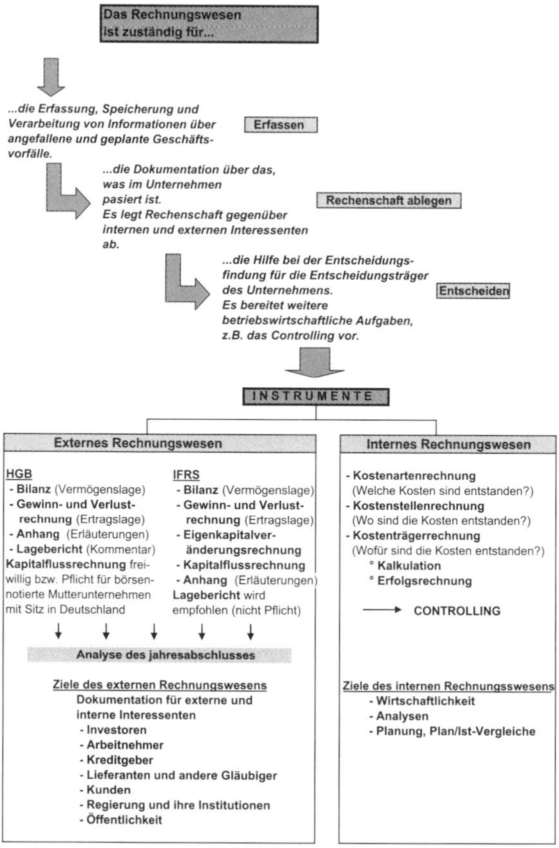

Abbildung 6: Übersicht Rechnungswesen

Externes/Internes Rechnungswesen: Darauf baut alles auf

Basis oder die Quelle des Rechnungswesens ist die Buchführung. Besser: Finanzbuchhaltung, in den Unternehmen umgangssprachlich kurz Fibu genannt. Die Fibu sammelt alles, was es an relevanten Geschäftsvorfällen gibt und erfüllt damit die gesetzgeberische Auflage der Dokumentation. Aus der Fibu wird der Jahreserfolg ermittelt, die Gewinn- und Verlustrechnung, ferner die Aufstellung über Vermögen und Schulden, die Bilanz. Beide Rechenwerke führen zum gleichen Ergebnis. Sparen wir uns hier Details, wir untersuchen in diesem Werk das Controlling und nicht die Details der Buchführung.

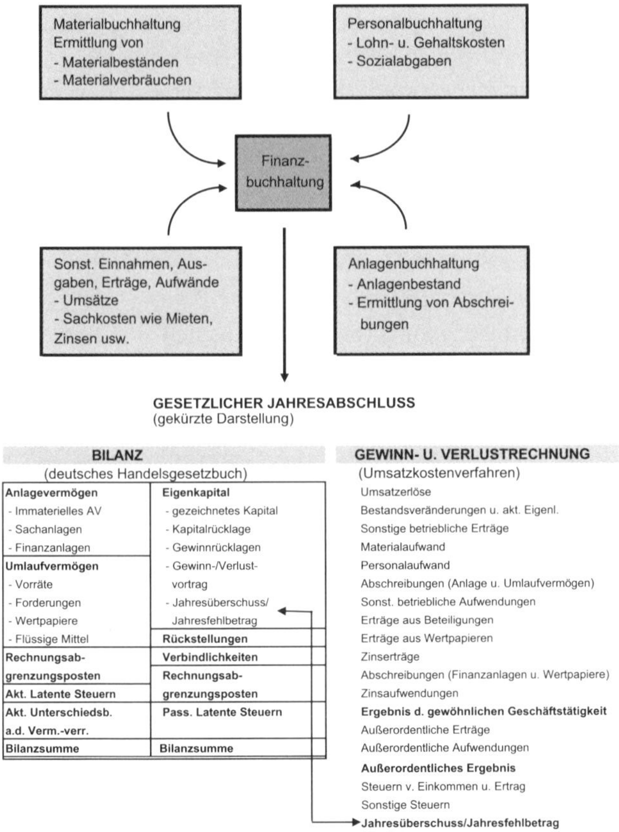

Abbildung 7: Quellen des Rechnungswesens

Das **externe Rechnungswesen** ist nach außen (extern, daher der Name) gerichtet. Es ist Informationsquelle für viele Interessengruppen:

- **Eigentümer/Gesellschafter:** Welcher Gewinn ist zu erwarten? Wie ist die wirtschaftliche Lage der Gesellschaft? Wie wird mein eingesetztes Kapital verzinst? Für **Aktionäre**: Gibt es eine Dividende? Wie wird sich der zukünftige Aktienkurs entwickeln. Sind zukünftig positive Entwicklungen zu erwarten. Hier kündigt sich bereits die aktuelle Shareholder-Value-Diskussion an: Der Wert des Unternehmens soll im Sinne zukünftiger positiver Aktienkurse gesteigert werden.
- **Sonstige Kapitalgeber:** Wie wird das Kapital verzinst? Hat sich das finanzielle Engagement in diesem Unternehmen gelohnt? Soll ich meine Gelder wieder abziehen oder das Engagement verstärken?
- **Banken:** Wie sicher sind die Kredite? Ist es zu verantworten, dem Unternehmen weitere Kredite zu geben? Welche Reserven (Sicherheiten) hat das Unternehmen?
- **Fiskus:** Wie hoch ist die Steuerlast des Unternehmens?
- **Mitarbeiter:** Wie sicher sind die Arbeitsplätze? Wie ist die wirtschaftliche Situation z.B. im Rahmen von Lohn- und Gehaltsfragen?

Aus dem externen Rechnungswesen ergeben sich eine Reihe von Zielvorgaben, z.B. die Steigerung der Rendite des Eigenkapitals, also der Verzinsung des eingesetzten Kapitals z.B. der Gesellschafter, an denen sich auch das Controlling zu orientieren hat. So setzt das externe Rechnungswesen wichtige Eckdaten.

Im Gegensatz zum externen Rechnungswesen ist das **interne Rechnungswesen** gesetzlich weder geregelt noch überhaupt vorgeschrieben. Hier ist das Unternehmen völlig frei in der Gestaltung.
Das interne Rechnungswesen hat seinen Ausgangspunkt in der Buchhaltung und in der Gewinn- und Verlustrechnung. Jetzt setzt aber die Kostenrechnung ein und bearbeitet diese Rechenwerke weiter, macht sie controllingtauglich. Zunächst macht es erst einmal Sinn, die Daten in „neutral und betrieblich“ zu trennen. Wie heißt es so schön: Siemens ist eine Bank mit angeschlossener Elektroabteilung. Das heißt, die wirtschaftlichen Aktivitäten von Siemens teilen sich auf in Finanzgeschäfte und eigentliche Betriebstätig-

keit, z.B. Bau und Verkauf von Waschmaschinen. **Das interne Rechnungswesen interessiert die Tätigkeit aus dem eigentlichen Betriebszweck**. So trennt man das Gesamtergebnis in ein Neutrales Ergebnis und ein Betriebsergebnis.

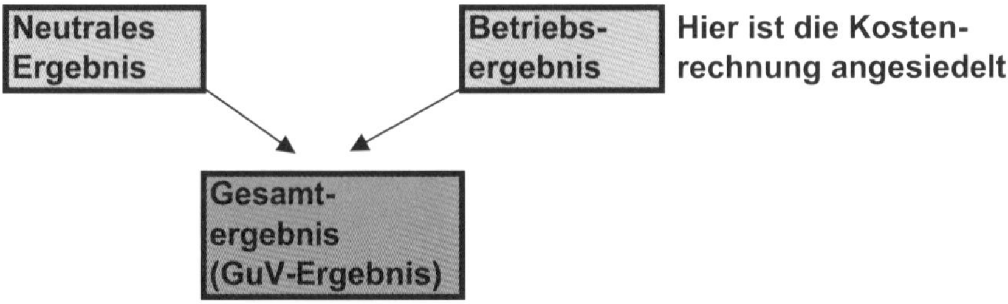

Abbildung 8: Betriebsergebnis

Zum neutralen Bereich gehören Aufwendungen und Erträge aus Finanzgeschäften, Beteiligungen u.ä. Der betriebliche Bereich umfasst das gesamte Spektrum Produktion, Dienstleistung mit allem, was damit zusammenhängt. Hier wird analysiert, kalkuliert, geplant usw., hier ist das Controlling zu Hause (siehe hierzu auch Kapitel 2.11: Neue Ergebnisbegriffe).

Kostenrechnung: Welche Kosten sind wo und warum entstanden?

Trotz aller interessanten strategischen Fragen im Controlling, Visionen, Szenarien usw. sind einige handwerkliche Grundkenntnisse notwendig. Wenn z.B. ein Bäcker die Vision hat, das schmackhafteste Brötchen der Stadt zu backen, muss er zumindest wissen, mit welcher Temperatur ein Backofen optimal funktioniert. In diesem Sinne muss der Controller mit den Werkzeugen umgehen können, die man für die Erfassung und Verrechnung von Kosten braucht.
Wir machen es kurz und konzentrieren uns auf drei wesentliche Fragen:

1. Welche Kosten sind entstanden, welchen „Charakter" haben diese Kosten (Kostenartenrechnung)?
Vorab: Können Kosten „Charakter" haben? Es hat sich nun einmal im Bereich der Betriebswirtschaftslehre eine gewisse Terminologie herausgebildet, die nicht immer die Umgangssprache trifft.

Welche Kosten sind entstanden? Zunächst natürlich alle, die wir auch im Rahmen der Buchhaltung erfasst haben: Personalkosten, Materialkosten, Mieten, Energie, Instandhaltung, Abschreibung, Büromaterial usw.
Für Controllingfragestellungen müssen wir einen Schritt weiter gehen und die „Charakterfrage" stellen: Damit beleuchtet man nahezu sämtliche Fragestellungen der Kostenrechnung bis hin zu neuesten Diskussionen. Es gibt Kosten, die sind

- Fix
  Fix bedeutet, diese Kosten fallen an, ob wenig oder viel abgesetzt oder produziert wird. Sie sind unabhängig von der Ausbringung. Zum Beispiel Abschreibungen, Mieten, Verwaltungspersonal usw. Dies wird spätestens dann zum Problem, wenn Fixkosten für eine gewisse Kapazität ausgegeben wurden, diese Kapazität aber nicht erfüllt wird. Die variablen Kosten können jetzt zurückgefahren werden, auf den fixen bleibt man sitzen. Jetzt verteilen sich die fixen Kosten auf weniger Stück. Folge: Die Fixkosten pro Stück steigen und man kalkuliert sich vielleicht aus dem Markt. Somit ist es eine ganz wichtige Erkenntnis, dass die Gesamtfixkosten eben fix sind, bezogen auf das Stück die Fixkosten aber steigen und sinken. Übrigens ist häufig diese Fixkostenproblematik schlicht die Ursache für Unternehmenszusammenschlüsse. Man spart Fixkosten und kann so Produkte günstiger kalkulieren, die Fixkosten pro Stück sinken. Man nennt diesen Effekt auch Fixkostendegression (siehe Abb. 9).

Ziel der Unternehmenspolitik ist es, den Fixkostenblock möglichst gering zu halten, denn Fixkosten sind schwer abbaubar und anpassbar. So kann man z.B. den Maschinenpark eines Unternehmen nur schwer schnell ändern. Ein hoher Fixkostenblock beeinträchtigt die schnelle Anpassung des Unternehmens an Marktgegebenheiten.

Ausbringung	Fixe Kosten gesamt
0	12.000
50	12.000
100	12.000
150	12.000
200	12.000
250	12.000
300	12.000
350	12.000
400	12.000

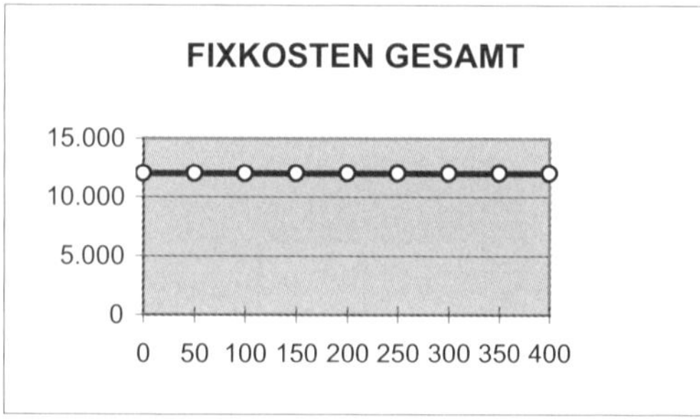

Ausbringung	Fixe Kosten pro Stück
50	240
100	120
150	80
200	60
250	48
300	40
350	34
400	30

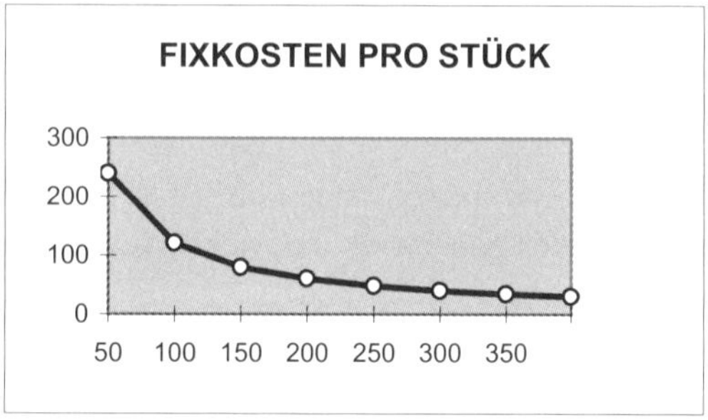

Abbildung 9: Fixe Kosten gesamt und pro Stück

Eine große kostenrechnerische Problematik ist, dass die Fixkosten nur sehr schwer verursachungsgerecht den Produkten zurechenbar sind (Gemeinkosten!). Wie will man zum Beispiel den Pförtner, die Hausverwaltung, die Buchhaltung, das Management usw. den Produkten zurechnen. Sogar in der Fertigung ist dies problematisch. Ein Meister in der Produktion arbeitet für viele Produkte. Wie soll sein Gehalt auf die Produkte verteilt werden? In der Praxis findet man hier viele Scheingenauigkeiten. Man tut so, als ob eine verursachungsgerechte Zurechnung möglich wäre und baut darauf sogar Entscheidungen auf, z.B. ob ein Produkt im Sortiment bleiben soll. Mehr dazu aber unter Erfolgsrechnungen.

- Variabel
  Variable Kosten dagegen sind abhängig von der Ausbringung. Typisch variabel ist Fertigungsmaterial.

Ausbringung	Variable Kosten
0	0
50	25
100	50
150	75
200	100
250	125
300	150
350	175
400	200

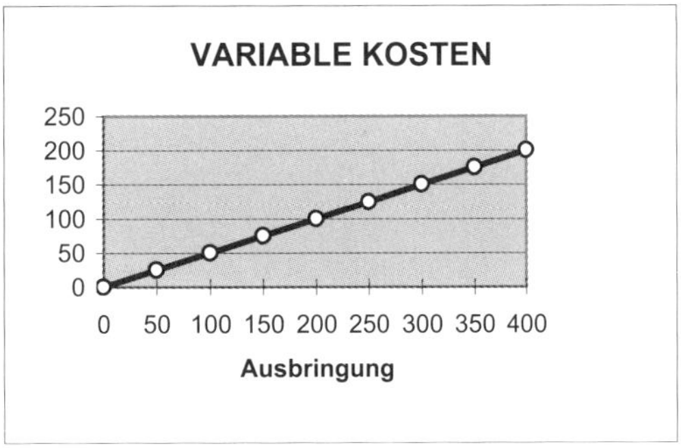

Abbildung 10: Variable Kosten

Während die fixen Kosten „da" sind, egal ob überhaupt was passiert, fallen die variablen Kosten erst an, wenn etwas passiert. Beim privaten PKW ist die Versicherung fix, das Benzin variabel. Falls man die Entscheidung treffen will, ob man aus Kostengründen Bahn oder Auto fährt, wird man dies auf Basis der variablen Kosten tun und die Versicherung nicht auf die Kosten pro Kilometer umlegen. Somit sind die variablen Kosten die entscheidungsrelevanten Kosten, denn Fixkosten fallen sowieso an. Auf dieser Erkenntnis basieren moderne Kostenrechnungssysteme wie z.B. die Teilkostenrechnung, die zunächst nur die variablen Kosten betrachtet und auf dieser Basis Ergebnisse (Deckungsbeiträge) errechnet.
Ferner gibt es

- Einzelkosten
  Wir sind bei der Frage angelangt, wie man Kosten auf das Produkt kalkuliert. Das ist bei Einzelkosten einfach, denn diese kann man direkt dem Produkt zurechnen. Einzelkosten werden für ein Stück verursacht – Löhne in der Fertigung. Man kennt die notwendige Zeit für die Erstellung des Produktes und den Lohnsatz. Bei den Einzelkosten gibt es also keine Probleme.

- Gemeinkosten
  Anders bei Gemeinkosten. Dies sind „gemeine“ Kosten. Sie lassen sich nämlich nicht direkt verrechnen. Das gilt etwa für die Gehälter in der Verwaltung oder Gebäudekosten. Klar – irgendwie müssen sie auf das Produkt kalkuliert werden, aber wie? Hier muss man mit Schlüsselungen arbeiten, die aber häufig fragwürdig sind. In der Kostenrechnung herrscht das Verursachungsprinzip. Das Produkt soll die Kosten tragen, die es verursacht. Was bei Material und Lohn noch klappt, versagt bei den Gemeinkosten. Wie sollen z.B. die Kosten des Managements auf das Produkt kalkuliert werden? Wir müssen also das Management umlegen auf das Produkt. In der Praxis geschieht dies häufig mit Prozentschlüsseln. Elegant ist dies alles allerdings nicht und eine verursachungsgenaue Schlüsselung ist bei den Gemeinkosten nur selten möglich. Dies macht die Kalkulation so schwierig und vor allem ungenau. Denken Sie einmal an die vielen Gemeinkosten bzw. Gemeinkostentätigkeiten im Unternehmen. Es beginnt mit dem Pförtner, dazu kommen die Telefonzentrale, die Materialbeschaffung, der gesamte Verwaltungsblock, Qualitätssicherung und und und ... Alles nicht verursachungsgerecht dem einzelnen Produkt zuordenbar. Das Controlling versucht seit Jahren verzweifelt, diese Problematik zu lösen. Ein neuerer Ansatz hierfür ist die Prozesskostenrechnung. Näheres im Kapitel über neue Instrumente.

2. Wo sind die Kosten entstanden (Kostenstellenrechnung)?
In nahezu jedem Unternehmen gibt es Kostenstellen, die Orte der Kostenverursachung. Die Buchhaltung erfasst also nicht nur die Kosten, sondern ordnet sie den Kostenstellen zu. Im Wesentlichen werden zwei Zwecke verfolgt:

- Kosteninformation für die Kostenstellenverantwortlichen
  Die Kosten sollen im wahrsten Sinne des Wortes nicht nur wie ein aufgeschlagenes Blatt, sondern als aufgeschlagenes Blatt vor einem liegen: Der Kostenstellenbericht oder die Kostenstellenauswertung, je nachdem wie es in den einzelnen Unternehmen genannt wird. Jeden Monat soll es den „Aha-Effekt“ geben: Aha, diese Kosten habe ich also verursacht. Außerordentlich sinnvoll ist es, neben den Istzahlen gleichzeitig Planzahlen auszuweisen. Über die Abweichungen zwischen Plan

und Ist kann man dann diskutieren. Was ist warum passiert? Was darf zukünftig nicht mehr passieren? Können wir den Plan noch halten? Gerade die Abweichungen machen Kostenstellenauswertungen für das Controlling und die Kostenstellenverantwortlichen interessant.

KOSTENSTELLENAUSWERTUNG
Kostenstelle: 1272 Dreherei
Kostenstellenleitung: Herr Müller

Zeitraum: Mai 2014

In 1.000 EURO	Plan	Ist	Abweichung absolut	%	
Material	112	136	-24	-21%	„Was ist hier passiert?"
Löhne	272	265	7	3%	
Gehälter	85	84	1	1%	
Energie	15	17	-2	-13%	
Instandhaltung	3	9	-6	-200%	„Was ist hier passiert?"
Reisekosten	4	4	0	0%	
Administrationskosten	13	12	1	8%	
Abschreibungen	35	35	0	0%	
Zinsen	0	0	0		
Sonstige Kosten	23	36	-13	-57%	„Was ist hier passiert?"
Umlagen	25	25	0	0%	
Summe Kosten	**587**	**623**	**-36**	**-6%**	

Abbildung 11: Kostenstellenauswertung (aus Übersichtlichkeitsgründen verkürzte Darstellung)

Bei Abweichungsgesprächen ist die Kommunikationsfähigkeit des Controllers gefragt. Es geht nicht darum, jemanden bei einer Abweichung „erwischt" zu haben, sondern um einen gemeinsamen Lernprozess.

- Vorbereitung für die Kalkulation. Ein kurzer Ausflug in die Verrechnungstechnik
  Die Kostenstellenrechnung ist der Kalkulation vorgelagert. Bei der Kalkulation geht es darum, dass ein verursachungsgerecht ermittelter Teil der Kosten ins Produkt wandert – also Material, Löhne usw. Ein Beispiel: Das Material kennt man vielleicht aus der Stückliste, den Preis aus dem Einkauf. Die Fertigungszeit für das Produkt kennt man aus dem Fertigungsplan. Jetzt braucht es einen Kostenstellensatz, um die Zeit zu

bewerten. Ausgangsfrage: **Was kostet die Minute in meiner Kostenstelle?** Das ist übrigens eine wichtige Kennzahl im Produktionscontrolling. Greifen wir dabei auf obige Kostenstellenauswertung zurück. Wir ergänzen diese Darstellung um eine Bezugsgröße: Fertigungsminuten. Jetzt kann der Kostensatz ermittelt werden:

KOSTENSTELLENAUSWERTUNG
Kostenstelle: 1272 Dreherei
Kostenstellenleitung: Herr Müller

Zeitraum: Mai 2014

In 1.000 EURO	Plan	Ist	Abweichung absolut	Abweichung %
Material	112	136	-24	-21%
Löhne	272	265	7	3%
Gehälter	85	84	1	1%
Energie	15	17	-2	-13%
Instandhaltung	3	9	-6	-200%
Reisekosten	4	4	0	0%
Administrationskosten	13	12	1	8%
Abschreibungen	35	35	0	0%
Zinsen	0	0	0	
Sonstige Kosten	23	36	-13	-57%
Umlagen	25	25	0	0%
Gesamtkosten	587	623	-36	-6%
Gesamtkosten ohne Material	**475**	**487**		

Fertigungszeit in Minuten	730.400	718.600	
Kostensatz in EURO Kosten : Minuten	**0,65**	**0,68**	

Abbildung 12: Ermittlung eines Kostensatzes

Im Kostensatz ist kein Material enthalten, denn hier wäre die Bezugsgröße Zeit unsinnig. Durchläuft jetzt ein Produkt drei Minuten diese Kostenstelle und will man vorab kalkulieren, multipliziert man Kostensatz 0,65 EUR x 3 Minuten = 1,95 EURO. Dies wäre der Kalkulationsansatz für diese Kostenstelle.
Häufig werden auch Kostensätze für z.B. größere Maschinen errechnet, die Maschinenstundensätze. Nach diesen oder ähnlichen Vorgehensweisen kommt man zum Preis des Produktes.
In diesem Zusammenhang müssen vorab die innerbetrieblichen Leistungen verteilt worden sein. Die Kostenstellen „beliefern" sich intern. Die Kostenstelle Heizung „beliefert" alle anderen Bereiche, die Instandhaltung arbeitet für diverse Kostenstellen usw. Hier muss eine innerbetriebliche Leistungsverrechnung passieren. Diese Umlagen natürlich möglichst verursachungsgerecht mit Bezugsgrößen. So können die Kosten der Heizungskostenstelle nach Kubikmetern umgelegt werden, die Instandhaltung nach der entsprechenden Anzahl der geleisteten Stunden für eine Kostenstelle.
Somit stellt die Kostenstellenrechnung eine wichtige Grundlage für die Kalkulation und diese kann freilich nur dann genau und realistisch sein, wenn die Grundlagen der Kostenstellenrechnung stimmen. Darum muss sich das Controlling kümmern, denn derartige Basisdaten finden Eingang in weitergehende Controllingsysteme. Es wäre nicht das erste Mal, dass sich das Controlling mit seinen Aussagen auf Daten beruft, die es nicht im Griff hat und so schlicht Falschaussagen trifft. Hier in der Kostenrechnung nimmt alles seinen Ausgangspunkt!

3. Wofür sind die Kosten entstanden (Kostenträgerrechnung)?
Hier kann der Controller ganz tief in seinen Werkzeugkasten greifen und sich betriebswirtschaftlich ausleben. Hier werden die wichtigsten Controllingfragen gestellt.
Kostenträger sind Produkte, Dienstleistungen usw. Ihnen werden die Kosten zugerechnet, sie müssen sie tragen und durch den Verkauf möglichst mit Gewinn wieder hereinholen. Die Kostenträgerrechnung hat zwei Dimensionen. Zum einen die Produktbetrachtung: Was kosten die Produkte. Dies ist die Kalkulation (Kostenträgerstückrechnung). Zum anderen die Zeitbetrachtung: Welchen Erfolg haben wir mit diesen Produkten (Kurzfristige Erfolgsrechnung).

Abbildung 13: Übersicht Kostenträgerrechnung

Mit diesen Instrumenten bemüht sich das Controlling um folgende Aufgaben:

- Durch die Kalkulation **Hilfe bei preispolitischen Entscheidungen**. Will man einen Preis machen, muss man wissen, was das Produkt kostet.
- **Transparenz der Kostenträger** (Produkte). Wie hoch ist z.B. der Anteil einzelner Produkte am Gesamtergebnis? Lohnt sich das Produkt überhaupt? Womit machen wir gar Verluste (und wissen es bislang noch gar nicht)?
- **Vorbereitung anderer Controllinginstrumente**, z.B. Planung. Oder Früherkennung: Wenn z.B. schon 10 % unserer Kunden auf ein anderes Produkt übergehen und 20 % über den Preis nachverhandeln wollen. Neigt sich nicht dann der Lebenszyklus des Produktes dem Ende zu? Mal schauen, was das Marketing dazu sagt.

So arbeitet man sich mittels der Kostenrechnung langsam von der Buchhaltung bis zum Controlling

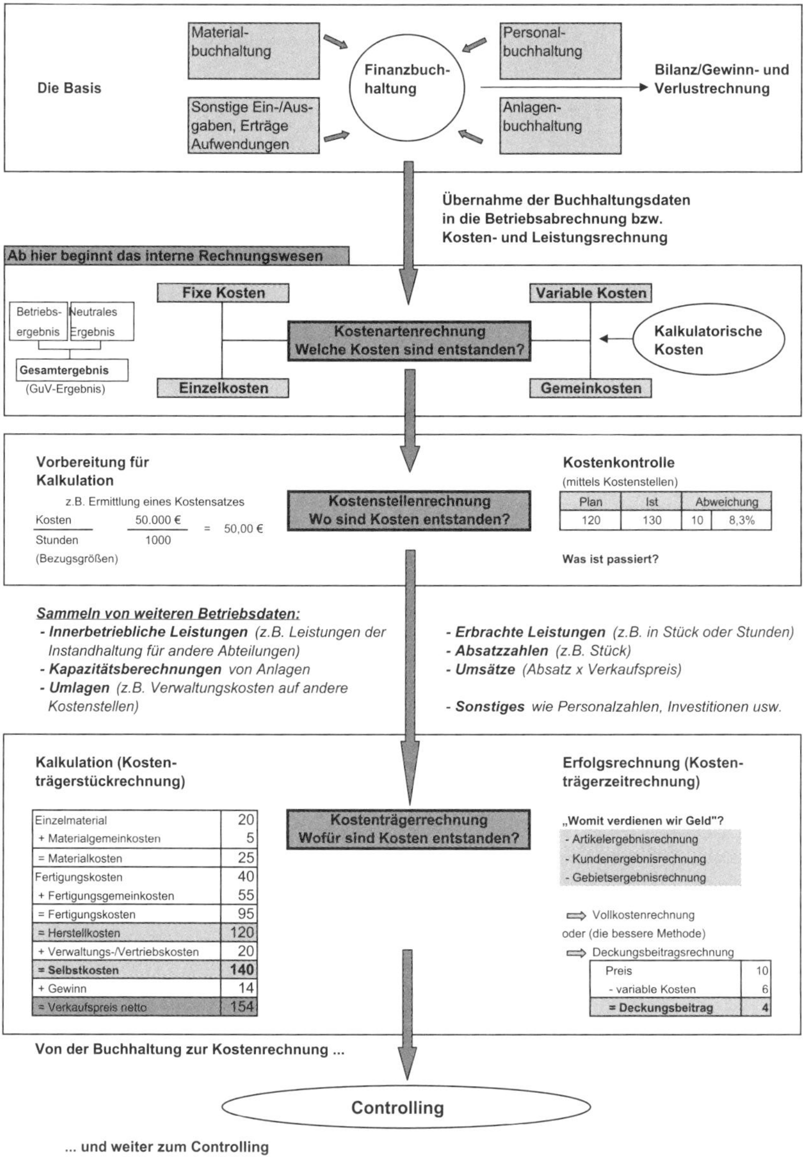

Abbildung 14: Von der Buchhaltung zum Controlling

Die Kalkulationssysteme schauen wir etwas kürzer an, mit der Erfolgsrechnung steigen wir dann schon recht tief ins Controlling ein.

Kalkulationssysteme: Was kosten unsere Produkte?

Wenn Sie eine Kiesgrube betreiben, haben Sie es leicht mit der Kalkulation. Man nehme: Alle Kosten der Kiesgrube, z.B. Personalkosten, Kosten für die Maschinen (Abschreibungen) usw. Dann teile man einfach diese Gesamtkosten durch die Tonnen abgebrochenen Kieses und erhält so die Kosten pro Tonne Kies. Das nennt man Divisionskalkulation. Leider funktioniert dies so einfach nur bei Einproduktunternehmen.

Auch in anderen Branchen macht man es sich oft wunderbar einfach. So kalkuliert z.B. der Chef eines Gasthofes: „Ich nehme den Warenwert und multipliziere diesen mit fünf. Kostet das Schnitzel mit Beilagen im Einkauf 2,20 EURO, kommt es bei mir mit 11,00 EURO auf die Speisekarte." Die Differenz soll die restlichen Kosten wie Mieten, Kosten des Koches, Kellners usw. decken. Auch eine Methode.

Normalerweise muss die Kostenrechnung bzw. das Controlling differenzierter bzw. professioneller vorgehen. So findet man in der Praxis sehr häufig, in welcher Abwandlung auch immer, die sog. Zuschlagskalkulation. Diese geht davon aus, dass man zumindest die Material- und Lohnkosten verursachungsgerecht feststellen kann, da Einzelkosten (siehe oben). Die Gemeinkosten werden dann auf Basis dieser Einzelkosten nach diversen Schlüsselungen zugeschlagen (siehe Abb. 15).

Diese Methode sieht schon um einiges genauer aus. Aber trotzdem Vorsicht. Wer ein wenig über dieses Schema nachdenkt, wird einwenden, dass das „Zuschlagen" mit einigen Fehlern behaftet ist:

- In der Kostenrechnung haben wir gehört, dass alles verursachungsgemäß passieren soll. Wo aber ist denn der Zusammenhang zwischen z.B. Vertriebskosten und den Herstellkosten? Vertriebskosten werden auf Basis der Herstellkosten kalkuliert. Was haben denn aber z.B. die Reisekosten des Vertreters mit den Herstellkosten des Produktes zu tun? Je höher die Herstellkosten, desto höher die Reisekosten des Vertreters? Wohl kaum.

Kalkulationselemente	%	EURO
Materialeinzelkosten		25,00
+ Materialgemeinkosten	6%	1,50
= Materialkosten		**26,50**
Fertigungseinzelkosten (Löhne)		45,00
+ Fertigungsgemeinkosten	125%	56,25
= Fertigungskosten		**101,25**
= Herstellkosten		**127,75**
+ Verwaltungskosten	12%	15,33
+ Vertriebskosten	8%	10,22
= Selbstkosten		**153,30**
+ Gewinnaufschlag	10%	15,33
= Verkaufspreis		**168,63**

Wie kommt man zu Gemeinkostenzuschlagssätzen?
Beispiel: Materialgemeinkosten

Die Kosten des Fertigungsmaterials betragen im Unternehmen in einem Jahr 15.000.000 EURO.
Die Kosten des Bereiches Materialwirtschaft betragen 900.000 EURO.
Z.B. Personalkosten, Abschreibungen, Büromaterial usw.

900.000 EURO sind 6% von 15.000.000 EURO.
Wenn also jeder EURO Materialverbrauch mit 6% in der Kalkulation beaufschlagt wird, werden damit die Kosten der Materialwirtschaft gedeckt.

Ähnliche Vorgehensweise auch bei den anderen Gemeinkostenzuschlägen

- Fertigungsgemeinkosten sind die sonstigen Kosten der Fertigung, z.B. Gemeinkostenlöhne oder Meistergehälter, Abschreibungen, Energie usw.
  Die Fertigungsgemeinkosten werden auf Basis der Fertigungseinzelkosten verrechnet.
- Verwaltungs- und Vertriebskosten werden auf Basis der Herstellkosten verrechnet.
  Dies bedeutet: Je höher die Herstellkosten, desto höher die Verwaltungs- und Vertriebskosten.

Abbildung 15: Grundschema Zuschlagskalkulation

- Oder versuchen Sie einmal jemandem ernsthaft zu erklären, dass die Kosten der Buchhaltung abhängig sind von den Material- und Personalkosten des Produktes. Hier gibt es kaum Zusammenhänge! Hier stimmt also etwas nicht mit der Zuschlagskalkulation (was Zehntausende von Unternehmen nicht daran hindert, trotzdem genau so zu kalkulieren).
- Werden die Gemeinkosten (meist Fixkosten) auf Basis von Einzelkosten (meist variable Kosten) umgelegt, werden quasi aus Fixkosten in der Kalkulation variable Kosten. Diese „Proportionalisierung von Fixkosten“ ist falsch.
- Fixkosten fallen, wie oben gehört, unabhängig von der Ausbringung an. Bei der Zuschlagskalkulation werden für **jedes Stück** aber immer brav Fixkosten angesetzt. Auch wenn diese bereits durch die in der Vergangenheit produzierte Menge gedeckt sind. Auch das ist nicht korrekt.

Seit Jahrzehnten und immer noch ist das Controlling dabei, hier Lösungen zu finden. Aktuell dreht sich bei der Verbesserung der Kalkulation alles um das Schlagwort „Prozessorientierung".
Man löst sich hier von der Beaufschlagung auf Basis der Einzelkosten, z.B. Materialgemeinkosten in Prozent zum Fertigungsmaterial. Man fragt sich, was passiert hier eigentlich? Das Material wird eingekauft, geprüft, eingelagert, ausgelagert usw. Man macht erst einmal eine Analyse, welche „Prozesse" ablaufen. Dann fragt man sich, was diese Prozesse kosten. Mit diesen Werten geht es in die Kalkulation. Dadurch wird z.B. bei einem Möbelhersteller verhindert, dass ein Schrank aus Eichenholz mehr Gemeinkosten tragen muss als ein Schrank aus Buchenholz, nur weil Eichenholz teurer ist als Buchenholz. Denn der Aufwand, Einkaufen, Prüfen, Lagern usw. ist der gleiche.

	In EURO	
Materialeinzelkosten	25,00	Die Einzelkosten sind wie in der Zuschlagskalkulation direkt dem Produkt zurechenbar.
Fertigungseinzelkosten (Löhne)	45,00	
Summe Einzelkosten	**70,00**	

Mittels Bezugsgrößen werden nun die Kosten für die (Gemeinkosten-)Prozesse ermittelt

Prozessabhängige Kosten		**Mögliche Bezugsgrößen:**
Material einkaufen	0,43	Anzahl Bestellungen
Material lagern	0,38	Anzahl Lagerungsvorgänge
Produktion vorbereiten	12,80	Anzahl Fertigungsaufträge
Maschinen rüsten	18,50	Anzahl Rüstvorgänge
Materialtransport	5,60	Anzahl Transportvorgänge
Produkte kontrollieren	4,30	Anzahl Kontrollvorgänge
Produkte verpacken	3,50	Anzahl Verpackungsvorgänge
Personalabrechnung	3,80	Anzahl Mitarbeiter
Buchhaltung	0,80	Anzahl Buchungen
Sonstige Verwaltung	9,50	Diverse
Vertreterbesuche	13,50	Anzahl Vertreterbesuche
Summe Prozesskosten	**73,11**	
Selbstkosten (Einzelkosten + Prozesskosten)	**143,11**	

Abbildung 16: Prozessorientierte Kalkulation

Diese Art der Kalkulation ist natürlich sehr viel aufwändiger als die klassische Zuschlagskalkulation. Man muss erst einmal die Prozesse feststellen, verdichten, bewerten ...(weitere Details siehe Kapitel 2.11 Prozesskostenrechnung). Dieser Aufwand ist letztlich auch der Grund dafür, dass viele Unternehmen sich noch nicht für dieses Kalkulationsmodell entscheiden konnten. Zwar weiß man häufig, dass es bessere Alternativen gibt, aber der Aufwand schreckt ab.
Immerhin ist mit diesen Beispielen vielleicht deutlich geworden, *dass man einer Kalkulation nie zu 100 % glauben darf*. Sie nähert sich kostenmäßig dem Produkt, wird aber nie exakt sein.

Schauen wir einmal in die aktuelle Kalkulationsdiskussion:
So exakt wie möglich man auch immer kalkuliert: Ist die Fragestellung der Kalkulation „Was wird das Produkt kosten?“ überhaupt richtig formuliert? Muss man nicht vielmehr fragen: „Was **darf** das Produkt kosten?“
Wir leben nicht mehr in einer Zeit, in der die Kosten addiert werden, ein Gewinnzuschlag aufgeschlagen wird – und das ist der Preis, den die Kunden zahlen müssen. Entweder sind die Kunden gar nicht bereit, für das Produkt diesen Preis zu zahlen oder die Konkurrenz ist schlicht billiger. Das ist die Praxis! Preise werden heutzutage vom Markt bzw. von der Konkurrenz vorgegeben. Das erfordert, dass man das gängige Kalkulationsdenken auf den Kopf stellt. Am Anfang steht der Marktpreis und der gewünschte Gewinn. Daraus werden die Kosten abgeleitet, die das Produkt nur noch kosten **darf** – dieses Verfahren wird Modern Target Costing genannt (siehe Abb. 17).
Die Zielkosten, in diesem Falle 420, werden gespalten und jeder Bereich kritisch untersucht, wo es Reserven gibt, bzw. ob die Kostenvorgaben gehalten werden können. Dabei orientiert man sich stark an den Funktionen des Produktes und fragt, was sie kosten. Wenn der Fahrradcomputer nur 19,90 EUR kosten darf, wird gefragt, ob es noch möglich ist, auch die Funktion Temperaturanzeige in den Kosten unterzubringen oder evtl. darauf zu verzichten. Dabei wird natürlich berücksichtigt, wie wichtig dem Verbraucher diese Funktionen sind. Somit ist Target Costing stark marketingorientiert.
Liest man die einschlägige Literatur, kommt diese Methode angeblich aus Japan. Richtig ist, dass sie dort sozusagen kultiviert wurde und Basis für die Ausrichtung der Unternehmensstrategien wurde. Aber selbst Herr Porsche, der in den 1930er Jahren den VW Käfer entwickelte, hatte als Vorgabe, dass

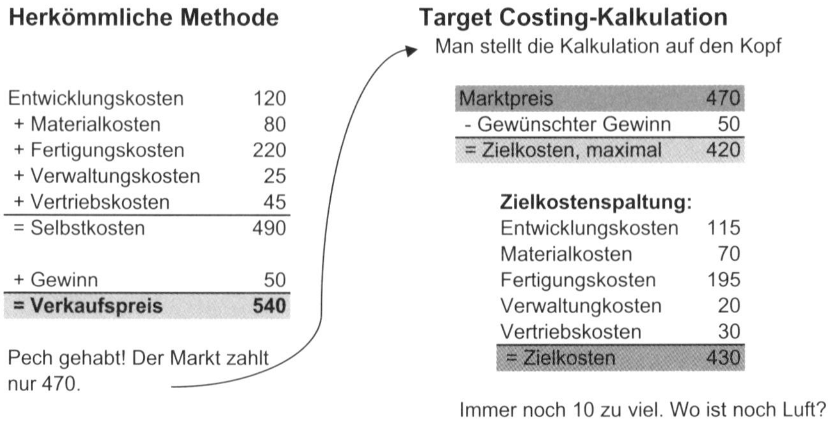

Abbildung 17: Target Costing-Kalkulation

dieser exakt 990 Reichsmark Marktpreis haben sollte. Daran hatte er die Kosten auszurichten. Target Costing gab es also schon viel früher.

Wenn der Wettbewerb härter wird, beginnen die Leute härter zu verhandeln. Jede Branche stöhnt. Umso wichtiger werden Kalkulationen zur Entscheidungsfindung. Nehmen wir obige Zuschlagskalkulation. Die Selbstkosten betragen 153,30 EURO einschließlich Gewinn beträgt der Verkaufspreis 168,63 EURO. Jetzt kommt ein zusätzliches Angebot über eine größere Menge herein. Dieses hat nur einen Haken. Der Kunde will lediglich 125 EURO zahlen. Nehmen wir dieses Angebot an? Es entwickelt sich eine Diskussion:

- „Wir müssen mindestens die Selbstkosten erwirtschaften."
- „Wenigstens ein kleiner Gewinn muss erwirtschaftet werden!"

Der Controller schaut kritisch auf die Kalkulation. Jetzt wird es wichtig, dass er das Kostenrechnungshandwerk beherrscht und auch die Probleme kennt, die mit der Zuschlagskalkulation verbunden sind. Er trennt die Kostenblöcke des Produktes in variabel und fix. Jetzt argumentiert er: „Die fixen Kosten fallen sowieso unabhängig von der Ausbringung an. Egal ob Zusatzauftrag oder nicht. Sie sind da. Lediglich die variablen Kosten fallen zusätzlich an."

Dazu kommt noch, dass man die fixen Kosten sowieso kaum richtig zuordnen kann.
Die Zuschlagskalkulation ist eine sog. Vollkostenkalkulation, d.h., alle Kosten werden auf das Produkt verrechnet, nach welcher Schlüsselung auch immer. Teilkostenkalkulation berücksichtigt nur einen Teil der Kosten, nämlich die, die letztlich entscheidungsrelevant sind: die variablen Kosten.

Kalkulationselemente	%	EURO	
Materialeinzelkosten		25,00	**Variabel**
+ Materialgemeinkosten	6%	1,50	**Fix**
= Materialkosten		**26,50**	
Fertigungseinzelkosten (Löhne)		45,00	**Variabel**
+ Fertigungsgemeinkosten	125%	56,25	**Fix**
= Fertigungskosten		**101,25**	
= Herstellkosten		**127,75**	
+ Verwaltungskosten	12%	15,33	**Fix**
+ Vertriebskosten	8%	10,22	**Fix**
= Selbstkosten		**153,30**	
+ Gewinnaufschlag	10%	15,33	
= Verkaufspreis		**168,63**	

Abbildung 18: Ermittlung von Preisuntergrenzen

Die variablen Kosten stellen die Preisuntergrenze dar. Verkaufen wir unter variablen Kosten, legen wir wirklich drauf. Ansonsten kann es sinnvoll sein, unter Selbstkosten zu verkaufen:

Das zusätzliche Angebot verursacht lediglich 25,00 zusätzliche Materialkosten und 45,00 Fertigungskosten, wobei es eine gesonderte Diskussion wäre, ob die Löhne fix oder variabel sind (müssen zusätzlich Leute eingestellt werden, sicherlich variabel). Somit „kostet" uns der Zusatzauftrag nur 70,00 pro Stück. Bei einem Angebot von 125,00 hätten wir also einen Beitrag zur Deckung der fixen Kosten von 55,00. Das ist der Deckungsbeitrag oder besser – Fixkostendeckungsbeitrag. Man könnte den Auftrag also annehmen, obwohl er deutlich unter den Selbstkosten liegt. Denn eines ist auch fix: Nehmen wir den Auftrag nicht an, verzichten wir auf 55,00 pro Stück zur Deckung unserer fixen Kosten, letztlich auf 55,00 Produktergebnis.
Natürlich müssen langfristig und über das gesamte Produkt alle Kosten gedeckt werden, aber mit derartigen Überlegungen kommt man schnell zu Entscheidungen und die Deckungsbeiträge kann man mit „mitnehmen". Wenn die Fixkosten sogar durch das normale Geschäft gedeckt sind, können auf diese Weise durch Zusatzaufträge satte Gewinne eingefahren werden.
Freilich ist noch prüfen, ob die Annahme des Angebotes aus Marketinggründen möglich ist. Wenn sich vielleicht bei anderen Kunden herumspricht, dass wir an einige Kunden das Produkt für 125,00 verkaufen, können wir eine Menge Ärger bekommen.
Somit ist eines der Schlüsselworte im Controlling der **Deckungsbeitrag**:

Preis	125,00
- variable Kosten	70,00
= Deckungsbeitrag	**55,00**

Wir alle kennen die Tatsache, dass man Markenartikel unter anderer Verpackung als sog. No-name-Artikel viel billiger bekommt. Ihr Billigwaschmittel kann durchaus das teure aus der Werbung bekannte „weißeste Weiß der Welt" sein. Übrigens – man kann kaum glauben, wie häufig dies geschieht. Schaut man sich die Kalkulation dieser Unternehmen an, sieht man, dass genau hier mit Deckungsbeiträgen gearbeitet wird. Die fixen Kosten werden unter dem feinen Markennamen über hohe Verkaufpreise hereingeholt. Die Überkapazitäten werden billiger verkauft, aber immerhin erzielt man noch einen Deckungsbeitrag. So läuft das!

Erfolgsrechnung: Womit verdienen wir Geld?

Es ist manchmal erstaunlich, dass auch große Unternehmen nicht richtig mit Controllingwerkzeugen umgehen können. Da gab es zum Beispiel einen Konzern der Markenartikelindustrie mittlerer Größe mit mehreren Produktlinien. Das Management wollte das Ergebnis verbessern und schaute sich kritisch die Produktlinien an. In der Folge wurden zwei Linien aus dem Sortiment geworfen. Begründung: „Mit diesen Linien fahren wir Verluste ein." Tatsächlich sahen die Erfolgsrechnungen unter dem Strich negativ aus. Aber: Insgesamt wurde keine Ergebnisverbesserung erreicht, obwohl man sich doch von vermeintlichen Verlustbringern getrennt hatte. Man hatte vergessen oder wusste es nicht besser, in Deckungsbeiträgen zu denken (übrigens wurde das Controlling vor der Entscheidung nicht gefragt, letztlich gab es in diesem Konzern zwar ein Controlling, aber die Konzernspitze hat es des Öfteren ignoriert).

Die negativen Erfolgsrechnungen der Produktlinien enthielten auf die Produkte geschlüsselte Fixkosten, die dummerweise auch nach Trennung von den Produkten weiterliefen und nun auf den Rest der Produktlinien geschlüsselt wurden: Verwaltungskosten, Vertriebskosten, Mieten usw. Es fielen lediglich die variablen Kosten der rausgeschmissenen Produkte weg. Der Preis dieser Produkte lag aber immer noch über den variablen Kosten, also immer noch positive Deckungsbeiträge. Unter dem Strich hat man an den Produkten noch verdient. Man hatte schlicht ein Controlling-Basiswerkzeug nicht angewendet: die Deckungsbeitragsrechnung. Man hatte in „Vollkosten" gedacht und alle Kosten, auch die, die nicht entscheidungsrelevant waren, betrachtet.

Vollkostenrechnungssysteme sind alle die Rechenwerke, die mit allen Kosten, also auch den fixen, rechnen. Zur Illustration noch ein einfaches Beispiel (siehe Abb. 19):

Weil Erfolgsrechnungen auch immer gleichzeitig Entscheidungen dienen, wie oben z.B. Rausschmiss eines Produktes oder Förderung eines Produktes usw., wird der Controller sie meist auf Basis von Deckungsbeitragsbetrachtungen aufbauen. Einfach aus der Erkenntnis heraus, dass die Aufschlüsselung der fixen Kosten meist nicht verursachungsgerecht möglich ist und Fehlentscheidungen auf Basis von Scheingenauigkeiten vermieden werden sollen. Die einfachste Art der Deckungsbeitragsrechnung – millionenfach angewandt – ist das sog. Direct Costing. Man ermittelt den Deckungsbeitrag und „erschlägt" die Fixkosten en bloc. Jeder Schlüsselungsversuch wird unterlassen (siehe Abb. 20).

	Produkt A	Produkt B	Produkt C	Summe
Erlöse	120	210	380	710
variable Kosten	70	160	230	460
Fixe Kosten	40	70	120	230
= Gesamtkosten	110	230	350	690
Produktergebnisse	**10**	**-20**	**30**	**20**

Vorschlag: *„Offensichtlich hat das Produkt B ein negatives Ergebnis. Man sollte sich von diesem Produkt trennen."* ***Wie sieht das Ergebnis nach der Trennung aus?***

	Produkt A	Produkt B	Produkt C	Summe
Erlöse	120	---	380	500
variable Kosten	70	---	230	300
Fixe Kosten	60	---	170	230
= Gesamtkosten	130	---	400	530
Produktergebnisse	**-10**	**---**	**-20**	**-30**

Nun hat man sich von dem Minusprodukt getrennt, das Ergebnis ist aber um 50 schlechter als vorher! In Summe - 30. Warum? Die Fixkosten sind geblieben und verteilen sich nun auf die anderen Produkte.

Offensichtlich hat die Trennung von einem Minusprodukt das Ergebnis verschlechtert?!

Wichtige Frage also: Hat das vermeintliche Minusprodukt einen positiven Deckungsbeitrag gebracht? Wie sieht die die Deckungsbeitragsdarstellung aus?

Deckungsbeiträge	Produkt A	Produkt B	Produkt C	Summe
Erlöse	120	210	380	710
- variable Kosten	70	160	230	460
= Deckungsbeitrag	50	50	150	250
Fixe Kosten				230
Gesamtergebnis				**20**

Das Minusprodukt hat einen positiven Deckungsbeitrag von 50 erwirtschaftet. Das heißt, mit diesem Produkt werden immerhin noch Fixkosten in Höhe von 50 gedeckt.

Fazit: Sich nicht zu schnell von Produkten trennen.
Man beachte den Deckungsbeitrag!

Abbildung 19: Mögliche Fehlentscheidungen bei Vollkostenrechnung

in 1.000 EURO	Produkte Happy Sport	Junior Sport	Sunrise	Summe
Bruttoumsatz	2.467	1.376	744	4.587
- Erlösschmälerungen	230	163	83	476
= Nettoumsatz	**2.237**	**1.213**	**661**	**4.111**
Variable Materialkosten	540	285	105	930
Variable Personalkosten	990	134	156	1.280
Variable Lizenzkosten	123	69	37	229
Variable Ausgangsfrachten	35	29	23	87
Summe Variable Kosten	1.688	517	321	2.526
Deckungsbeitrag I	**549**	**696**	**340**	**1.585**
Fixes Material				87
Fixe Personalkosten				424
Werbung				123
Energie		**FIXKOSTEN WERDEN**		111
Abschreibungen		**NICHT ZUGERECHNET**		234
Instandhaltung				34
Mieten/Leasing				85
Kommunikationskosten				34
Zinsen				46
Steuern				23
Sonstige Kosten				78
Summe Fixkosten				**1.279**
Ergebnis	**---**	**---**	**---**	**306**

Abbildung 20: Praxisbeispiel für ein Direct Costing

Betrachtet man den Deckungsbeitrag, sieht man, dass das umsatzstärkste Produkt nicht, wie man ja meinen könnte, das beste Artikelergebnis hat. In diesem Fall haben die hohen Personalkosten den umsatzstarken Artikel Happy Sport auf den zweiten Platz verdrängt.

Problem Fixkostenverteilung: Angenommen, wir schlüsseln die Fixkosten auf die Produkte auf. Zum Beispiel so, wie es auch noch häufig in der Praxis geschieht: nach Umsatz. Man hört oft die Argumentation (häufig aus dem Marketing): „Die Artikel mit dem stärksten Umsatz können die meisten Fixkosten tragen. Die Artikel mit geringem Umsatz können nicht so stark belastet werden.“ Diese Einstellung nennt man Tragfähigkeitsprinzip und der vernünftige Controller wendet sich mit Grausen ab, wenn er Kosten nach diesem Prinzip verteilen soll (und versucht natürlich die Vertreter dieser Meinung zu überzeugen, dass man verursachungsgerecht vorgehen sollte). Andere wiederum, die die Fixkostenproblematik kennen, argumentieren: „Da die Fixkosten sowieso nicht vernünftig zugeteilt werden können, können wir sie auch gleichmäßig auf die Produkte verteilen." Schauen wir uns die Auswirkungen dieser Meinungen einmal an. Der Einfachheit halber werden die Fixkosten als Block gezeigt:

Vorschlag: *„Die Artikel mit dem stärksten Umsatz können die meisten Fixkosten tragen."*

Umsatzanteile (Nettoumsatz)	54%	30%	16%	100%
	Produkte			
in 1.000 EURO	**Happy Sport**	**Junior Sport**	**Sunrise**	**Summe**
Bruttoumsatz	2.467	1.376	744	4.587
- Erlösschmälerungen	230	163	83	476
= Nettoumsatz	**2.237**	**1.213**	**661**	**4.111**
Variable Materialkosten	540	285	105	930
Variable Personalkosten	990	134	156	1.280
Variable Lizenzkosten	123	69	37	229
Variable Ausgangsfrachten	35	29	23	87
Summe Variable Kosten	1.688	517	321	2.526
Deckungsbeitrag I	**549**	**696**	**340**	**1.585**
Summe Fixkosten	**687,9**	**383,7**	**207,5**	**1.279**
Ergebnis	**-139**	**312**	**133**	**306**

Nach diesem Vorschlag rutscht das umsatzstärkste Produkt total in den Keller. Unter Umständen kommt jetzt sogar jemand auf die Idee, sich von dem Produkt zu trennen.

Weiterer Vorschlag: *„Da die Fixkosten sowieso nicht vernünftig zugeteilt werden können, können wir sie auch gleichmäßig auf die Produkte verteilen."*

Gehen wir jetzt vom Deckungsbeitrag I aus und ziehen die Fixkosten ab:

	Produkte			
in 1.000 EURO	**Happy Sport**	**Junior Sport**	**Sunrise**	**Summe**
Deckungsbeitrag I	**549**	**696**	**340**	**1.585**
- Fixkosten	**426**	**426**	**426**	**1.279**
= Ergebnis	**123**	**270**	**-86**	**306**

Wie nicht anders zu erwarten, rutscht jetzt das umsatzschwächste Produkt ab. Wieder Gefahr, dass man sich von diesem Produkt trennen will. Obwohl es doch positive Deckungsbeiträge erwirtschaftet!

Abbildung 21: Fixkostenverteilung

Was stimmt denn nun?
Es bleibt die Erkenntnis, dass man Fixkosten nie genau schlüsseln kann, aber man kann sich etwas näher an die Wahrheit heranhangeln. Man prüft, ob es nicht Fixkosten gibt, die eben doch direkt den Produkten zugeordnet werden können. Vielleicht gibt es eine Werbemaßnahme speziell für Happy Sport. Oder die Marketingkosten können separat erfasst werden, da jedes Produkt ein Marketingteam hat. Oder Entwickler und Designer arbeiten direkt nur für eine Produktlinie. Man geht also kritisch durch die Fixkosten und prüft, ob nicht einzelne Fixkosten doch zurechenbar sind. Man versucht über einen Umweg, die Fixkosten zu „variabilisieren". Dies nennt man stufenweise Fixkostendeckungsrechnung. Nun sagt man sich in der Praxis, dass es zwar interessant ist, die einzelnen Kostenarten zu sehen, aber noch interessanter ist es, die Kosten für einzelne Bereiche oder Funktionen sehen. Also statt Gemeinkostenmaterial, Abschreibungen usw. zeigt man Produktionskosten, Vertriebskosten, Verwaltungskosten usw.

	Produkte			
in 1.000 EURO	**Happy Sport**	**Junior Sport**	**Sunrise**	**Summe**
Bruttoumsatz	2.467	1.376	744	4.587
- Erlösschmälerungen	230	163	83	476
= Nettoumsatz	**2.237**	**1.213**	**661**	**4.111**
Variable Materialkosten	540	285	105	930
Variable Personalkosten	990	134	156	1.280
Variable Lizenzkosten	123	69	37	229
Variable Ausgangsfrachten	35	29	23	87
Summe Variable Kosten	**1.688**	**517**	**321**	**2.526**
Deckungsbeitrag I	**549**	**696**	**340**	**1.585**
DIREKT ZURECHENBARE FIXKOSTEN				
Werbung	25	43	55	123
Entwicklungskosten	0	102	0	102
Zurechenbare Produktionskosten	53	36	23	112
Zurechenbare Vertriebskosten	35	69	20	124
Deckungsbeitrag II	**436**	**446**	**242**	**1.124**
NICHT DIREKT ZURECHENBARE FIXKOSTEN				
Nicht zurechenb. Produktionsk.	**FIXKOSTEN WERDEN NICHT ZUGERECHNET**			350
Vertriebskosten				145
Verwaltungskosten				323
Ergebnis	**---**	**---**	**---**	**306**

Abbildung 22: Stufenweise Fixkostendeckungsrechnung

Man schafft sich mehrere Deckungsbeitragsstufen. Immerhin wird dadurch das Ergebnis um einiges transparenter. So relativiert sich im obigen Beispiel das bessere Deckungsbeitrags I-Ergebnis von Junior Sport gegenüber Happy Sport. Jetzt liefern sich die Produkte ein Kopf-an-Kopf-Rennen. Nun geht es in die Analyse. Nun muss man wissen, dass Happy Sport der bereits entwickelte Langläufer ist, Junior Sport das Zukunftsprodukt, deswegen die Entwicklungskosten. Jetzt kommen Marketingfragen ins Spiel. Und überhaupt: Die Zahlen des Controllings sind immer nur eine Seite der Medaille. Die Interpretation ist wichtig.

Fazit: Man sieht durch diese Darstellung, welche Kosten die Produkte über die variablen Kosten hinaus noch direkt verursacht haben. Auch werden dadurch Entscheidungen leichter. So ist zu prüfen, ob bei Rausschmiss eines Artikels zumindest mittelfristig die Fixkosten wegfallen. Im obigen Beispiel werden drei Deckungsbeitragsstufen gezeigt. Es gibt Unternehmen mit z.B. fünf Stufen. Hier muss man auf die spezielle Unternehmenssituation eingehen. Die Konzipierung einer derartigen Rechnung ist für den Controller regelmäßig eine hochinteressante Aufgabe. Dabei muss man das Unternehmen gut kennen bzw. spätestens jetzt lernt man das Unternehmen kennen. Die Wichtigkeit eines derartigen Rechensystems darf nicht unterschätzt werden, ist es doch das zentrale Informationssystem für alle über den Erfolg der Produkte im Unternehmen: angefangen von der Unternehmensleitung, über das Marketing, Vertrieb bis hin zum Betriebsrat. Ja auch der Betriebsrat. Der schlaue Betriebsrat schaut nämlich nicht nur, wie es die meisten tun, auf das externe Rechnungswesen, auf Bilanz und Gewinn- und Verlustrechnung. Wer sich auskennt, schaut in die internen Instrumente. Dort spielt vielmehr die Musik: welchen Bereichen geht es gut, welchen schlecht, was wird an den Produkten verdient, wo wird es kritisch usw.

Erfolgsrechnungen werden sehr häufig monatlich gemacht, um den Artikel laufend controllingmäßig zu begleiten. Häufig findet man vierteljährliche Auswertungen. Manche Unternehmen tun sich nur einmal im Jahr diesen Aufwand an. Die dürfen sich dann allerdings nicht wundern, wenn es dann zu spät ist und man nicht mehr reagieren kann, weil das Kind schon in den Brunnen gefallen ist.

In Literatur und Praxis findet man häufig folgenden stufenweisen Aufbau dieser Form der Deckungsbeitragsrechnung:

- Den klassischen Deckungsbeitrag I: Umsatz – variable Kosten
- Produktfixkosten: Fixkosten, die speziell einem Produkt zugerechnet werden können, z.B. Kosten für ein Spezialwerkzeug, fixe Lizenzen, Verkaufsförderung usw.
- Produktgruppenfixkosten: Produkte können zu Produktgruppen zusammengefasst werden, z.B. verschiedene Reiniger wie Badreiniger, Spülmittel usw. zur Produktgruppe Putzmittel. Dieser Gruppe können wiederum Fixkosten direkt zugerechnet werden, z.B. Marketingkosten für Putzmittel, Werbungskosten für eine bestimmte Marke
- Bereichsfixkosten: Produktgruppen können wiederum zu Bereichen zusammengefasst werden, z.B. Putzmittel und Körperreinigungsartikel. Es gibt Fixkosten, die für diese Bereiche anfallen, z.B. die Verwaltung dieser Bereiche, Vertriebskosten, wenn Vertreter beide Produktgruppen vertreiben usw.
- Unternehmensfixkosten: Hier können Fixkosten gar nicht mehr zugerechnet werden, z.B. die Verwaltung des Gesamtunternehmens, die Bewachung des Firmengeländes u.ä.

Beispiel: Unternehmen der Spielwarenindustrie

Produkte	1	2	3	4	5	6	7	8	9	10	Summe
Umsatz	31	25	50	13	42	20	53	17	19	39	309
variable Kosten	21	15	25	10	30	12	31	11	12	26	193
Deckungsbeitrag I	**10**	**10**	**25**	**3**	**12**	**8**	**22**	**6**	**7**	**13**	**116**
Produktfixkosten	19	0	0	5	0	0	2	3	0	4	33
Deckungsbeitrag II	**-9**	**10**	**25**	**-2**	**12**	**8**	**20**	**3**	**7**	**9**	**83**
	Brettspiele			**Kartenspiele**		**Baukästen**		**Stofftiere**			
Produktgruppenfixkosten	9			7		8		28			52
Deckungsbeitrag III	**17**			**3**		**20**		**-9**			**31**
	Spiele					**Spielzeug**					
Bereichsfixe Kosten	25					5					30
Deckungsbeitrag IV	**-5**					**6**					**1**
	Unternehmung										
Unternehmensfixe Kosten	20										20
Unternehmensergebnis	**-19**										**-19**

Abbildung 23: Klassische stufenweise Fixkostendeckungsrechnung

Nun können differenziert Produktgruppen, Bereiche usw. betrachtet werden, was insbesondere interessant für die Führungsebenen ist. Das Controlling leistet hier Servicearbeit für die Steuerung der verschiedenen Produktgruppen, Bereiche usw. Controlling macht transparent, macht u.U. Vorschläge, das Management drückt auf den Knopf. So kann das Controlling für das obige Beispiel folgende Vorschläge machen:

- Trennung von Produkt 1 und 4. Hier ist schon der Deckungsbeitrag I negativ. Hier legen wir drauf!
- Trennung insgesamt von den Stofftieren. Hier ist der Deckungsbeitrag III negativ. Hier können alle Fixkosten schnell abgebaut werden.

Wie sähe das Ergebnis nach diesen Vorschlägen aus?

Produkte	1	2	3	4	5	6	7	8	9	10	Summe
Umsatz	0	25	50	0	42	20	53	0	0	0	190
variable Kosten	0	15	25	0	30	12	31	0	0	0	113
Deckungsbeitrag I	**0**	**10**	**25**	**0**	**12**	**8**	**22**	**0**	**0**	**0**	**77**
Produktfixkosten	0	0	0	0	0	0	2	0	0	0	2
Deckungsbeitrag II	**0**	**10**	**25**	**0**	**12**	**8**	**20**	**0**	**0**	**0**	**75**
	Brettspiele			**Kartenspiele**		**Baukästen**		**Stofftiere**			
Produktgruppenfixkosten	9			7		8		0			24
Deckungsbeitrag III	**26**			**5**		**20**		**0**			**51**
	Spiele					**Spielzeug**					
Bereichsfixe Kosten	25					5					30
Deckungsbeitrag IV	**6**					**15**					**21**
	Unternehmung										
Unternehmensfixe Kosten	20										20
Unternehmensergebnis	**1**										**1**

Abbildung 24: Ergebnis der Fixkostendeckungsrechnung nach Controllingvorschlägen

Das Ergebnis von -19 hat sich wesentlich gebessert. Das Unternehmensergebnis ist jetzt ausgeglichen. Man nennt so etwas eine „schwarze 0". Aber wieder Achtung! Controlling liefert die Datenbasis. Vielleicht sind die Stofftiere sog. Türöffnerprodukte. Durch Preis und Bekanntheitsgrad ist man mit diesem Produkt überall vertreten und bekannt. Letztlich können vielleicht die anderen deckungsbeitragsstarken Produkte nur im Zusammenhang mit den Stofftieren verkauft werden. Der Markt ist manchmal kompliziert gestrickt.
Obige Rechnungen heißen Artikelergebnisrechnungen. Ähnliches kann aber nicht nur für Produkte gemacht werden. Wie häufig hört man den Vertrieb klagen: „Wenn wir denn wüssten, was wir an einzelnen Kunden verdienen. Da fährt man in die abgelegensten Gegenden, um Kunden zu besuchen und weiß nicht, ob sich der Aufwand überhaupt lohnt."
Dafür hat das Controlling folgendes Rezept: Man nehme ...

- ... die Kundenumsätze,
- ziehe die variablen Kosten ab und
- ordne, wenn möglich, den Kunden zurechenbare Fixkosten zu.

Ergebnis: Die Kundenergebnisrechnung.

Was verdiene ich am Kunden?
Da gab es einen größeren Weinhändler, der mit deutschen Weinen handelte aber auch ausländische Weine importierte. Der Vertrieb erfolgte über Vertreter. Man handelte mit Weinen mit Verkaufpreisen zwischen rund 3 und 30 EURO. Aus Marketinggründen hatte er einige Lockangebote (Türöffnerprodukte) im Angebot. Diese Produkte waren auf Basis variabler Kosten kalkuliert. Letztlich: Einkaufpreis = Verkaufspreis. Natürlich wusste man: Mit diesen Produkten verdient man nichts. Hellhörig wurde man, als ein cleverer Vertreter dem Inhaber mitteilte, dass er einige Kunden insbesondere Weinläden in Großstädten hat, die nur die Türöffnerprodukte kaufen, sonst nichts. Zwar machen diese Kunden einen hohen Umsatz, aber letztlich wird nichts an diesen Kunden verdient.
Es kann also durchaus passieren, dass man mit einigen Kunden immense Umsätze macht. Allerdings kauft der Kunde nur Produkte mit niedrigen Deckungsbeiträgen oder gar Türöffnerprodukte mit negativen Deckungsbei-

trägen. Hoher Umsatz, kein Gewinn. Wie hat unser Weinhändler reagiert? In diesem Falle gar nicht. Zwar hat er an rund 12 % der Kunden nichts verdient, aber ehe es sich in der Branche herumspricht, dass man Kunden ablehnt, lebt man besser mit diesem Problem.
Kundenergebnisrechnungen sind ebenfalls nach dem Deckungsbeitragsprinzip aufzubauen.

	Müller	Meier	Schulze	...	...
Absatz in Stück	12.500	35.000	6.400	3.200	25.200
Durchschnittspreis (netto)	63,23	40,65	63,10	60,46	49,10
Bruttoumsatz	694.208	1.349.636	340.328	178.016	1.200.820
Erlösschmälerungen	96.167	73.114	63.512	15.456	36.500
Erlösschmälerungen in %	14%	5%	19%	9%	3%
Nettoumsatz	**790.375**	**1.422.750**	**403.840**	**193.472**	**1.237.320**
VARIABLE KOSTEN:					
Variable Herstellkosten	149.765	204.566	87.532	60.754	453.222
Handelswaren	0	234.543	128.644	14.353	0
Vertreterprovisionen	158.075	284.550	80.768	38.694	247.464
Transportkosten	15.808	28.455	8.077	3.869	24.746
Variable Lizenzen	79	142	40	19	123
Deckungsbeitrag I	**466.648**	**670.494**	**98.779**	**75.782**	**511.765**
DEM KUNDEN ZURECHENBARE FIXKOSTEN:					
Spezialwerkzeugkosten	0	0	102.000	0	235.500
Werbeunterstützung	100.000	100.000	30.000	0	0
Deckungsbeitrag II	**366.648**	**570.494**	**-33.221**	**75.782**	**276.265**
NICHT ZURECHENBARE FIXKOSTEN: Fixe Herstellkosten Fixe Vertriebskosten Verwaltungskosten	Problematisch! Man könnte mit Umlagen arbeiten. Die Gefahr ist immer, dass jemand in erster Linie auf das Kundenergebnis auf Vollkostenbasis schaut. Besser, diesen Block weglassen				
Kundenergebnis nach Umlagen (zu Vollkosten)					

Abbildung 25: Kundenergebnisrechnung (Praxisbeispiel)

Hier sollte man einmal über den Kunden Schulze nachdenken. Zwar fährt man noch einen positiven Deckungsbeitrag I ein. Dieser wird aber von den zurechenbaren Sonderkosten weggefressen und unter dem Strich steht ein sattes Minus.

Auch hier wieder die Servicefunktion des Controllings. Das Controlling präsentiert die Fakten und evtl. Vorschläge. Nun ist es Sache des Marketings oder Vertriebs, zu handeln. Soll man sich von Kunden trennen (Vorsicht, Vorsicht!), welche Maßnahmen können ergriffen werden, um mit vorhandenen Kunden bessere Deckungsbeiträge zu erwirtschaften. Vielleicht mal einen Probekauf deckungsbeitragsstarker Produkte mit der Möglichkeit der Rückgabe anbieten. Vielleicht geht ja doch etwas? Oder im obigen Fall mit Schulze reden, ob er bereit ist, sich an der Hälfte der Werkzeugkosten zu beteiligen.

Derartige Darstellungen können vielfältig sein: für Großkunden, Kleinkunden, Spezialkunden usw. Oder nach Vertriebswegen: Großhandel, eigene Filialen, Vertriebsgesellschaften, Importeure. Das Prinzip ist immer das gleiche: Ermittlung von Deckungsbeiträgen und stufenweise Fixkostendeckung. Und übrigens: Es hat sich seit Jahrzehnten in der Praxis bewährt.

Interessant ist desgleichen für die Untersuchung von Vertriebsgebieten. Was verdienen wir in der Schweiz? Lohnt sich unser Engagement in den USA? Same procedure as before. Umsatz minus variable Kosten minus zurechenbare Fixkosten der Vertriebsgebiete, z.B. Vertriebskosten, Länderwerbung usw. Schon hat man ein Gebietsergebnis.

Eine kurze Übersicht über die Möglichkeiten (siehe Abb. 26).

Managementergebnisrechnung: Einer muss den Kopf hinhalten

Derartige Rechnungen eigenen sich hervorragend für sog. Managementergebnisrechnungen. Wie der Name schon sagt, will man wissen, wie erfolgreich ein Manager oder z.B. ein Gebietsmanagement war. Häufig hängt an diesen Ergebnissen eine variable Vergütung. Man kombiniert also die Erfolgsrechnung mit „Köpfen". Jemand ist für den Erfolg verantwortlich z.B. nach dem Führungsprinzip Management by results. Nun kann aber nur jemand für Dinge zur Verantwortung gezogen werden, die er auch beeinflussen kann. Es bietet sich die Deckungsbeitragsdarstellung an. Der zurechenbare Managementerfolg kann z.B. ein Deckungsbeitrag II sein. Hier sind alle Kostenfaktoren vom Management beeinflussbar. Verwaltungsumlagen z.B. dürfen hier, wenn überhaupt, nur nachrichtlich genannt werden. Fremde Bereiche, die einem per Umlage zugerechnet werden, kann man nicht beeinflussen. Und noch ein wichtiger Punkt ist zu berücksichtigen: der Plan.

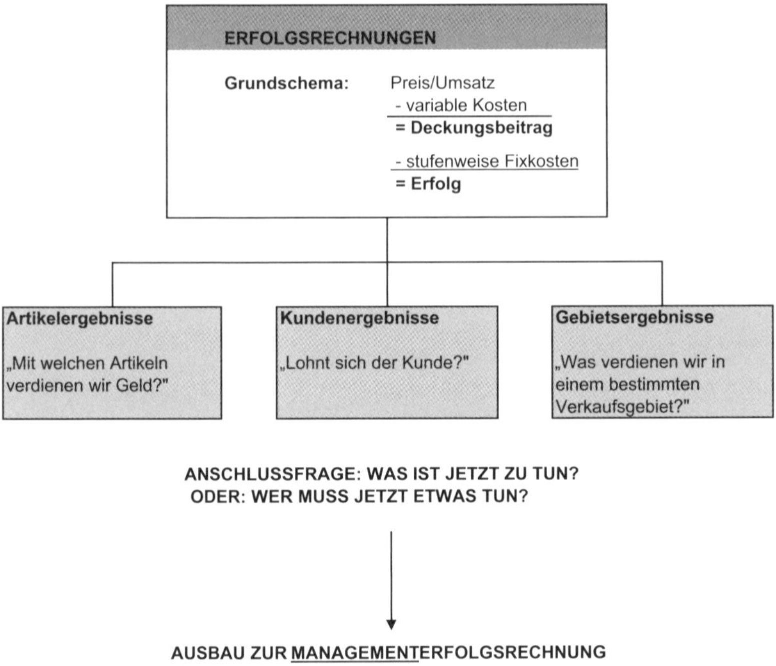

Abbildung 26: Erfolgsrechnungen

Nicht immer kann es zielführend sein, die Qualität des Managements lediglich am absoluten Ergebnis oder an einem absoluten Deckungsbeitrag festzumachen. Nach dem Motto: Wer die meisten Deckungsbeiträge erwirtschaftet hat, bekommt am meisten Vergütung. Nur der aktuelle Profit zählt. So finden Sie nie gute Leute, die einen Bereich aufbauen wollen, denn in der Anfangsphase werden erst wenige Gewinne erwirtschaftet. Sie finden auch keine Top-Leute, die einen schwachen oder heruntergewirtschafteten Bereich wieder hochziehen. Dabei braucht man hier gerade die Besten! So entwickelt man andere Beurteilungskriterien als den absoluten Erfolg, etwa

- **Der Verantwortliche wird an einem vorher gemeinsam verabredeten Plan gemessen.**
  Die variable Vergütung liegt z.B. 20 % über dem Fixum bei Planerfüllung und steigert sich jeweils um die Prozente, die besser Plan sind.

Die Gefahr hierbei ist natürlich, dass sich der Verantwortliche „warm anzieht", wie man so schön sagt. Wenn man es auf elegante Weise geschafft hat, das Planziel niedrig auszuweisen, kann man dann stolz auf die Übererfüllung hinweisen und entsprechend abkassieren.

- **Ziel ist die „schwarze 0"**
  Das ausgeglichene Ergebnis. Weder Gewinn noch Verlust. Hier hatte man vielleicht einen Bereich, der über lange Zeit nur Verluste einfuhr. Wer es jetzt schafft, diesen Bereich zumindest wieder in die Nullzone zu bringen, hat das Ziel erreicht. Im nächsten Jahr vielleicht dann das Ziel: Gewinn.
- **Ziel ist Halten des Vorjahresergebnisses**
  Ein Möbelhersteller hatte jahrelang gute Ergebnisse mit seiner Jugendmöbelkollektion gemacht. Die Geschmäcker ändern sich, die neue Kollektion hatte sich verzögert. Jetzt hieß es: Irgendwie Ergebnis halten bis die neue Kollektion da ist, denn die alte in die Jahre gekommene Kollektion zeigte deutliche Verkaufsschwächen. Hier wurde eindeutig das Ziel vorgegeben: Wenn Ihr es schafft, das Vorjahresergebnis zu halten, gibt es 10 % Erfolgsprämie auf das fixe Jahresgehalt.

Konkret: Wie kann eine Managementerfolgsrechnung aussehen? Hier wird bewusst das Wort „kann" gewählt, denn jedes Unternehmen macht es anders. Es gibt kein Schema, das für jedes Unternehmen passt. Orientieren wir uns an dem obigen Beispiel, an der Marke Happy Sport (siehe Abb. 27).
Hier ist das Managementergebnis der Deckungsbeitrag II. Der Rest sind nicht beeinflussbare Umlagen. Häufig möchte man allerdings über das Managementergebnis hinaus ein Vollkostenergebnis ausweisen, um das Rechenwerk komplett zu haben oder aber mit der Gewinn- und Verlustrechnung abstimmen zu können. Wichtig bleibt aber: Im Managementergebnis sind nur die beeinflussbaren Umsätze und Kosten berücksichtigt.
„Das kann ich nicht beeinflussen", ist ein häufig gehörtes Argument der Verantwortlichen. Dazu ist zu sagen, dass zunächst alles ein bisschen von „der Gage" der Damen und Herren im Management abhängt. Ab einer gewissen Höhe ist nur noch der Erfolg gefragt. Da geht es nicht mehr großartig darum, warum irgendetwas nicht geklappt hat sondern es wird schlicht gefragt: Ziel erreicht oder nicht? Ein Management muss, wie man so schön sagt, „fortune" mitbringen.

MANAGEMENTERFOLGSRECHNUNG HAPPY SPORT

	Happy Sport		Abweichung	
in 1.000 EURO	**Plan**	**Ist**	**absolut**	**%**
Absatz in Stück	9.650	9.250	-400	-4%
Durchschnittspreis netto	235,00	241,84	6,84	3%
Bruttoumsatz	2.520	2.467	-53	-2%
- Erlösschmälerungen	252	230	-22	-9%
= Nettoumsatz	**2.268**	**2.237**	**-31**	**-1%**
Variable Materialkosten	454	540	86	19%
Variable Personalkosten	950	990	40	4%
Variable Lizenzkosten	126	123	-3	-2%
Variable Ausgangsfrachten	36	35	-1	-3%
Summe Variable Kosten	**1.566**	**1.688**	**122**	**8%**
Deckungsbeitrag I	**702**	**549**	**-153**	**-22%**
DIREKT ZURECHENBARE FIXKOSTEN				
Werbung	100	25	-75	-75%
Entwicklungskosten	0	0		
Zurechenbare Produktionskosten	50	53	3	6%
Zurechenbare Vertriebskosten	20	35	15	75%
Deckungsbeitrag II = Managementergebnis	**532**	**436**	**-96**	**-18%**

NICHT DIREKT ZURECHENBARE FIXKOSTEN				
Nicht zurechenb. Produktionsk.	180	175	-5	-3%
Vertriebskosten	80	59	-21	-26%
Verwaltungskosten	170	165	-5	-3%
Ergebnis zu Vollkosten	**102**	**37**	**-65**	**-64%**

Abbildung 27: Praxisbeispiel Managementerfolgsrechnung

Aber werden wir konkret. Schauen wir uns einmal die Positionen kurz im Hinblick auf ihre Beeinflussbarkeit durch das Management an:

- **Absatz in Stück:** Das Management hat Einfluss auf die Absatzmenge durch den Preis oder Werbemaßnahmen, Einstellung neuer Vertreter usw.
- **Durchschnittspreis netto:** Das Management ist verantwortlich für die Preis bzw. Rabattpolitik. Wie reagiert zum Beispiel der Markt auf Preisänderungen?
- **Bruttoumsatz:** Dies ist der Preis lt. Preisliste vor Rabatten. Direkter Einfluss durch das Management
- **Erlösschmälerungen:** z.B. Einfluss auf die Rabatthöhe
- **Nettoumsatz:** Einfluss durch obige Faktoren
- **Variable Materialkosten:** Beeinflussbar durch die Produktgestaltung bzw. durch Einkaufskonditionen
- **Variable Personalkosten:** Beeinflussbar durch die Produktgestaltung bzw. Personalpolitik. Ferner abhängig durch die Mitarbeiterleistung, Motivationsfaktoren u.ä.
- **Variable Lizenzkosten:** Abhängig vom Umsatz. Abhängig von Verhandlungen mit dem Lizenzgeber
- **Variable Ausgangsfrachten:** Abhängig von der Versandart oder Tarifverhandlungen mit Speditionen
- **Deckungsbeitrag I:** Abhängig von obigen Faktoren, beeinflussbar!
- **Werbung:** Das Management entscheidet über das Werbebudget. Es kann hoch- oder runtergefahren werden
- **Entwicklungskosten:** Entscheidung über die Produktpolitik. Soll die Weiterentwicklung forciert oder eingestellt werden. Beeinflussbar!
- **Zurechenbare Produktionskosten:** Abhängig von den Entwicklungskosten (z.B. Abschreibungen eines Spezialwerkzeuges). Das Management hat Einfluss auf die Produktqualität und Qualitäts- bzw. Prüfkosten können zurechenbar sein
- **Zurechenbare Vertriebskosten:** Einfluss auf die Anzahl der Vertreter, auf die Vertretervergütung u.ä.
- **Deckungsbeitrag II:** Ebenfalls im Wesentlichen beeinflussbar

Wir sehen, das Management kann sich nicht um seine Verantwortung „herumdrücken". Die nicht direkt zurechenbaren Fixkosten sind allerdings in der Regel nicht beeinflussbar, zumindest nicht direkt vom Management Happy Sport. Hier gibt es möglicherweise andere Verantwortliche für diese Fixkostenblöcke, z.B. die Verwaltungsleitung.

Kurze Ergebnisanalyse unseres Managementerfolges, Kommentar des Controllings:
„Zwar liegt der Absatz um 4 % unter Plan, aber dieser Einfluss wurde durch einen höheren Durchschnittspreis weitgehend kompensiert, so dass der Nettoumsatz nur knapp schlechter Plan ist (1 %).
Trotz der geringeren Absatzzahl liegen die variablen Kosten deutlich über dem Plan, insbesondere die Materialkosten. Dies ergibt in Summe einen Deckungsbeitrag I von 22 % unter Plan.
Insbesondere durch das Nichtausschöpfen des Werbebudgets (nur 25 % wurden ausgegeben) liegen die zurechenbaren Fixkosten besser Plan, so dass sich unter dem Strich ein Managementergebnis von 18 % unter Plan ergibt, dies sind rund 96.000 EURO.
Damit wurde der Plan nicht erreicht.
Folgende Maßnahmen werden vorgeschlagen:

- Analyse, ob in Zukunft der höhere Durchschnittspreis gehalten werden kann. Liegt der geringere Absatz am höheren Preis gegenüber Plan?
- Analyse der variablen Kosten. Warum liegen diese deutlich über Plan?
- Ohne die Einsparungen bei der Werbung wäre das Managementergebnis deutlich schlechter gewesen (75.000 EURO). Analyse, ob diese Einsparung zu Lasten zukünftiger Absätze geht bzw. ob der geringere Ist-Absatz im Zusammenhang mit dem geringeren Werbeaufwand steht.

Die Analysen sollten sofort erfolgen."
Da sind schon einige kritische Fragen gestellt worden. Jetzt haben Controlling und Management einiges zu tun.
Wir haben gesehen, dass eine betriebswirtschaftlich vernünftige Aussagefähigkeit eng mit einer Planung verknüpft ist. Somit spielt Planung eine wichtige Rolle im Controlling.

2.2. Planung/Hochrechnung/Abweichungsanalysen

Die richtigen Dinge tun und die Dinge richtig tun

Ein gängiger Spruch im Controlling ist: *„Planung ist die Ersetzung des Zufalls durch den Irrtum.“* Klar ist, dass die Wirklichkeit fast nie exakt die Planung trifft. Auf der anderen Seite: Wer nicht weiß, wo er hinwill, kommt irgendwo an. Das kann es auch nicht sein.

Strategische und operative Planung vernetzt

Unterhält man sich in den Unternehmen über Planung, wird strategisch oft mit langfristiger Planung, operativ mit kurzfristiger Planung gleichgesetzt. Das ist so nicht richtig bzw. nicht ausreichend. Operativ bedeutet die Umsetzung der Strategie bzw. das Handhabbarmachen von Zielen.
Strategisches Controlling fragt: Was ist meine Kernkompetenz, habe ich die richtigen Produkte, wo stehe ich im Markt, wo soll es hingehen?
Daraus abgeleitet steht oft eine Vision und deren Umsetzung. Aber schauen wir uns ein konkretes Beispiel eines Unternehmens an (siehe Abb. 28).
Wenn man jetzt weiß, wo man hinwill, ist der nächste Schritt zu planen, wie man hinwill. Die Eckdaten sind gesetzt, jetzt geht es ins Detail der operativen Planung. Einmal im Jahr wird geplant, meist um den Oktober. Es ist die hohe Zeit des Controllings. Sämtliche Bereiche des Unternehmens werden durchgeplant und man versucht, das nächste Jahr gedanklich bzw. zahlenmäßig vorwegzunehmen.
Jetzt muss noch entschieden werden, wer plant. Nein, nicht ausschließlich das Controlling plant. Man sollte versuchen, bottom up zu planen. Planen tut nach Vorgaben der Bereich, die Bereiche werden verdichtet; es entsteht die Gesamtplanung und diese wird mit den strategischen Zielen wiederum abgestimmt. Einfacher ist es freilich, top down zu planen: Man gibt einfach die Planzahlen den Bereichen vor. Nur – wer identifiziert sich dann mit der Planung? Kommt es im nächsten Jahr zur Abweichung wird argumentiert: „Ich habe doch die Zahlen nicht gemacht, rede mich nicht an oder beziehe mich das nächste Mal in die Planung mit ein.“

Beispiel: Ein Wintersportunternehmen (Alpinski, Snowboards, Langlaufski)

Die Vision des Unternehmens: Europaweit anerkannter Partner in Sachen Skifahren

Strategische Ausgangsfrage: „Wo wollen wir in fünf Jahren sein?“

Es wird ein Strategiepaket geschnürt

Absender: Unternehmensleitung
Empfänger: Controlling

Konjunktureinschätzung	Standorte
Technischer Fortschritt	Vertriebswege
Produktpolitik	Umsatzsteigerungen
Marktanteile	Mitarbeiteraufbau
Konkurrenzverhalten	Investitionen

Die Inhalte des strategischen Paketes werden konkretisiert
Beteiligte: Unternehmensleitung und Controlling

Konjunktureinschätzung

Jedes Jahr 2%

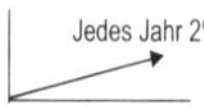

2014 2019
Wirtschaftswachstum

Technischer Fortschritt

Stichwort: Was bedeutet „intelligenter Ski“?
Die elektronische Skibindung
Investitionsvolumen: 5 Mio. EURO

Produktpolitik

Alpinski:	**Snowboards:**	**Langlaufski:**
Am Ball bleiben	Vorreiter werden	Aktuellen Trend mitnehmen

Marktanteile

Alpinski: **Snowboards:** **Langlaufski:**

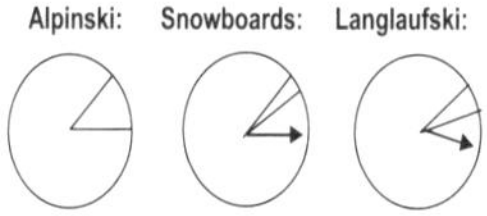

Alpinski	Snowboards	Langlaufski
Halten 18%	**Steigern!** Von 6 auf 15%	Steigern Von 9 auf 15%

Konkurrenzverhalten

Alpinski:	**Snowboards:**	**Langlaufski:**
Konkurrenz ist aktiv	Konkurrenz extrem kreativ	Konkurrenz mäßig aktiv

Abbildung 28: Von der strategischen zur operativen Planung

Eine Planung sollte auch eine gewisse Anspannung haben, sollte zielsetzend, ehrgeizig sein. Die Verantwortlichen sollen sich bemühen. In diesem Zusammenhang gibt es verschiedene Planungstypen:

- **Der, der sich warm anzieht**
  Seine Zahlen liegen immer unter dem Möglichen. Er versucht immer, möglichst auf der sicheren Seite zu liegen, immer positive Abweichungen zu haben, um dann zu sagen: „Schaut her, ich bin besser als der Plan." Wer sich einmal so geoutet hat, dem glaubt man keine Zahl mehr.
- **Der Masochist**
  Er plant immer extrem ehrgeizig, um sich dann im nächsten Jahr zu verzehren, weil er seinen oft unrealistischen Plan erreichen will. Dann leidet er permanent, weil seine Istzahlen nie den Plan erreichen. „Immer bekomme ich Ärger mit den Controlling wegen meiner Abweichungen."
- **Der Sadist**
  Er plant ebenfalls ehrgeizig und treibt dann seine Mitarbeiter mit der Peitsche voran, um die von ihm gesetzten Plandaten zu erreichen. Klappt es nicht, sind die Mitarbeiter schuld, die sich nicht genügend angestrengt haben.
- **Der Realist**
  Den mag der Controller. Ehrgeizige, aber realistische Ziele.
- **Das Muttersöhnchen**
  Er kann sich nie entscheiden und plant immer das, was die Geschäftsleitung hören will. Geht es dann schief, weint er sich irgendwo aus: „Der Chef liebt mich nicht."

Auf jeden Fall stehen am Ende des Planungsprozesses Planzahlen für alle Bereiche, die von der Geschäftsleitung abgesegnet werden und dann für alle verbindlich sind (siehe Abb. 29).
Idealerweise hat jetzt jeder Bereich, jede Abteilung, auf jeden Fall aber jeder Verantwortliche Plandaten, an denen er sich messen kann. Sind diese auf den Monat heruntergebrochen, werden die monatlichen Istdaten dagegengesetzt. Der interessante Prozess der Abweichungsanalyse kann beginnen. Ein Terrain, auf dem sich der Controller austoben kann und im Notfall Korrekturzündungen vorschlägt: „Stopp, hier läuft was falsch, der Plan ist in Gefahr." Möglicherweise wird im Laufe der Zeit erkannt, dass die strategischen Ziele nicht zu erreichen sind, z.B. weil die Konjunkturdaten sich schlecht entwi-

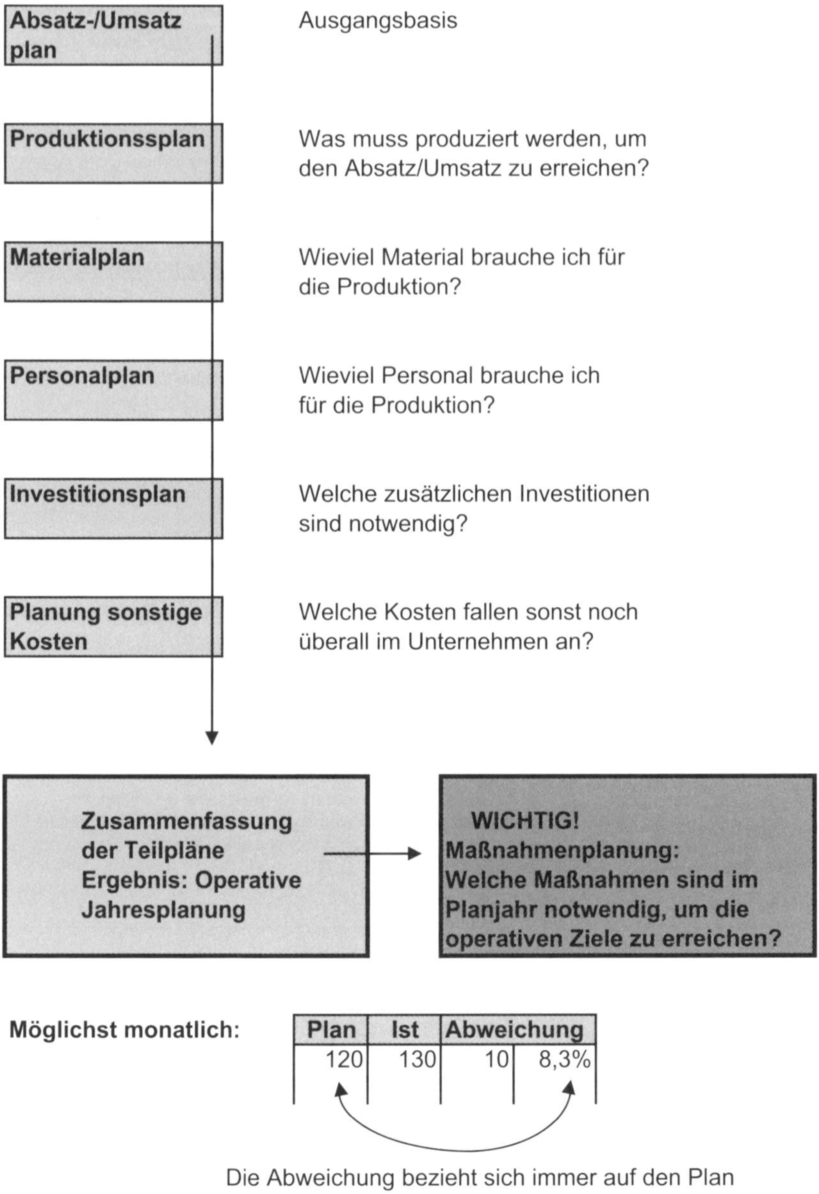

Abbildung 29: Prozess der operativen Planung

ckelt haben oder weil gewisse Produkte doch nur eine kurze vorübergehende Modewelle (wie z.B. das Skateboard: erst der Renner, heute im Abseits) waren. Hier muss dann eine Kurskorrektur erfolgen, die sich dann wiederum in der operativen Planung niederschlägt. So sind operative und strategische Planung vernetzt.

Plan-Soll-Ist-Abweichungen: Seinen Laden transparent haben

Für die Planung und spätere Abweichungsanalyse greift der Controller wieder in seine „Tool-Box". Hier findet er eine ganze Menge Werkzeuge zum Thema. Ganz wichtig der sog. Plan-Istvergleich. In der einen oder anderen Form ist er in der Praxis in etwa immer nach folgendem Grundgerüst aufgebaut:

Erläuterung		Plan	Ist	Abweichung absolut	Abweichung %
Verkaufte Stückzahl ←	Absatz Stück	12.000	13.600	1.600	13,3%
Verkaufspreis pro Stück ←	Preis in EURO	2,49	1,99	-0,50	-20,1%
Absatz x Preis ←	Umsatz	29.880	27.064	-2.816	-9,4%
Kosten: Hier liegen sämtliche Kostenarten dahinter, z.B. - Materialkosten - Personalkosten - Abschreibungen usw. ←	- Kosten	24.000	25.160	1.160	4,8%
	= Ergebnis	5.880	1.904	-3.976	-67,6%

Dieses Schema heißt übrigens „Starre Plankostenrechnung". Starr deswegen, weil die Vergleichsbasis, der Plan, starr bleibt. Egal, wie hoch der Absatz ist, Vergleichsbasis bleiben die Plankosten (obwohl doch möglicherweise bei Absatzerhöhung diese Kostenbasis für einen realistischen Plan/Ist-Vergleich nicht mehr taugt).

Abbildung 30: Grundschema Plan/Istvergleich, Abweichungsanalyse

Was ist hier passiert? Man ist auf den Preis von 1,99 EURO zurückgegangen in der Hoffnung, den Absatz so zu steigern, dass unter dem Strich ein höherer Umsatz erreicht wird. Tatsächlich ist der Absatz hochgegangen, nur unter dem Strich ist die Strategie nicht aufgegangen. Der Umsatz liegt um – 2.816 unter Plan. Interessant ist es jetzt für den Verantwortlichen, *welche (positiven) Effekte aus der Mengenaufstockung kommen und welche (negativen)*

Effekte aus der Preissenkung. Dafür hat das Controlling ein einfaches Schema entwickelt. Mathematiker mögen es genauer hinkriegen, aber für unsere Zwecke reicht es. Im Controlling braucht man nicht immer die 100 %-Lösung. Wie heißt es so schön: „KIS = Keep it simple".

- **Mengenabweichung:**
  Mengendifferenz x Planpreis 1.600 Stück x 2,49 EURO= + 3.984 EURO
- Preisabweichung
  Preisdifferenz x Istmenge 0,50 EURO x 13.600 Stück= – 6.800 EURO
- **= Gesamtabweichung = – 2.816 EURO.**

Somit kennt man jetzt das Zustandekommen der negativen Gesamtabweichung und hat für ähnliche zukünftige Aktionen Erfahrungen gesammelt.

Flexible Plankostenrechnung
Würde sich jetzt im obigen Beispiel der Controller mit dem Verantwortlichen über die Kostenabweichung unterhalten wollen, käme das Argument: „Sie vergleichen Äpfel mit Birnen. Wie können Sie die Kosten vergleichen, wenn die Absatzmenge gestiegen ist." Deswegen hat das Controlling die Plankostenrechnung zu einer flexiblen Rechnung ausgebaut (die sogenannte flexible Plankostenrechnung). Voraussetzung ist wieder unsere bekannte Trennung in variable und fixe Kosten (siehe Abb. 31).
Da die variablen Kosten abhängig von der Absatzmenge sind, werden sie für Vergleichszwecke angepasst: Sollkosten entstehen. Besser wäre „Darfkosten" zu sagen. Wie hoch <u>dürfen</u> bei aktueller Absatzmenge nun die Kosten sein? Nun werden die Istkosten mit den Sollkosten verglichen bzw. das Sollergebnis mit dem Planergebnis. Das sieht schon anders aus! Zwar ändert diese Darstellung nichts daran, dass die Preisstrategie nicht aufgegangen ist. Aber schien es bei der starren Rechnung noch so, als ob der Verantwortliche für die variablen Kosten diese überschritten hätte, sagt die Sollkostenrechnung aus, dass hier eigentlich die Welt in Ordnung ist. Man hat 1.360 EURO eingespart, allerdings hier die Fixkosten überschritten.

	Plan	Soll	Ist	Abw. zum Soll absolut	Abw. zum Soll %
Absatz Stück	12.000	13.600 ←	13.600		
Preis	2,49	2,49	1,99	-0,50	-20,1%
var. Kosten/Stück	1,30 →	1,30	1,20	-0,10	-7,7%
Umsatz	29.880	33.864	27.064	-6.800	-22,8%
- variable Kosten	15.600	17.680	16.320	-1.360	-7,7%
- fixe Kosten	8.400	8.400	8.840	440	5,2%
= Ergebnis	5.880	7.784	1.904	-5.880	-75,5%

Der Absatz wird ins Soll übernommen. Die Kosten werden in variable und fixe Kosten getrennt und die variablen Kosten mit dem Plansatz bewertet. Der Planansatz der Fixkosten wird ins Soll übernommen, da die fixen Kosten unabhängig von der Beschäftigung sind.

Dieses Schema heißt flexible Plankostenrechnung.

Abbildung 31: Rechnen mit Sollkosten/Flexible Plankostenrechnung

Flexible Plankostenrechnung auf Deckungsbeitragsbasis

Die flexible Plankostenrechnung kann auch auf Deckungsbeitragsbasis dargestellt werden (auch Grenzplankostenrechnung genannt). Das Schema sei hier kurz angedeutet (siehe Abb. 32).

Interessant ist es nun, sich die Abweichungen der Deckungsbeiträge anzuschauen und zu analysieren. Denn zur Erinnerung: Mit Deckungsbeiträgen wird das Geld verdient!

So hangelt sich der Controller durch seine Rechenwerke und erhält immer mehr Transparenz. Manche empfinden diese Rechentechnik als etwas trocken, aber – es hilft nichts. Wer, wenn nicht der Controller, muss das kennen?!

Beschäftigungsabweichung

Noch ein Thema in diesem Zusammenhang und dann sind wir durch: die Beschäftigungsabweichung. Dieses Thema hat geradezu existenziellen Ein-

	Plan	Soll	Ist	Abw. zum Soll absolut	Abw. zum Soll %
Absatz	12.000	13.600 ←	13.600		
Preis	2,49	2,49	1,99	-0,50	-20,1%
var. Kosten/Stück	1,30 →	1,30	1,20	-0,10	-7,7%
Umsatz	29.880	33.864	27.064	-6.800	-22,8%
- variable Kosten	15.600	17.680	16.320	-1.360	-7,7%
= Deckungsbeitrag I	**14.280**	**16.184**	**10.744**	**-5.440**	**-33,6%**
- Direkte Fixkosten					
= Deckungsbeitrag II					
usw.					
= Ergebnis					

Abbildung 32: Flexible Plankostenrechnung auf Deckungsbeitragsbasis

fluss auf viele Unternehmen. Existenziell deswegen, weil diese Abweichung für viele Firmenzusammenbrüche verantwortlich ist. Ein Beispiel:
Ein Hersteller von Gastronomiebestuhlung u.ä. hatte einen hohen Fixkostenblock aufgebaut. Maschinen, Personal, eine neue Halle usw. Jahrelang ging alles gut. Laut Kalkulation verteilten sich die Kosten der Halle und der neuen Maschinen wunderbar auf die Produkte, so dass diese Fixkosten kaum eine Rolle spielten und durch die hohen Absatzmengen spielend wieder eingefahren wurden. Ab Mitte der 1990er Jahre ging der Absatz zurück. Die variablen Kosten wurden zurückgefahren. Nur die Halle war gebaut, die Kosten da, die Maschinen wollte niemand mehr. Nun mussten die restlichen wenigen Produkte die Fixkosten tragen. Man wurde zu teuer. Pleite. Von den Fixkosten erschlagen.
So sollte man sich im Controlling frühzeitig um seine Fixkostendeckung kümmern und sehr sensibel reagieren, wenn es hier zu Unterdeckungen kommt.

Geplante Absatzmenge	250.000 Stück
Variable Kosten pro Stück	35,00 EUR
Fixkosten	3.000.000 EUR
Fixkosten pro Stück (3.000.000 : 250.000)	12,00 EUR

Stück-Kalkulation lt. Plan	
Variable Kosten	35,00 EUR
Fixe Kosten	12,00 EUR
Herstellkosten	47,00 EUR

Die 3.000.000 EUR sind also bei einer Menge von 250.000 Stück gedeckt

Ist-Situation am Jahresende:	
Istabsatzmenge (50.000 weniger)	200.000 Stück
Istkostendeckung:	200.000 Stück x 12,00 EUR Deckung pro Stück = 2.400.000 EUR
Geplante Deckung und Kalkulationsbasis:	3.000.000 EUR
Istdeckung	2.400.000 EUR
Unterdeckung	**-600.000 EUR**

Der Kalkulationsansatz war falsch. Bei dem Istabsatz **hätten** 15.00 EUR pro Stück Fixkosten in der Kalkulation angesetzt werden müssen.
Es wurden 600.000 EUR zu wenig Fixkosten erwirtschaftet.

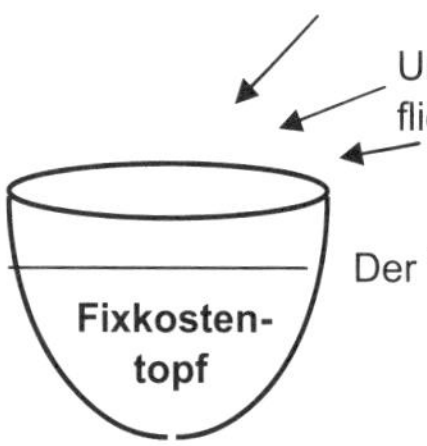

Um den Fixkostentopf zu füllen, hätten 250.000 x 12,00 EUR einfließen müssen. Im Ist sind aber nur 200.000 x 12,00 EUR eingeflossen.

Der Topf ist nicht voll geworden. Die Fixkosten sind nicht gedeckt.

Abbildung 33: Fixkostendeckung

Am schlimmsten ist es, wenn der Markt nicht mehr bereit ist, die notwendigen Fixkosten zu bezahlen, sprich wenn wir durch die hohen einkalkulierten Fixkosten zu teuer geworden sind. Fixkosten sind schnell aufgebaut, aber nur schwer abbaubar. Sie können die Halle nicht wieder abreißen, wenn sie nicht mehr gebraucht wird. Diese Fixkostenproblematik gehört auch den Gründen, warum z.B. rund jedes dritte junge Unternehmen in den ersten fünf

Jahren nach Gründung wieder schließen muss. Es gibt einen hohen Fixkostenblock. Zunächst gibt es vielleicht noch genügend Deckung, dann kommt ein kleiner Absatzeinbruch – zack! Fixkosten nicht gedeckt – Ende. Kein Geld mehr in der Kasse. Aus der Traum von der Selbständigkeit.
Tipp: Schauen Sie sich einmal die Fixkostenentwicklung pro Stück der letzten Jahre in Ihrem Unternehmen an. Also nicht auf die Fixkosten absolut achten, sondern die Stückbetrachtung vornehmen. Ist dieser Wert gestiegen, heißt es Achtung. Mit den Fixkosten befindet man sich in einem wahren Teufelskreis. Auf der einen Seite kann man durch hohe Fixkosten unter Umständen günstige Herstellkosten kalkulieren, indem man rationell hohe Stückzahlen fertigen kann, auf die sich die Fixkosten verteilen (Fixkostendegressionseffekt). Durch die hohen Stückzahlen kann man dem Markt niedrige Preise anbieten, Marktanteile gewinnen bzw. fährt gute Erträge ein. Dadurch kann man wiederum rationalisieren (Fixkosten aufbauen). Immer noch geht es gut. Noch höhere Stückzahlen, noch bessere Fixkostenverteilung. Aber wehe wenn dieses Spielchen nicht mehr funktioniert ...

Ein Ausflug in die Planungstechnik: Wie macht's der Profi?

Da nun mal Planung und Analysen im Mittelpunkt des Controllings stehen, haben sich im Laufe der Zeit viele Controller Gedanken gemacht, wie man mit diesen Instrumenten am besten umgeht. Einige Ergebnisse sollen hier vorgestellt werden.

Zero-Base-Denken: Das Unternehmen gedanklich, rechnerisch auf der grünen Wiese neu hinstellen

Hand aufs Herz. Wie wird meist in den Unternehmen geplant oder wie planen Sie selber? Man nehme die Istwerte des letzten Jahres oder den Durchschnitt der letzten Jahre. Vielleicht auch das Ist des laufendes Jahres, das man dann ein bisschen prozentual hochrechnet. Auf das Ergebnis schlägt man eine Inflationsrate für das nächste Jahr drauf oder auf die Personalkosten eine Tarifsteigerung. Dann baut man sich noch ein paar Reserven ein und geht dann mit dem Ergebnis stolz an die Öffentlichkeit und sagt: „Ganz verantwortlich analytisch durchgeplant." So kann man es machen (und so machen es in der Praxis auch die meisten). Ist ja auch so schön einfach. Letztlich schreibt man aber das Vorhandene einfach weiter, hinterfragt aber die Situation nicht grundsätzlich. Extrem

ausgedrückt: Man schreibt den Schlendrian der letzten Jahre weiter und unterstützt ihn sogar noch, indem man bei jeder Planung verkündet, dass die Welt in Ordnung sei. Eine Planzahl als Ausdruck verantwortlichen betriebswirtschaftlichen Handelns. Hauptsache geplant.
In einem größeren Wohnungsbauunternehmen, das auch die Betreuung der Wohnblöcke von der Parkplatzreinigung bis hin zur Heizung vornahm, wurde seit Jahren der Bereich „Allgemeine Dienste" in der obigen Form geplant. Bei einer derartigen Fortschreibung der Vergangenheit steigen naturgemäß die Kosten jedes Jahr kontinuierlich an (und werden auf die Mieter umgelegt). Und da es ein Unternehmen war, das noch aus der Vergangenheit Strukturen des öffentlichen Dienstes übernommen hatte, wurden die Plandaten im Kostenbereich immer erreicht. War am Jahresende noch ein Budget nicht ausgeschöpft: Irgend etwas wird man doch finden, damit auch das restliche Geld noch ausgegeben werden kann. Nach und nach wurden aber die Wohnblöcke verkauft, nur – der Bereich allgemeine Dienste blieb kostenmäßig unverändert. Bis ein neues Management kam. Und dieses dachte „zero-based". Im Rahmen der nächsten Planungsrunde sollte einmal nicht die Vergangenheit weitergeschrieben werden. Der für das Controlling verantwortliche gab vor: „Wir tun gedanklich so, als ob es den Bereich allgemeine Dienste noch gar nicht gibt und bauen ihn (gedanklich) neu auf." Man trennt sich also total von Vergangenheitswerten. Im Anschluss an diese (natürlich mit einem gewissen Schrecken aufgenommene) Aussage wurde nun tatsächlich einmal analytisch vorgegangen:

- Es wurde gefragt, was tatsächlich vor dem Hintergrund weniger Wohneinheiten noch an allgemeinen Diensten benötigt wird.
- Was würden diese allgemeinen Dienste kosten, wenn sie extern bezogen würden (Outsourcing)?

Alles wurde hinterfragt. Was macht ein Heizer im Sommer? Was macht der Gärtner im Winter? Was braucht man wirklich? Wozu zwei Elektriker? Zwar ist einer nicht immer ausreichend, aber kann man nicht für Notfälle billiger auf die örtlichen Handwerker zurückgreifen?
Alle Budgets wurden neu aufgeteilt, man kümmerte sich nicht um die Daten der Vergangenheit. In der Folge wurde (nach Absprache mit dem Betriebsrat) der Bereich um rund ein Drittel sozialverträglich zurückgefahren.

Dies ein Beispiel für die Zero-Base-Vorgehensweise. Zero-Base heißt: Denken von Null her, sich durch Bestehendes nicht irritieren lassen. Die Vergangenheit interessiert nicht!
Kosten einfach „abschneiden"? Ein anderer Ansatz in diesem Zusammenhang ist das **80-Prozent-Denken**. Der Controller fragt: „Was passiert, wenn bei der nächsten Planung nur noch 80 % der Kosten möglich sind." Schnell wird man sich Gedanken machen, auf welche Tätigkeiten oder Funktionen man im Notfall verzichten kann. Braucht man wirklich den Wartungsvertrag? Was macht eigentlich die externe Reinigungsfirma bei uns den ganzen Tag? Warum laufend Überstunden in der Instandhaltungsabteilung? Warum muss der Pförtner auch nachts da sein? Sind wir das Verteidigungsministerium? Bei derartigen Vorgaben kann man ganz schön kreativ werden.
Zero-Base-Denken kann auf jeder Ebene geschehen. Da gab es den Eigentümer eines größeren Unternehmens, der sich fragte: „Warum brauche ich fünf Mitglieder im Vorstand, nur weil es seit 20 Jahren fünf Mitglieder im Vorstand gibt?" Sprach's, legte den Logistik- und Produktionsvorstandsbereich zusammen, der Vorstandsvorsitzende übernahm mit den Vertriebsvorstandsbereich – da waren's nur noch drei und über eine halbe Million Euro Kosten weniger im Konzern. Auch Lean-Management hat etwas mit Zero-Base-Denken zu tun.
Fazit: Zero-Base-Budgeting, wie es so schön heißt, ist eine Alternative zur herkömmlichen Planung. Vielleicht ist es weniger eine Methode, sondern einfach ein Denkansatz: ***Was wäre, wenn es nicht so ist, wie es ist***?

Hochrechnungen: ... und wenn der Plan mal daneben geht?
Alles ist schön geplant, das Controlling hat mal wieder alles gegeben, was möglich ist und doch – die eingetretenen Istzahlen sind ganz anders. Die Umsätze weichen nach unten ab, die Kosten treffen wie immer ein. Was wird aus unserem schönen Planergebnis? Eines ist im Controlling sozusagen heilig: der Plan. Ein Plan darf nie geändert werden, denn sonst könnte man sich die Planung sparen. Ziel bleibt immer der Plan. Auch wenn es aktuell vielleicht scheint, dass er nicht erreichbar ist.
Trotzdem darf man sich nun nicht ruhig verhalten, sondern muss handeln. Eine Hochrechnung, in manchen Unternehmen auch Erwartungsrechnung oder Forecast genannt, muss her. Man will schließlich wissen, wo man trotz alledem am Jahresende landet. Vielleicht kann man den Plan auch noch

retten. Jetzt werden alle Informationen gesammelt, ausgewertet und hochgerechnet. Basis ist das aufgelaufene Ist. Hat man zum Beispiel schon Juni-Daten, kann das Ist des Halbjahres herangezogen werden. Nun darf man aber in diesem Fall nicht einfach die Juni-Daten verdoppeln nach dem Motto: Wir nehmen das Ist des 1. Halbjahres mal zwei und haben die Jahreshochrechnung (so machen es höchstens EDV-Programme). Alle Informationen das zweite Halbjahr betreffend werden miteinbezogen. Setzt sich der Trend des 1. Halbjahres fort? Was gibt es für außergewöhnliche Einflüsse im 2. Halbjahr? Hier haben wir übrigens die typische Korrekturzündungsfunktion des Controllings. Ein Problem wird erkannt, eine Hochrechnung zeigt die Zukunft; jetzt wird gehandelt. Handeln heißt Maßnahmen anleiern. Das bedeutet, nicht einfach hochrechnen, sondern die Hochrechnung mit Maßnahmen hinterlegen. Klemmt es am Umsatz, eventuell Werbung verstärken, klemmen die Kosten: Kostensenkungsmaßnahmen.
Ein Grundschema sieht in der Praxis so oder so ähnlich aus:

	Plan kumuliert Mai 2014	**Ist kumuliert Mai 2014**	**Plan p.a.**	**Hochrechnung p.a.**
Absatz	5.000	4.100	12.000	10.600
Preis	25,00	24,20	25,00	24,20
Umsatz	125.000	99.220	300.000	256.520
Produktionskosten	60.000	52.000	145.000	133.000
Vertriebskosten	35.000	33.000	85.000	81.000
Verwaltungskosten	19.000	19.200	45.000	42.000
Ergebnis	**11.000**	**-4.980**	**25.000**	**520**

Maßnahmen:
- Einsatz der besten Verkäufer anderer Bereiche
- Verschiebung von Investitionen in Produktion und Vetrieb
- Artikelanalyse: Womit machen wir eventuell Verluste?

Abbildung 34: Hochrechnung

In diesem Fall signalisiert das Mai-Ergebnis ein Problem: Der Umsatz klemmt, was voll zu Lasten des Ergebnisses geht. Controlling wird aktiv! Es wird hochgerechnet. Ist der Plan noch zu retten? Nein! Vielleicht geht wenigstens noch „die schwarze 0". Es werden Maßnahmen ergriffen.
Doch nicht nur negative Abweichungen geben Anlass zur Hochrechnung. Steigt der Absatz deutlich über Plan, muss per Hochrechnung geprüft werden, ob dieser Trend bleibt und ob in Folge die Produktion die Produkte beschaffen kann. Ist z.B. genügend Personal an Bord? Auch dies sind Korrekturzündungen.
Stellt sich die Frage, wie oft Hochrechnungen. Zunächst wird in Literatur und Praxis vorgeschlagen, zu jedem Quartal ein Hochrechnung zu machen. Bei Ausreißern macht man die Hochrechnungen natürlich aus aktuellem Anlass. Auf jeden Fall bietet sich aber zur zum Zeitpunkt der Planung immer eine Hochrechnung an, schon zur Planungsunterstützung.

Szenarien: Wie kann die Zukunft aussehen?
Nehmen wir an, Ihnen gehört ein Speditionsunternehmen. Da wäre es durchaus einmal interessant durchzuspielen, was passiert, wenn der Preis für den Liter Diesel sich mittelfristig verdoppelt. Oder was passiert, wenn die Bahn ihre Frachttarife aus politischen oder wie immer gearteten Gründen halbiert? Wären Sie für derartige Dinge gerüstet? Haben Sie derartiges bereits einmal als „Trockenübung" durchgespielt? NEIN? Weil nicht realistisch? Hätten Sie 1989 gedacht, dass der Ostblock zusammenbricht? Monate später war es soweit. Die Unternehmen der Militärtechnik haben seinerzeit „ganz schön dumm aus der Wäsche geschaut". Und sind in Schwierigkeiten gekommen. Kaum eines hatte mit einer derartigen Möglichkeit gerechnet.
Ist Ihnen klar, was mit Ihrem Unternehmen passiert, wenn der Dollar um 25 % fällt oder steigt? Was passiert, wenn Ihr großer Hauptkunden ausfällt? Sind Sie auf derartiges vorbereitet? Machen Sie sich regelmäßig Gedanken um die Entwicklung von Zukunftsbildern, sog. Szenarien? Auch hier ist das Controlling gefragt. Es darf sich nicht von unvorhergesehenen Dingen überraschen lassen. So sollte es in regelmäßigen Abständen Szenarien durch den Kopf gehen lassen, was alles mit dem Unternehmen passieren kann. Es gibt hierfür einige Methoden:

- **Die Delphi-Methode:** Hier fragt das Controlling Experten und führt das Wissen von mehreren Experten zusammen. Es gibt mehrere Durchgänge und die Ergebnisse des vorherigen Durchgangs werden allen Experten bekannt gegeben. Die unterschiedlichen Beurteilungen von Problemfeldern werden so miteinander konfrontiert und diskutiert. Mit der Zeit ergeben sich vielleicht einheitliche Meinungsbilder, die der Realität nahe kommen. Beispiel: Wohin entwickelt sich das Verlagsgeschäft? Ist die Zukunft das elektronische Medium? Lesen wir demnächst die Bestseller vor dem Bildschirm aus dem Internet?
- **Brainstorming:** Kennt jeder. Man formuliert frei heraus, was einem an bzw. zu zukünftigen Problemen einfällt. Die Ideen werden nicht negativ bewertet, hören sie sich im ersten Ansatz auch noch so unsinnig an.
  Der Klettverschluss soll Ergebnis einer Brainstormingrunde sein, bei der es um neue Formen von Verschlüssen ging. Irgend jemand brachte ein Beispiel, bei dem sich zwei Igel so ineinander verhangeln, dass sie kaum noch auseinanderkommen.
- **Kreative Zielfragen:** Wenn Sie z.B. in einer Runde über neue Medien diskutieren wollen, stellen Sie besser nicht die Frage: „Was kann es zusätzlich zum Buch geben?“ Fragen Sie provokativ: „Stellen Sie sich vor, ab morgen gibt es keine Bücher mehr. Wo bekommen die Leute die Informationen her?“
- Oder: „Ab morgen gibt es kein Papier mehr. Was tun?“
  Da darf man ruhig mal ein bisschen spinnen.
- **Beobachtung des Umfeldes:** Einfach mal die Fühler ausstrecken. Auf wenig plausible Dinge achten. Warum wildert der Konkurrent in unserem Markt? Eigentlich hat er doch keine Chance und mit seinem Marktanteil von 0,8 % ist er **fern von gut und böse**.
  - Und wenn er vielleicht 10 % billiger ist?
  - Und wenn wir vielleicht schon einen, wenn auch kleinen Kunden an ihn verloren haben?
  - Und wenn seine Qualität auch noch nicht passt? Kann sich das ändern?
  - Und wenn der Markt noch skeptisch auf Produkte aus dem Land des Konkurrenten reagiert? Wie reagiert der Markt morgen?
  - Und wenn auch unsere ernst zu nehmenden Konkurrenten über den kleinen neuen Marktteilnehmer lächeln? Wie lange lächeln sie noch?
  - Und, und, und ...

Anfang der 1970er Jahre kam das japanische Unternehmen Honda mit Miniautos auf den europäischen Markt. Niemand nahm die japanische Automobilindustrie ernst. Heute hat sie hohe Marktanteile in Europa!
All diese Dinge sind Anlass für ein Szenario. Inwieweit betreffen mögliche Ereignisse unser Unternehmen? Dummerweise haben derartige Prognosen es an sich, dass sie immer unsicherer werden, je mehr sie in die Zukunft blicken. So kann man sich ein Szenario-Denkmodell als Trichter vorstellen. Die Wirklichkeit wird zwischen zwei Extremen sein. Es gilt, dieser Wirklichkeit möglichst nahe zu kommen. Kommen wir auf unsere Spedition zurück: Der Dieselpreis wird explodieren, die Bahn senkt ihre Tarife. Mögliche Szenarien:

- Wir transportieren nicht mehr selber, sonder vermitteln nur noch die Frachten, z.B. auch über die Bahn. Den Kundenstamm haben wir aus unserem jetzigen Transportgeschäft.
- Wir müssen mit den neuen Bedingungen leben, versuchen aber jetzt schon vorbereitet zu sein, um im Ernstfall vor der Konkurrenz die Nase vorn zu haben.
- Wir geben das Transportgeschäft auf und versuchen mit unseren finanziellen Potentialen in neue Geschäftsfelder vorzustoßen.
- Wir verkaufen jetzt alles und setzen uns zur Ruhe.

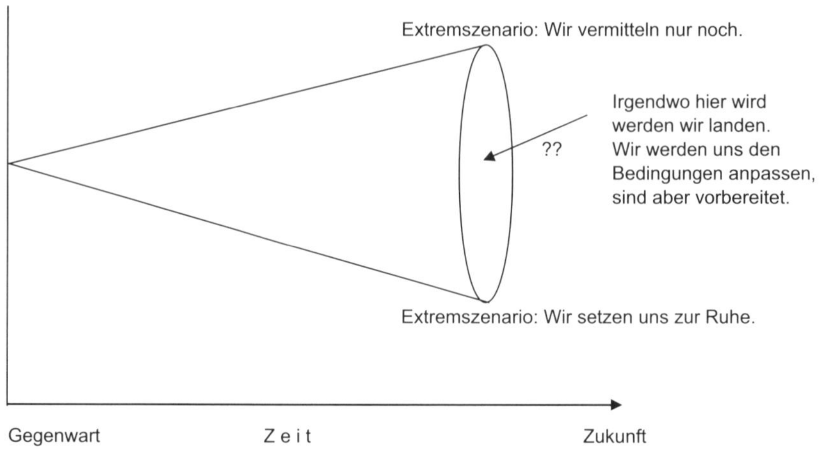

Abbildung 35: Szenario-Trichter

Szenarien machen immer wieder Spaß und gehören ohne Zweifel zu den interessantesten Aufgaben des Controllings. Jetzt kann man seine gesamte Fachkompetenz einbringen.
Der Ablauf eines Szenarios kann ganz unterschiedlich sein. Mal wird der Controller einige Striche auf dem Flip-Chart machen, um mögliche Entwicklungen anzudeuten, mal werden ganze Stäbe in Bewegung gesetzt, um einmal eine Situation durchzuspielen. Meist wird man sich in irgendeiner Form an folgendem Ablauf orientieren:

1 Festlegung und Analyse der Aufgabenstellung: Was kommt auf uns zu?
2 Ermittlung wichtiger Einflussfaktoren: Der Dieselpreis steigt!
3 Beobachtung der Umfelder der Untersuchung: Zu allem Unglück (für uns, andere freuen sich) senkt die Bahn ihre Frachtpreise.
4 Welche kritischen Einflüsse verstärken sich oder schließen sich aus. Es kommt alles Negative zusammen: Hoher Dieselpreis, niedrigere Bahnfrachten
5 Zusammenfassung aller Annahmen: eine erste Zukunftsschau. Was bedeuten die Entwicklungen für unser Unternehmen? Es wird scheußlich!
6 Vorläufige Zukunftsbilder: Wie können wir uns in der Branche behaupten oder werden wir unser Geschäft völlig umdisponieren (nur noch Frachten vermitteln)?
7 Ableitung von Strategien aus den Zukunftsbildern: Wenn wir uns in der Branche behaupten wollen, was ist zu tun? Wenn wir völlig umdisponieren, was ist dann zu tun?
8 Überarbeitung bestehender Strategien vor dem Hintergrund möglicher Szenarien: Wenn wir nun doch umdisponieren wollen und zukünftig nicht mehr selber fahren und nur noch vermitteln – sollen wir dann die bisherige Strategie beibehalten und in die neue LKW-Generation investieren? Vielleicht noch etwas warten?

Meist werden in der Praxis mehrere Szenarien erstellt und in diesem Zusammenhang ein sog. „worst case“ und „best case“ ermittelt. Das ist entweder der schlimmste Fall der eintreten kann oder das Beste was uns passieren kann. Im Falle einer Umsatzprognose kann das Szenario wie folgt aussehen:

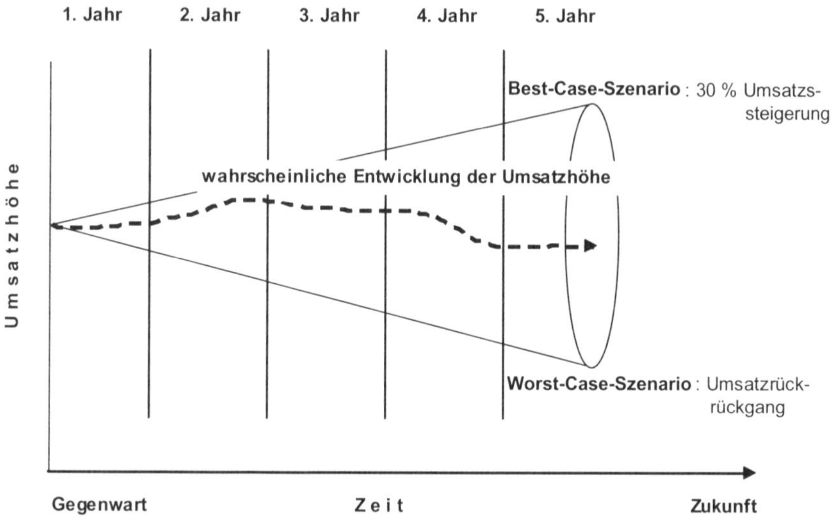

Abbildung 36: Best-Case/Worst-Case-Szenario

Nach Einschätzung vieler Controller aus der Praxis wird die Szenariotechnik viel (!) zu selten angewandt. Dabei geht es hier nicht nur um Abwendung oder früher Berücksichtigung möglicher negativer Einflüsse. Vielmehr können hierdurch viele kreative Potentiale geweckt werden. Wer weiß, wie viele Mitarbeiter gute Ideen haben; nur die Mitarbeiter haben nie Gelegenheit, diese los zu werden. Und das gilt für alle Ebenen.

Planungscheckliste: Worauf man unbedingt achten sollte

Im Laufe der Zeit haben sich einige grundlegende Regeln im Controlling entwickelt. Man kann diese Regeln als eine Art Checkliste ansehen, mit der man nach Abschluss der Planung noch einmal kritisch sein Werk begutachtet bzw. wie man nach der Planung mit den Ist-Daten umgehen sollte:

- **Die Plandaten müssen auf der einen Seite herausfordernd, auf der anderen Seite aber realistisch sein**
  Planung muss die Leute ein bisschen anstacheln. Man will ja auch durch die Planung ein Stück die Zukunft gestalten. Da gehört eine gewisse Anspannung schon dazu. Aber bitte nicht übertreiben. Einem Plan, von

dem man von vornherein weiß, dass er trotz größter Anstrengung nicht erreichbar ist, weil unrealistisch, wird man nicht folgen. Es gibt immer wieder Leute, die sagen: „Ich gebe 10 % vor, dann erreichen die Leute vielleicht wenigstens 7 %." Das ist schlechter Führungsstil. Wenn 7 % mit einiger Bemühung realistisch erreichbar sind, dann sollen 7 % auch ausgemacht werden. Basta!

- **Sind die Leute in die Planung eingebunden, die letztlich die Planung im nächsten Jahr realisieren sollen?**
  Hat's der gesagt, der es auch machen soll? Immer noch wird über die Köpfe der Leute hinweggeplant. Irgendwo am grünen Tisch wird eine Planung gemacht und dann an die verteilt, die die Zahlen realisieren sollen. Wen wundert es dann, wenn sich niemand mit dem Plan identifiziert. Also: Wer realisieren soll, soll auch planen.
- **Stehen Maßnahmen hinter den Planzahlen?**
  Wie soll der Umsatz steigen, wie sollen Kosten gesenkt werden? Nur hinschreiben genügt nicht. Vor allem, wenn der Plan ehrgeizig ist, muss dahinter ein Maßnahmenkatalog stehen: Wer soll wann was tun?
- **Wurden im Rahmen der Planung genügend Alternativen geprüft. Ist die Informationsbasis überhaupt ausreichend gewesen?**
  Hat man im Rahmen der Planung nur die Vergangenheit fortgeschrieben oder war man auch ein bisschen kreativ? Hat man auch alles berücksichtigt? Geht nicht doch ein bisschen mehr? Planung ist immer auch ein Anlass, über den Status quo des Unternehmens, des Bereiches, der Abteilung usw. nachzudenken. Manchmal erkennt man im Rahmen der Planung den Unterschied zwischen dem „normalen" und dem überdurchschnittlichen Mitarbeiter. Im Rahmen der Planung wurden im Controlling schon Karrieren gemacht!
- **Ist die Planung in sich plausibel? Sind die Teilpläne abgestimmt?**
  Wenn der Absatz steigt, aber die Produktion stagniert, stimmt irgend etwas nicht (es sei denn, es gibt Reserven im Lager). Eine Planung muss in sich schlüssig sein. Ein alter Controllingfuchs sagte einmal: „Nach der Planung lasse ich alles einen Tag liegen und mache selber blau. Dann gehe ich an meine eigene Planung wie ein Fremder ran und schaue, ob sie mir in sich logisch und plausibel erscheint."

- **Ist die operative Planung mit der strategischen Planung vernetzt? Baut die operative Planung auf der strategischen auf?**
  Mitte der 90er Jahre stieß man in vielen Planungen der Unternehmen immer wieder auf das Stichwort „Strategie 2000". Viele Unternehmen nahmen die Jahrtausendwende zum Anlass, Strategien zu entwickeln bzw. zumindest zu veröffentlichen, die dann im Hochglanzprospekt verteilt wurden. Auf in die Zukunft! Wenn man dann einmal in die Planungsrealität schaute, sah man, dass die operative Jahresplanung ganz normal auf der Vergangenheit aufbaute; irgendwie war nichts von Aufbruch festzustellen. Wie im obigen Kapitel über Planung geschildert, gehören strategische und operative Planung zusammen. Ein Führungsthema.
- **Ist richtig gerechnet worden?**
  Es klingt so banal. Natürlich muss alles rechnerisch stimmen. Aber lassen Sie den Autor dieses Buches einmal eine der dunkelsten Stellen seines Berufslebens schildern:
  Es war Planung. Der Autor war verantwortlich für die Planung des Beschaffungsbudgets eines größeren Unternehmens. Es ging um rund 50 Mio. EURO. Es mussten die Produktionszahlen mit Produktionskosten und die Fremdbeschaffung von Handelswaren ermittelt werden. Alles dies floss in das Gesamtbudget des Konzerns mit ein. Wie auch immer, ich verrechnete mich um 1,5 Mio. EURO und diese Summe lief zuviel in die Kosten. Schlicht verrechnet. Das wusste ich bei Weitergabe der Zahlen aber noch nicht.
  Dummerweise war es eine schwierige Zeit für das Unternehmen und alles wäre noch ganz gut hingekommen, wenn nur nicht diese 1,5 Mio. EURO zusätzlicher Verlust – weil Kosten – gewesen wären. Es wurde eine Vorstandssitzung anberaumt. Thema: Was ist zu tun, um die Kosten der Beschaffung zu senken. Während dieser Vorstandssitzung kamen einige unwesentliche Änderungen der Beschaffungszahlen ins Büro. Kaum zu beachten, aber sie wurden für eine eventuelle neue Planungsrunde eingearbeitet. Und in diesem Zusammenhang die Erkenntnis: Ich habe mich verrechnet. Der Blutdruck steigt, man denkt daran, am Wochenende die überregionale Tageszeitung zu kaufen; ganz hinten sind die Stellenanzeigen.

Ganz klein krieche in die Vorstandssitzung und gestehe meinen Rechenfehler. Auf der einen Seite ist man erleichtert, das Problem ist weg. Auf der anderen Seite hat das Controlling an diesem Tag in diesem Unternehmen nicht an Vertrauen gewonnen!
Seitdem gilt bei mir das „Vier-Augen-Prinzip". Wichtige Dinge werden – egal von wem – nochmals nachgerechnet.

- **Es darf nur eine Planung geben**
  Man darf im Vorfeld alles prüfen, mehrere Planungsversionen haben usw. Man darf, ja man muss die Planung kneten. Aber dann muss man sich auf eine Version, auf die Planung verständigen und diese verabschieden. Und das ist es dann.
  Nicht alle Unternehmen halten sich an diesen Grundsatz. Da werden schon mal mehrere Planungen gemacht. Zum Beispiel eine, die für den Betriebsrat gedacht ist, weil in der offiziellen und realistischen Planung unpopuläre Personalentscheidungen enthalten sind. Oder es gibt eine „Sonnenscheinplanung" für die Bank, weil man kreditwürdig erscheinen will. Alles problematisch, vor allem dann, wenn man dann hinterher den Überblick verliert, welche Planung denn eigentlich die verbindliche war. Hört sich vielleicht etwas merkwürdig an, ist aber nach eigenem Erleben des Autors alles passiert.
- **Die Planung „ist heilig" und wird nie unterjährig geändert!**
  Dazu ist nicht viel zu sagen. Der Plan ist der Plan ist der Plan. Aus.
- **Werden den Plandaten im laufenden Jahr regelmäßig Istdaten gegenübergestellt (oder planen wir für die Schublade)?**
  Was nützt der schönste Plan, wenn er unterjährig nicht verfolgt wird. Trotzdem gibt es immer noch Unternehmen, die Dinge planen, die später nicht beobachtet werden. Dann kann man sich den Aufwand natürlich sparen. Beispiel: Ein Unternehmen plante mit schöner Regelmäßigkeit die Ausschussquoten in der Produktion. In jedem Monat standen im Rahmen der Monatsauswertung in der Planspalte 3 %, in der Istspalte war ein Strich. Was man im Ist nicht nachhalten kann, kann man sich auch im Plan sparen.
- **Erhält auch derjenige die Istdaten, der die Planung verantwortlich erstellt hat?**
  Nichts ist demotivierender im Rahmen der Planung, wenn man später kein Feedback erhält. Außerdem kann man nie vernünftig planen, wenn

man mit Istdaten keine Erfahrungen machen kann. Trotzdem findet man es in der Praxis immer noch: Wer geplant hat, bekommt keine Istdaten. Wer die Istdaten bekommt, hat nicht geplant. Hier hat das Controlling etwas versäumt. Derartige Dinge sind nämlich der Verantwortungsbereich des Controllings.

- **Das Ziel ist nicht eine günstige Abweichung, z.B. beim Umsatz nach oben oder bei den Kosten nach unten. Das Ziel ist die Erreichung des Plans**
  Es ist immer schön, wenn Kosten gespart wurden bzw. der Umsatz höher Plan ist. Aber: Ziel ist der Plan. Wenn man noch z.B. 5 % drauflegen will, dann ist dies der überarbeitete Plan. Ist das Ziel die günstige Abweichung, fördert dies nur die Kultur des „sich-warm-Anziehens", sprich, man plant schon so, dass der Plan gut erfüllt werden kann. Wer besser Plan ist, soll belohnt werden, ganz klar. Es ist eine Gratwanderung; das muss sich einpendeln im Unternehmen.
- **Es muss eine „Kultur" im Unternehmen geben, wie man mit Abweichungen umgeht**
  Hier geht es um ein Führungsprinzip. Nehmen wir an, ein Abteilungsleiter hat 10 % Abweichungen im Kostenbereich. Nun kann man „Management by James Bond" machen: Ein Fehler und dir geht es an den Kragen. Oder man kann sagen: okay, die Abweichung ist passiert. Sie ist ein Anlass für einen Lernprozess. Versuchen wir jetzt, gemeinsam den Plan doch noch zu erreichen. Der Controller als Vermittler bzw. Diplomat. Manchmal ist dies nur Theorie, manchmal muss man auch den Hammer herausholen (auch der Hammer kann ab und an ein nützliches Controllingwerkzeug sein). Aber selbst im Privatleben machen wir die Erfahrung, dass Schuldzuweisungen nur Rechtfertigungen provozieren und in der Sache nicht weiterbringen.

2.3 Frühwarnsysteme

Wie erkenne ich rechtzeitig, wenn etwas bei uns schief läuft?

Als ein bekanntes, großes, überregional tätiges Bauunternehmen fast in den Konkurs rutschte, wurde intern gefragt: Hat hier das Controlling versagt?

Entrüstet wies das Controlling die Schuld von sich. Man machte brav eine dicke Jahresplanung, erstellte zeitnah Monatsberichte mit ausführlichen Abweichungsanalysen, machte professionelle Projektarbeit. Und verschlief dabei glatt, dass das Unternehmen in seiner Existenz gefährdet war. Grund: Man hatte sich ausschließlich mit der Vergangenheit beschäftigt. Dies geschah zwar professionell, aber das war zu wenig. Man hatte nicht erkannt, dass man z. B. von wenigen Großkunden abhängig war und irgendwann stehen deren Häuser. Ferner sah man nicht, dass die ausländische Konkurrenz auf den Baumarkt drängte, dass die öffentliche Hand weniger investierte usw. Innerhalb von Monaten ging die Auftragslage rapide zurück, die Fixkosten drückten, es ging dem Ende entgegen.
Also müssen die klassischen Controllinginstrumente ergänzt werden um Frühwarninstrumente. Diese sollen anzeigen:

- **ob Gefahren drohen. Was kann passieren?**
  Z.B. kann der Verkaufsbereich Skateboards absacken
- **wann welche Gefahren drohen bzw. wie hoch ist die Wahrscheinlichkeit des Eintreffens der Gefahr?**
  Z.B. war der Absatz von Skateboards in den letzten Jahren in Ordnung. In den USA gibt es aber bereits erste Einbrüche. Wann schwappt dies zu uns herüber?
- **warum Gefahren drohen**
  War der Skateboard-Boom nur eine vorübergehende Modewelle?
- **was jetzt zu tun ist**
  Weitere Marktforschung und evtl. Umsteigen auf neue Trendprodukte. Sich einstellen, dass derartige nur kurze Lebenszyklen haben, Strategie auf kürzere Lebenszyklen umstellen u.ä.

Fragestellung wie beim Militär. Und dort liegt auch der Ursprung von Frühwarnsystemen. In Friedenszeiten ist man hellhörig und verfolgt alle Entwicklungen, die ein Bedrohungspotential darstellen können.
Viele Unternehmen tun dies nicht, werden „vom Feind“ überrascht und stellen fest, dass sie die falschen Waffen haben oder die eigenen Waffen veraltet sind oder nicht funktionieren.

Ein guter Lotse schaut vor dem Sturm in die Seekarten.

Man braucht also Hilfestellungen, Instrumente. Natürlich gibt es auch Leute, die wie ein Bauer einen „Riecher" für schlechtes Wetter haben und sofort anfangen, ihr Feld zu mähen. Aber nicht immer kann man sich auf den „Riecher" verlassen. Wer Verantwortung trägt, hört zumindest parallel auch den Wetterbericht. In den letzten Jahren haben sich folgende Instrumente im Bereich Frühwarnung oder wie es auch heißt, Früherkennung, durchgesetzt:

- Strategische Frühwarnung
- Frühwarnung mit den klassischen Instrumenten Planung und Hochrechnung
- Frühwarnung mittels Indikatoren

Grundidee der Instrumente ist, dass es natürlich zu spät ist, wenn sich die Gefahren bereits im externen und internen Rechnungswesen als negative Zahlen niederschlagen. Sieht man erst bei der Jahresanalyse, dass z.B. der Umsatz in den USA weggebrochen ist, ist dies zu spät. Bei der Frühaufklärung geht es also um eine Ortungsfunktion der Gefahren. Kennt man die Gefahr, kann man sich darauf einstellen.

GAP-Analyse: Wie finde ich Lücken?

Häufiger Ausgangspunkt aller Frühwarninstrumente ist die sog. GAP-Analyse (GAP, engl. für Lücke). Hier soll, wie der Name schon sagt eine strategische Lücke aufgezeigt werden (siehe Abb. 37).
Diese Darstellung eignet sich z.B. sehr gut als Flip-Chart-Darstellung. Der Controller kann gut einen Knalleffekt erzeugen, wenn er den Unterschied zwischen den strategischen Zielen und seiner aktuellen Prognose plastisch aufzeigt:

- **Was ist das strategische Ziel:** z.B. Erhöhung des Marktanteils um 20 %
- **Wie kommen wir dahin:** z.B. schrittweise in 5 %-Sprüngen
- **Was tun wir aktuell dafür:** z.B. Werbemaßnahmen, Vergrößerung der Vertretertruppe

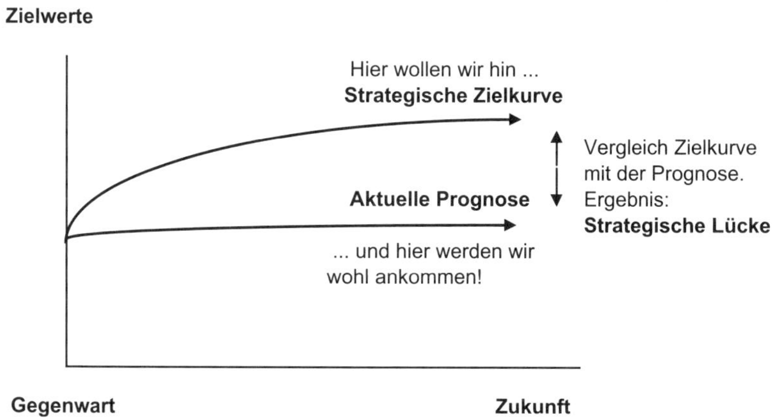

Abbildung 37: GAP-Analyse

- **Wo werden wir mit den jetzigen Aktionen landen:** Eben nicht beim strategischen Ziel. Aufzeigen der Lücke und Quantifizierung der Lücke. So wird die Erhöhung des Marktanteils nur 10 % betragen.
- **Was ist jetzt zu tun:** Anstrengungen verstärken oder Strategie ändern.

Bei genauer Betrachtung wird man in sehr vielen Unternehmen derartige Lücken auffinden können. Strategische Ziele sind häufig recht ehrgeizig aufgestellt. Von Zeit zu Zeit sollte man unabhängig von anderen Controllinginstrumenten eine GAP-Analyse machen und schauen, ob man nicht dabei ist, sich zu verlaufen. Zwar verzichtet man aufgrund neuerer Erkenntnisse vielleicht auf die weitere Erhöhung des Marktanteils, aber wissen dies auch alle? Vielleicht wird in der Produktion lustig weiter investiert, der Vertrieb baut weiter auf, obwohl das strategische Ziel erkennbar doch nicht erreichbar ist.

Lebenszyklusanalyse: Geht Ihr Produkt in Rente?

Erinnern Sie sich noch an die „Dino-Welle“ Mitte der 90er Jahre? Überall, in jedem Sandkasten, auf jedem dritten T-Shirt, überall Dinosauriere. Bis hin zu philosophischen oder biologischen Fragestellungen: Wer zu groß ist, kann sich nicht anpassen. Wer spricht heute noch von den Dinos? Sie sind in der Ecke gelandet. Ein kurzer Lebenszyklus. Andere Lebenszyklen sind ebenfalls

am Ende: Wer arbeitet heute noch mit der Schreibmaschine? Lebenszyklen anderer Produkte, die bereits einmal zu Ende waren, sind neu erwacht: das Motorrad. Der Personalcomputer scheint auf dem Zenit seines Lebens zu sein. Niemand weiß, wie alt er wird. Was kommt danach? Der Fernseher, seit Jahrzehnten ungebrochen. Die Beispiele lassen sich fortführen.
So muss sich das Unternehmen fragen, in welcher Phase seines Lebenszyklusses sich die Produkte befinden:

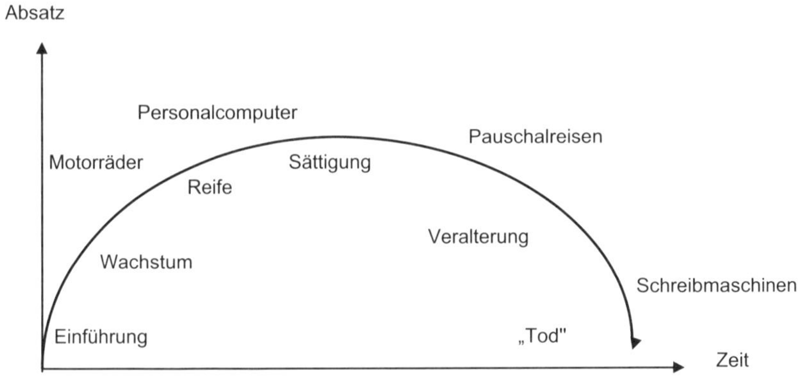

Abbildung 38: Lebenszyklusanalyse

Von Zeit zu Zeit sollte man kritisch über seine Produkte schauen. Mit Produkten, die die Höhe ihres Lebenszyklusses bereits überschritten haben, werden Sie das Unternehmen nicht in die Zukunft führen können. Falls einige Produkte am Ende ihres Lebens sind, sollte entsprechend einige am Anfang sein.
Dies ist eine Methode, bei der weniger gerechnet, noch ganz differenziert vorgegangen wird. Man agiert mehr „aus dem Bauch". Idealerweise macht man dies in einer kompetenten Runde unter Moderation des Controllings oder des Marketings. Ergebnis soll sein: Haben wir die richtigen Produkte? Müssen wir vielleicht bei einigen Produkten ein „face lifting" machen. Zum Beispiel bei einem Getränk weggehen von der altbackenen Flaschenform aus den 50er Jahren und dem Etikett etwas mehr Zeitgeist aufdrücken? Auch wenn der Inhalt der gleiche bleibt. Auf jeden Fall sollten alle Alarmglocken klingeln, wenn sich Ihre Produkte alle weitestgehend am Ende Ihres Lebens befinden.

Eine weitere Methode, Produkte beurteilen zu können ist die

Portfoliomethode: Schlecht, wenn Sie zu viele „arme Hunde“ haben

Eine seit Jahren mit Erfolg angewandte Methode. Der Begriff Portfolio kommt aus dem Bankenbereich. Das Portefeuille sind die zu einer Person gehörigen Wertpapiere. Die klassische Vorgehensweise ist, ein Produkt nach seinem Marktanteil und Marktwachstum zu beurteilen. Man geht davon aus, das dies wesentliche strategische Eckdaten sind.
Auch hier wird wieder in kompetenter Runde mehr aus dem Bauch heraus beurteilt. Und wieder kommt es auf die Mischung an:

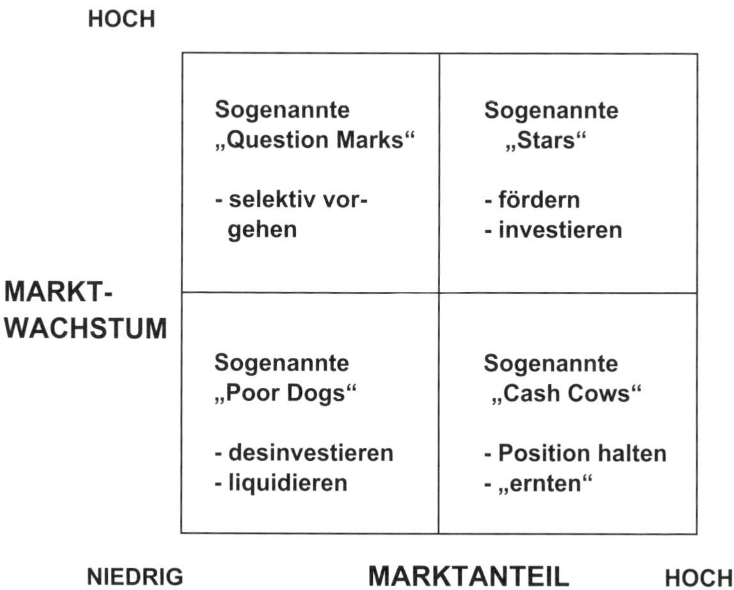

Abbildung 39: Portfolioanalyse

Je nachdem wo es positioniert ist, kann Ihr Produkt folgendes sein:

- **Ein Question Mark**
  Ein Fragezeichen. Zunächst hat das Produkt einen geringen Marktanteil, befindet sich aber auf einem Wachstumsmarkt. Das Produkt hat Chan-

cen aber auch Risiken. Hat es das Zeug zu einem „Star“ oder driftet es zu den „Poor Dogs“? Denken Sie an z.B. Energy-Drinks. Neue Getränke haben sicherlich einen Wachstumsmarkt, aber ist dies evtl. eine Modewelle? Wird dieses Getränk ein Star oder ein Poor Dog?

- **Ein Star**
  Produkte mit einem hohen Marktanteil auf einem wachsenden Markt. Der Traum eines jeden Controllers oder Marketingmitarbeiters. Ein Wermutstropfen allerdings. Auch Stars haben ihren Lebenszyklus und irgendwann wird der Star zum armen Hund. Dann heißt es, neue Stars zu haben. Ja, das Leben ist hart.
- **Eine Cash Cow**
  Die Melkkühe des Unternehmens. Hier wird richtig Geld verdient. Hoher Marktanteil, hier kann man abschöpfen. Allerdings sind die Cash Cows sehr in der Nähe der Poor Dogs. Sollte dies das Schicksal werden? So wird überall versucht, Produkte möglichst lange als Cash Cow zu behalten. Bis vielleicht die Kuh für einen Star geschlachtet werden muss.
- **Ein Poor Dog**
  Unsere armen Hunde. Vielleicht einmal bessere Zeiten gesehen. Oder immer dieses traurige Dasein gefristet. Auf jeden Fall: mit wenig Marktanteil, ohne Marktwachstum. Das wird nichts.

Macht man derartige Analysen für die Produkte des Unternehmens, kann es z.B. wie folgt aussehen (siehe Abb. 40).
Portfoliodarstellung und Lebenszyklusanalyse sind Verwandte. Eine Cash Cow wird selten am Anfang des Lebenszyklusses stehen, eher im Mittelfeld oder am Ende.

Frühwarnung klassisch

Schon die traditionellen Controllinginstrumente beinhalten Frühwarnfunktionen. Vielleicht erkennt man während des Planungsprozesses mögliche Gefahren oder im Rahmen der Plan/Ist-Abweichungen fällt ein Datum besonders auf oder man macht eine Hochrechnung und erkennt, dass die Dinge aus dem Ruder laufen. Die operative Planung ist bereits vorausschauend, allerdings in der Regel nur für ein Jahr. Eine Hochrechnung kann schon weiter gehen. Vor allem kann man sie ausbauen. Warum muss nur immer

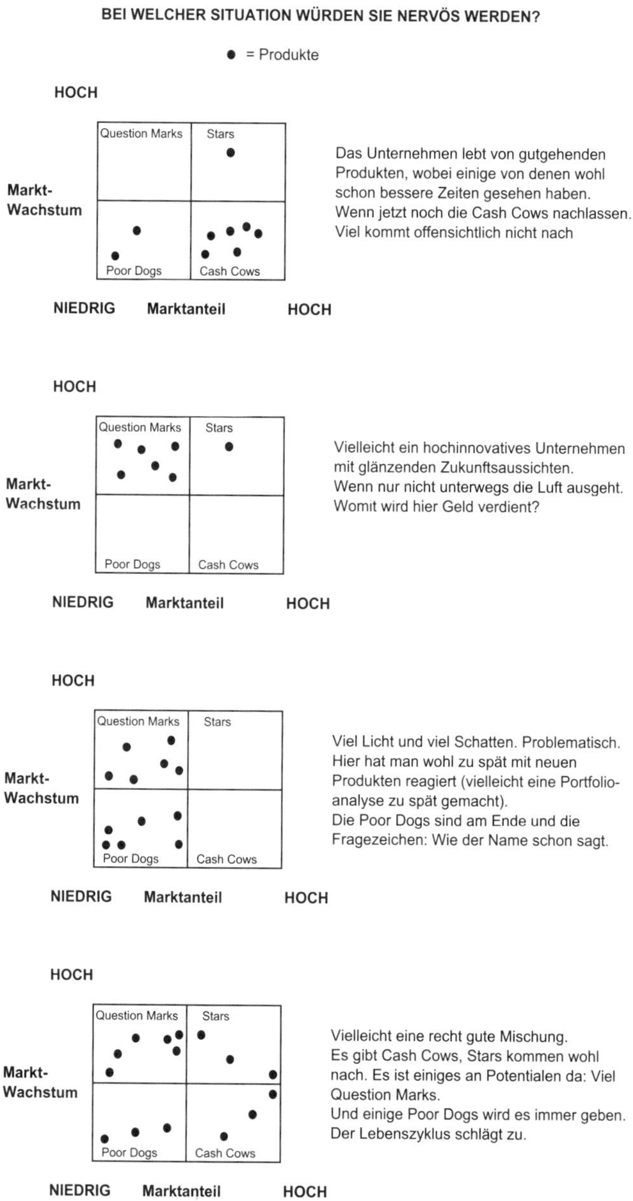

Abbildung 40: Portfoliobeispiele

das laufende Jahr hochgerechnet werden. Warum nicht einmal das nächste, das übernächste? So kann die klassische Controllingdarstellung zu einem Frühwarnsystem ausgebaut werden:

Monat: Juni 2014	Plan	Ist	Abweichung	Plan p.a.	Hochrechn. 2014	Hochrechn. 2015	Hochrechn. 2016
Absatz	12.000	11.200	-800	24.000	23.800	20.000	18.000
Preis	22,00	21,80	-0,20	22,00	21,80	21,30	20,00
Umsatz	**264.000**	**244.160**	**-19.840**	**528.000**	**518.840**	**426.000**	**360.000**
Produktionskosten	192.000	178.400	-13.600	384.000	355.000	315.000	280.000
Vertriebskosten	36.000	37.500	1.500	72.000	68.000	63.000	60.000
Verwaltungskosten	15.600	15.200	-400	31.200	31.000	25.000	25.000
Summe Kosten	**243.600**	**231.100**	**-12.500**	**487.200**	**454.000**	**403.000**	**365.000**
Ergebnis	**20.400**	**13.060**	**-7.340**	**40.800**	**64.840**	**23.000**	**-5.000**

Abbildung 41: Frühwarnung mittels Hochrechnung

Zwar sieht die aktuelle Hochrechnung für das laufende Jahr noch gut aus, aber bereits ein Jahr später kommt es zu einem Ergebniseinbruch und danach wird es katastrophal. Gründe: Der Absatz und Preise gehen zurück. Zwar werden Kosten gut gehalten, aber das reicht nicht. Hat man derartiges erkannt, schnell rüber zu den strategischen Früherkennungsinstrumenten. Was ist mit unserem Produkt los? Was sagt der Lebenszyklus, was die Portfolioanalyse?
So sind auch hier die Frühwarninstrumente vernetzt.

Indikatoren: Die Nase im Wind haben

Indikatoren sollen Signale aufspüren, die das Unternehmen irgendwann einmal betreffen können. Das können starke Signale sein:

- Man hat z.B. erfahren, dass der Rest der Branche mit unseren vergleichbare Produkte 15 % billiger herstellt. Noch hat die Konkurrenz diese Kosteneinsparung nicht über den Preis weitergegeben. Aber wehe, wenn dies passiert.
- Auf einer Service-Hitliste, erstellt nach Kundenbefragungen, stehen wir an vorletzter Stelle. Noch reißt uns unser Produkt raus. Aber wenn die Konkurrenz, die zwar dieses Produkt noch nicht führt, aber auf der

Serviceliste oben steht, ein ähnliches Produkt einführt, dann kann uns dies schmerzlich treffen

Das gibt ganz spontan Anlass zum Nachdenken. Aber es gibt auch schwache Signale:

- Man hört immer mal wieder, dass Personalberatungsunternehmen Know-how-Träger unseres Unternehmens abwerben wollen. Das war früher nicht der Fall. Ist es vielleicht die Konkurrenz? Wird da etwas geplant?
- Wir sind im Gaststättengroßhandel tätig und lesen ab und an, dass es einen Trend zur „neuen Häuslichkeit“ gibt.

Das betrifft uns noch nicht aktuell, aber wir sollten aufpassen!
Man muss auch den Produkt- bzw. Branchenverbund achten. Geht z.B. der Motorrad-Boom zurück, wird dies Auswirkungen auf den Umsatz von Lederbekleidung haben.
Es gibt wirtschaftliche, technologische, politische Indikatoren. Am besten, Sie schaffen sich ganz auf Ihr Unternehmen zugeschnittene Indikatoren. Im folgenden einige Beispiele (siehe Abb. 42).
Allerdings müssen Indikatoren nicht zwingend im Zusammenhang mit zeitgleichen Entwicklungen stehen. So wurde von Statistikern vor einigen Jahren in Schweden festgestellt, dass der prozentuale Geburtenrückgang im Land in Zusammenhang mit einem Indikator stand: dem Rückgang der Störche in Schweden. Die Zusammenhänge waren, wie man es nennt, von extrem hoher Signifikanz. Damit war immerhin bewiesen, dass eben doch Störche die kleinen Kinder bringen (derartige statistische Zusammenhänge nennt man Korrelationen). Und doch bezweifeln Experten die Aussagekraft dieses Indikators.

KOSTEN IN % VOM UMSATZ		
	Eigenes Unternehmen	**Branchendurchschnitt**
Wareneinsatz	33%	26%
Personalkosten	26%	28%
Sonstige Kosten	29%	30%

Was ist mit dem Wareneinsatz los?

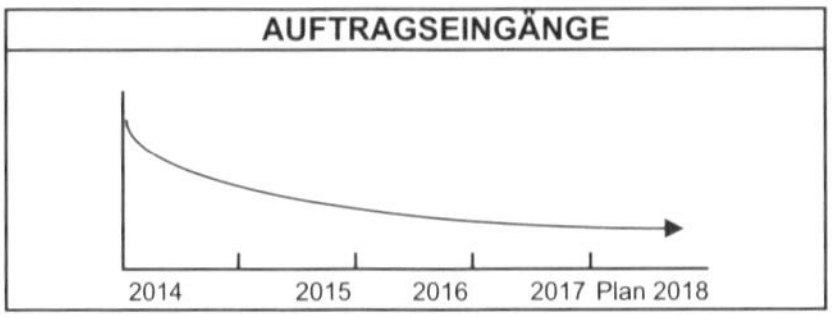

Wie sieht es in der Branche aus? Bei uns geht es bergab.

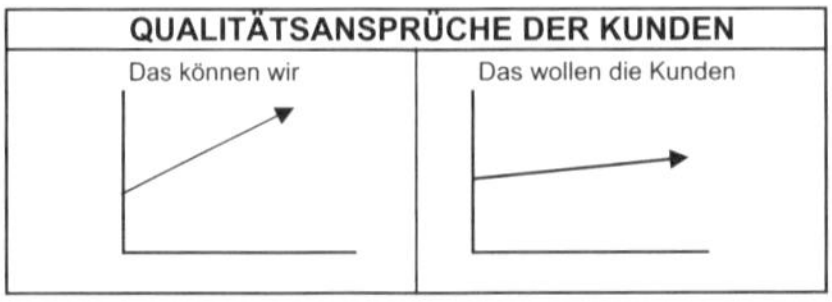

Wir sind am Ball und gerüstet.

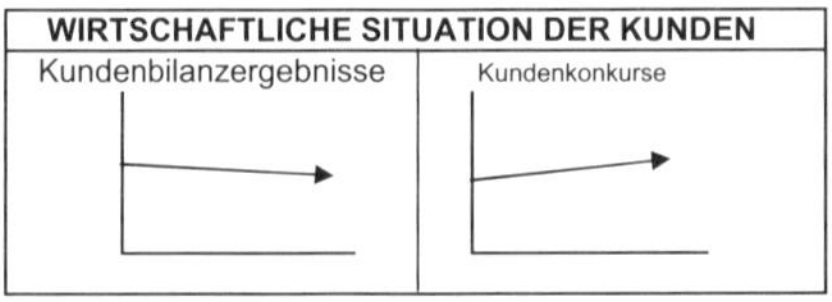

Schlechter Trend.

LIEFERANTENSITUATION		
* = gute Entwicklung	** = mittelmäßig	*** = schlecht
Preise	**	mittelfristig teuer
Termine	*	o.k.
Zahlungsziele	**	man drängt
Qualität	*	o.k.

Damit kann man leben.

ARBEITSMARKTSITUATION	
Kein Problem	
Man muß sich um gute Leute bemühen	↓
Gute Leute schwer zu haben	
Gute Leute kaum zu haben	
Der Markt ist leer	

Wenn wir in zwei Jahren gute neue Leute haben wollen, sollten wir jetzt zuschlagen.

KONJUNKTURANFÄLLIGKEIT		
* = niedrig	** = mittelmäßig	*** = hoch
		Konjunkturentwicklung
Produkt A	***	
Produkt B	**	
Produkt C	**	

Unsere Produkte sind konjunkturabhängig. Die Konjunktur sieht nicht gut aus.

Abbildung 42: Frühwarnindikatoren

2.4 Kennzahlen

Wie kann ich Zahlenwüsten durchqueren?

Man hat einmal eine Untersuchung gemacht und festgestellt, dass ein mittelgroßes Unternehmen monatlich im Rahmen der Berichterstattung rund 10.000 Zahlen produziert und diese im Unternehmen an irgendwelche Empfänger gelangen, die damit irgend etwas anfangen sollen. Bildet man gewisse Prioritäten, bleiben davon noch etwa 500 Zahlen übrig. Auch noch eine ganze Menge. Diese Zahlenwüsten sollen mittels Kennzahlen etwas transparenter gemacht werden.
Mit dem Thema Kennzahlen sind wir noch ein bisschen beim Thema Frühwarnung. Mit der systematischen Verfolgung von Kennzahlen kann man ebenfalls Trends erkennen. Meist sind Kennzahlen vergangenheitsorientiert. Allerdings wird niemand daran gehindert, auch auf Basis von Hochrechnungen oder gar strategischen Informationen Zukunftskennzahlen zu generieren.
Was ist eine Kennzahl?
Es sagt Ihnen jemand: Unsere Leistung lag im letzten Monat bei 275.000 Stunden. Na schön, werden Sie denken. Ist das aber nun viel oder wenig? Jetzt die ergänzende Information. Anwesend waren die Mitarbeiter 320.000 Stunden. Jetzt kommen wir der Sache schon näher und können aus diesen zwei Informationen eine **Kennzahl** bilden: **Leistung zu Anwesenheit.**

Leistung	275.000 Stunden
Anwesenheit	320.000 Stunden

Leistung zu Anwesenheit = 86 % (275.000 sind 86 % von 320.000). Und schon stellen sich die nächsten Fragen: Was ist in der Zeit der Nichtleistung passiert? Wo sind die restlichen 14 %, die nicht Leistung geworden sind? Haben die Mitarbeiter schlicht nichts getan, hat man auf Material gewartet, waren die Maschinen kaputt usw.
Das Controlling wird durch diese Kennzahl geradezu in die Analyse der Situation gedrängt. Und somit sind Kennzahlen ein wichtiges Controllingwerkzeug.

Im Laufe der Zeit hat das Controlling eine Fülle von Kennzahlen entwickelt. Controller arbeiten sehr gern mit Kennzahlen. Mit ihnen kann man checklistenartig schnell wesentliche Zusammenhänge erkennen. Zwei Zahlen in Zusammenhang gebracht sagen eben einfach mehr aus.
Im folgenden betrachten wir einfach mal ein Praxisbeispiel, natürlich eine recht umfangreiche Kennzahlenliste einer Münchner Unternehmensberatungsgesellschaft für Controlling. Es wurde gestattet, diese hier zu veröffentlichen. Bei Bedarf und je nach Problemstellung picken sich die Berater einige wichtige Kennzahlen heraus und analysieren damit die Situation des Unternehmens, indem sie gerade tätig sind (siehe Abb. 43).
So schön Kennzahlen auch sind, in der Praxis neigen viele dazu, mit zuviel Kennzahlen zu arbeiten. Schon vor einiger Zeit hat man festgestellt, dass der Erkenntniswert von Kennzahlen nicht von der Masse der gebildeten oder veröffentlichten Kennzahlen abhängt. Zu viele Kennzahlen verpuffen, werden nicht mehr verarbeitet. Man hat in diesem Zusammenhang festgestellt, dass sieben Kennzahlen, auf einem Kennzahlenblatt veröffentlicht, die Größenordnung sind, die noch in vertretbarer Zeit gut verarbeitet werden kann. Sehen Sie also obiges Beispiel lediglich als Anregung und falls Sie etwas in Ihre tägliche Praxis übernehmen möchten: Übertreiben Sie es nicht.
Immer wieder wird man im Controlling gefragt: Was sind denn nun die wichtigsten Kennzahlen? Diese Frage ist kaum zu beantworten. Fragen Sie mal einen Physiker: Was sind denn nun die wichtigsten physikalischen Formeln? Auch der Physiker wird wie der Controller sagen: „Es kommt drauf an.“ Das ist immer davon abhängig, welchen Bereich man gerade untersuchen will. Aber trotz aller Vorbehalte, mit Zähneknirschen und einigem Unwohlsein: Hier die persönliche Hitliste des Autors (siehe Abb. 44, S. 119).

1. Erfolgskennzahlen

Umsatzrendite	$\frac{\text{Betriebsergebnis x 100}}{\text{Netto-Betriebsleistung}}$	Wichtig ist hier der Branchenvergleich. Sinkt die Kennzahl: Achtung!
Cash Flow	Jahresüberschuss + Abschreibungen - Zuschreibungen + Rückstellungen - Auflösung v. Rückstellungen + Bildung Sonderposten m. Rücklagenanteil - Auflösung Sonderposten m. Rücklagenanteil grundsätzlich: + alle Aufwendungen, die nicht gleichzeitig Ausgaben sind - Erträge, die zu keinen Einnahmen geführt haben (also +/- allem, was nicht "Cash" ist)	Der Cash Flow ist eine wichtige Kennzahl zur Beurteilung der Ertrags- und Finanzkraft eines Unternehmens. Vereinfacht gesagt, ist der Cash Flow der Kassenzufluss (Cash). Dieser Betrag steht z.B. für Investitionen zur Verfügung. Auch Gewinnausschüttungen sollten aus dem Cash Flow finanziert werden. Sinkt der Cash Flow: Achtung! Der Cash Flow hat insbesondere im Kontakt mit Banken einen wichtigen Stellenwert.
Gesamtkapital-(GK) rendite	$\frac{\text{(Betriebsergebnis + GK-Zinsen) x 100}}{\text{Gesamtkapital}}$	Wurde das gesamte Kapital richtig eingesetzt, hat es sich gut verzinst?
Eigenkapital-(EK) rendite	$\frac{\text{(Betriebsergebnis + EK-Zinsen) x 100}}{\text{Gesamtkapital}}$	Wurde das Eigenkapital richtig eingesetzt, hat es es sich gut verzinst?
Return on Investment (ROI)	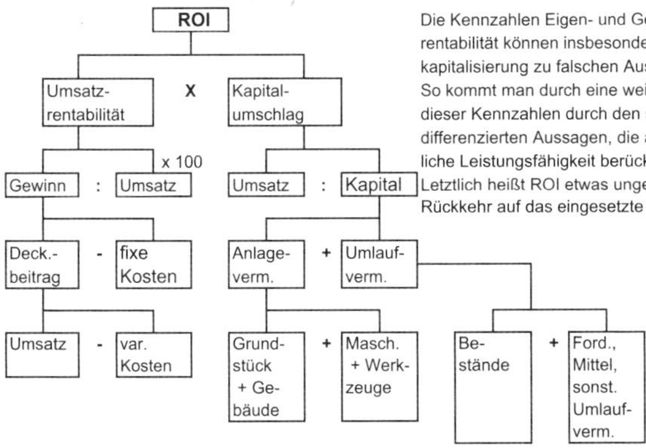	Die Kennzahlen Eigen- und Gesamtkapitalrentabilität können insbesondere bei Unterkapitalisierung zu falschen Aussagen führen. So kommt man durch eine weitere Differenzierung dieser Kennzahlen durch den sog. ROI zu differenzierten Aussagen, die auch die betriebliche Leistungsfähigkeit berücksichtigen. Letztlich heißt ROI etwas ungenau übersetzt: Rückkehr auf das eingesetzte Kapital.

2. Produktivitätskennzahlen

Pro-Kopf-Leistung	$\frac{\text{Netto-Betriebsleistung}}{\text{Anzahl d. Beschäftigten}}$	Wichtig im Branchenvergleich.
Produktivität	$\frac{\text{Ist-Fertigungsstunden x 100}}{\text{Mögliche Fertigungsstunden}}$	Sinkt die Produktivität?
Deckungsbeitrag je Leistungseinheit	$\frac{\text{Deckungsbeitragsvolumen}}{\text{Anzahl Leistungseinheiten (z.B. Fertigungsstunden)}}$	Zeigt die Produktivität einer Leistungseinheit
Fehlzeiten	$\frac{\text{Fehlzeiten}}{\text{Anwesenheit}}$	Warum steigen die Fehlzeiten?

Abbildung 43: Kennzahlen

3. Finanzierungs- und Liquiditätskennzahlen

Anlagendeckung	$\frac{\text{Eigenkapital} \times 100}{\text{Anlagevermögen}}$	Der „Klassiker" der sog. goldenen Bilanzregeln. Früher sagte man, dass Anlagevermögen sollte immer durch das Eigenkapital gedeckt sein.
Entschuldungsgrad	$\frac{\text{Cash Flow} \times 100}{\text{Netto-Verschuldung}}$ Netto-Verschuldung: Fremdkapital - liquide Mittel	Hierauf achtet die Bank.
Verschuldungsgrad	$\frac{\text{Fremdkapital} \times 100}{\text{Gesamtkapital}}$	Schlecht, wenn das Verhältnis im Zeitablauf immer schlechter wird.
Liquiditätsverhältnis ersten Grades	$\frac{\text{Flüssige Mittel}}{\text{Kurzfristige Verbindlichkeiten}}$ Flüssige Mittel: Kasse, Bank, Scheck, Wechsel	Kann ich kurzfristig meine Gläubiger bedienen?
Liquiditätsverhältnis zweiten Grades	$\frac{\text{Flüssige Mittel + kurzfr. Ford. + Vorräte}}{\text{Kurzfristige Verbindlichkeiten}}$	Wie entwickelt sich die Liquidität?
Außenstands-dauer	$\frac{\text{Bestand an Kundenforderungen} \times 360}{\text{Umsatz/Jahr}}$	Wann kommt das Geld der Kunden? Diese Kennzahl ist in den letzten Jahren immer schlechter geworden. Die Zahlungsmoral sinkt!

4. Materialwirtschaft

Umschlagsziffer des Fertigwarenlagers	$\frac{\text{Bestände an Fertigwaren}}{\text{Umsatzerlöse}}$	Verschlechtert sich die Relation?
Umschlagsziffer des RHB-Lagers	$\frac{\text{RHB-Bestände}}{\text{RHB-Aufwand}}$ RHB: Roh-/Hilfs- und Betriebsstoffe	Steigen die Bestände in Relation zum Aufwand: Schlecht!
Materialanteil	$\frac{\text{Aufwand f. RHB}}{\text{Gesamtleistung}}$	Vorsicht, wenn dieser sog. Wareneinsatz steigt. Wichtig: Vergleich mit der Konkurrenz.
Lagerbestand	Absolute Zahl	Keine Kennzahl, absoluter Wert. Trotzdem wichtig. Steigen die Bestände? Warum?
Lagerreichweite in Tagen	$\frac{\text{Lagerbestand}}{\text{Stück Absatz} \times \text{Arbeitstage}}$	Wieviel Tage kann theoretisch bei Einstellung der Produktion der Vertrieb bedient werden? Haben wir zuviel auf Lager? Produzieren wir auf Lager?

5. Vertrieb

Umsatz pro Mitarbeiter	$\frac{\text{Nettoumsatz}}{\text{Anzahl Mitarbeiter}}$	Die „Basiskennzahl". Interessant im Branchen-vergleich und im Zeitablauf.
Deckungsbeitrag je Mitarbeiter	$\frac{\text{Deckungsbeitragsvolumen}}{\text{Anzahl Mitarbeiter}}$	Interessant auch: Deckungsbeitrag pro Außendienstmitarbeiter
Auftragseingang	Absolute Zahl	Keine Kennzahl, aber interessant im Zeitvergleich
Auftragsbestand	Absolute Zahl	Keine Kennzahl, aber interessant im Zeitvergleich
Rückstände	Absolute Zahl	Keine Kennzahl, aber interessant im Zeitvergleich Rückstand bedeutet: Nicht zufriedene Kunden!
Durchschnitts-preise	$\frac{\text{Umsatz}}{\text{Anzahl verkaufte Stück}}$	Diese Analyse kann differenziert nach z.B. Produktgruppen durchgeführt werden. Achtung, wenn der Preis sinkt.

6. Personalwesen

Personalkosten-entwicklung	$\frac{\text{Personalkosten x 100}}{\text{Gesamtleistung}}$	Wie entwickelt sich die Konkurrenz?
	$\frac{\text{Variable Personalkosten x 100}}{\text{Gesamtleistung}}$	Interessant ist die Veränderung der Relationen fixe und variable Personalkostenanteile. Steigen die Fixkostenanteile zu Lasten der variablen Anteile, sollten Sie hellhörig werden!
	$\frac{\text{Fixe Personalkosten x 100}}{\text{Gesamtleistung}}$	

7. Kosten

Kostenstruktur	$\frac{\text{Fixe Kosten x 100}}{\text{Gesamtleistung}}$	Achtung bei Steigerung!
Abschreibungen	$\frac{\text{Abschreibungen x 100}}{\text{Gesamtleistung}}$	Steigt diese Kennzahl, wird die Leistung mit zunehmenden Abschreibungen erbracht oder die Leistung ist bei gleichen Abschreibungen gesunken = schlechtere Kapazitätsnutzung
Lohnkosten pro Minute	$\frac{\text{Einzellohnkosten}}{\text{Leistungsminuten}}$ (oder Stunde, Tag usw.)	Fragt danach, was eine Leistungsminute usw. kostet. Einzellohnkosten = variabel Wichtige Kennzahl im Produktionsbereich
Vollkosten pro Minute	$\frac{\text{Summe Kosten}}{\text{Leistungsminuten}}$ (oder Stunde, Tag usw.)	Was kostet eine Minute usw. gesamt? Wichtiger Indikator im Zeitablauf. Und wenn Sie jetzt den Konkurrenzwert wüssten!!
Bereichkosten-analyse	$\frac{\text{Kosten der Produktion x100}}{\text{Gesamtkosten}}$	
	$\frac{\text{Kosten des Vertriebes x 100}}{\text{Gesamtkosten}}$	Hier ist ein Vergleich mit der Konkurrenz außerordentlich interessant, zeigen die Kennzahlen doch die Gewichtung der Hauptkostenblöcke.
	$\frac{\text{Verwaltungskosten x 100}}{\text{Gesamtkosten}}$	Weitere Kennzahlen: Kostenblöcke in Relation zum Umsatz bzw. zur Gesamtleistung
	$\frac{\text{EDV-Kosten x 100}}{\text{Gesamtkosten}}$	
	$\frac{\text{Logistikkosten x 100}}{\text{Gesamtkosten}}$	Schwerpunktmäßig können noch andere Bereiche beleuchtet werden

8. Forschung und Entwicklung (F+E)

Anteil F+E	$\frac{\text{F+E-Kosten x 100}}{\text{Gesamtkosten}}$	Wie entwickelt sich Ihr F+E-Anteil?
Umsatzanteil von F+E-Projekten	$\frac{\text{Umsatz F+E-Produkte x 100}}{\text{Gesamtumsatz}}$	Welchen Anteil haben F+E-Produkte z.B. der letzten drei Jahre am Gesamtumsatz. Mit welchen Produkten machen Sie den Hauptumsatz? Wie ist die Entwicklung?

Alle Kennzahlen müssen regelmäßig beobachtet werden

Fixkosten x 100 / Gesamtkosten	Hohe Fixkosten können ein Unternehmen schnell umbringen. Deswegen hat diese Kennzahl hohe Priorität.
Deckungsbeitrag x 100 / Umsatz	Welchen Deckungsbeitrag bringt uns ein Umsatz. Zwei Einflussfaktoren möglich: Einmal kann der Umsatz steigen oder sinken, zum anderen können sich die variablen Kosten verändern. Beides sind wesentliche Eckdaten.
Durchschnittspreise Umsatz / Absatz	Der Wettbewerb wird härter. Wie entwickeln sich die Preise?
Kosten pro Minute oder pro Stunde	Stichwort Globalisierung: Wie entwickeln sich die Kosten pro Leistungseinheit? Sind wir zukünftig konkurrenzfähig?
Leistung x 100 / Anwesenheit	Wie entwickelt sich die Produktivität?
Cash Flow	Was kommt in die Kasse?
Reklamations-quote Reklamationen x 100 / Aufträge	Unzufriedene Kunden kommen nicht wieder!

Abbildung 44: Kennzahlen-Hitliste

2.5 Berichtswesen

Wann leuchtet die rote Lampe auf?

Manchmal ist es kurios. Da gibt ein Unternehmen eine viertel Million EURO für ein neues Informationssystem aus und hinterher ist letztlich kein Mensch schlauer geworden. Die externen Berater haben sich im Unternehmen gegenseitig die Türklinke in die Hand gegeben, das Feinste vom Feinsten an Datenverarbeitungs-Hard- und Software steht im Keller. Und trotzdem. Man ist nicht vernünftig informiert. Dabei spuckt die Datenverarbeitung jeden Monat einen halben Meter betriebswirtschaftliches Informationsmaterial aus. Und genau ist das Problem.

Informationen, Informationen, aber keine vernünftigen bzw. keine vernünftig strukturierten. Jedes Detail liegt für jede Kostenstelle vor, selbst die gefahrenen Kilometer jedes einzelnen Autos kann man irgendwo finden, aber was wirklich wichtig ist: Fehlanzeige. Das ist oft die Wirklichkeit.

Der Controller ist der Informationsmanager im Unternehmen. Er hat dafür zu sorgen, dass jeder mit den notwendigen Informationen versorgt wird. Dabei darf nicht das Argument gelten, dass die Leute sich gefälligst beim Controlling melden müssen, wenn sie etwas brauchen. Für das Controlling ist Information eine – wie es im juristischen Jargon heißt – Bringschuld. Für die Berichtsempfänger sind die Daten Informationen über den Grad der Zielerfüllung. Der Informationsbedarf folgt der Hierarchiepyramide im Unternehmen (siehe Abb. 45).

Nach oben werden die Informationen immer mehr verdichtet. Für jede Ebene muss ein spezielles Berichtssystem geschaffen werden. Der Meister in der Fertigung braucht z.B. monatlich die Ausschusszahlen seiner Kostenstelle. Die Bereichsleitung bekommt diese Daten pro Bereich, die Unternehmensleitung vielleicht nur über das gesamte Unternehmen. Jede Controllingsoftware kennt Hierarchieebenen für das Berichtswesen. Datentechnik ist aber nicht das Problem. Es gilt zu erkennen, was jeder braucht. Und da geht es schon damit los, dass viele im Unternehmen gar nicht wissen, welche Informationen für sie wichtig sind. In vielen Unternehmen laufen junge dynamische Marketingmanager herum, die zehn und mehr Stunden am Tag aktiv sind, aber nicht einmal wissen, was ein Deckungsbeitrag ist und somit nicht einmal das wichtigste Kriterium kennen, wie man

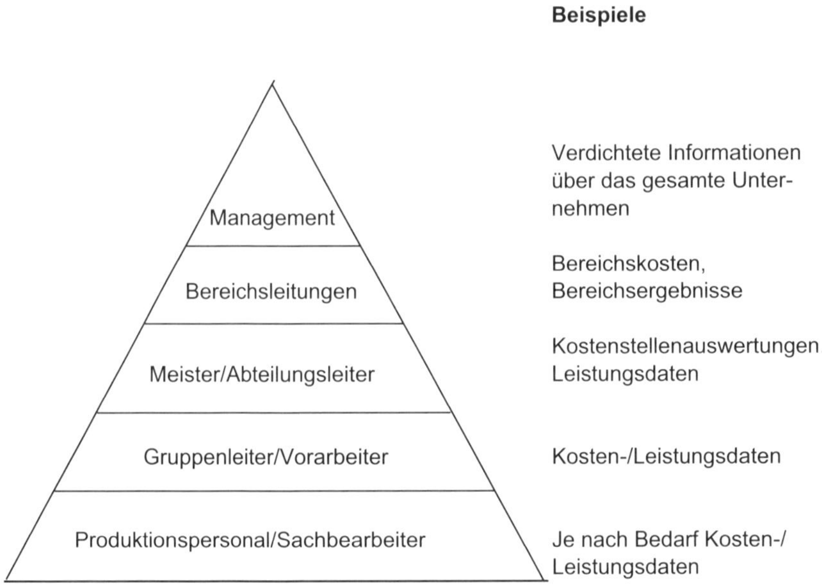

Abbildung 45: Berichtshierarchie

den Erfolg eines Produktes beurteilt. Das bedeutet, dass das Controlling nicht nur die wichtigen und richtigen Zahlen verteilen muss. Es muss auch im Rahmen des Berichtswesens dafür sorgen, dass die Leute die Zahlen verstehen und kritisch beurteilen können.

Weniger Zahlen! Das Controlling sollte versuchen, wegzukommen von all zu vielen Zahlen und hin zu mehr Kommentierung zu gelangen. Häufig erlebt man es in der Praxis, dass irgendwann um den 12. des Folgemonats kommentarlos ca. fünf Seiten eng beschrieben mit Zahlen auf dem Schreibtisch liegen. Das Controlling hat mal wieder zugeschlagen. Hier kann das Controlling viel vom Marketing lernen. Zum Beispiel, wie man die Dinge richtig verpackt, wie man die Kunden (denn die Informationsempfänger sind die „Kunden“ des Controllings) neugierig macht und aktiviert. Das Zauberwort dabei ist: empfängerorientiert berichten. Was will und braucht der Kunde Industriemeister, der Kunde Abteilungsleiter, der Kunde Technischer Leiter, der Kunde Vorstandsvorsitzender?

Beispiel: Wie kann es in der Praxis aussehen?
Die Inhalte und Darstellungsmöglichkeiten sind vielfältig. Am besten zeigt das wieder ein Praxisbeispiel. Hier werden die ersten drei Seiten Berichtswesen der höchsten Verdichtungsebene für die Unternehmensleitung gezeigt.

KONZERNBERICHTSWESEN XYZ AG
KOMMENTAR MONAT MAI 2014

ERGEBNISÜBERSICHT:

Vorjahr Monat	Plan Monat	Ist Monat	MONAT: MAI 2014 In Mio. Euro	Vorjahr kum.	PLAN kum.	IST kum.	IST p.a. Vorjahr	PLAN p.a.	HR p.a.
29,4	26,0	25,5	**GESAMTLEISTUNG**	145,0	130,5	125,7	334,0	315,4	284,0
-30,4	-26,7	-26,5	**GESAMTKOSTEN**	-150,7	-131,7	-126,8	-358,1	-314,3	-304,0
-1,0	**-0,7**	**-1,0**	**BETRIEBSERGEBNIS**	**-5,7**	**-1,2**	**-1,1**	**-24,1**	**1,1**	20,0
-1,1	**-0,8**	**-1,1**	**GUV-ERGEBNIS**	**-7,7**	**-1,7**	**-1,6**	**-26,9**	**-2,7**	23,8

ABSATZ/UMSATZ
Im Mai konnte der Absatz von **Standardwaren gegenüber Plan nur knapp erreicht** werden.
Dagegen lag der Abverkaufsabsatz deutlich über Plan, so dass der Gesamtabsatz klar über Plan liegt.
Zur Zeit wird analysiert, ob der über Plan liegende Abverkaufsabsatz zu Lasten des Standardabsatzes ging, was nicht wünschenswert ist. Am 12. Juni werden die Ergebnisse bekannt gegeben.
Bedingt durch das ungünstige Standard/Abverkaufsmix konnte der Plan **Durchschnittspreis nicht erreicht** werden und die letztendliche Auswirkung der oben geschilderten Entwicklung ist ein Faktur Umsatz im Mai rund 2,5 % unter Plan.
Diese **Mixentwicklung im Mai ist kein „Ausreißer"** Auch kumuliert zeigt sich, dass diese **Entwicklung** kritisch verfolgt werden sollte, zumal sie **zu Lasten der Deckungsbeiräge** geht

KOSTEN
Im Mai wie auch kumuliert folgt der Wareneinsatz der Absatzentwicklung.
Gegenüber Vorjahr zeigt sich der Effekt der Absenkung der Fertigungstiefe in den Werken durch einen leicht erhöhten Wareneinsatz (Zukauf von Halbteilen, die letzten Jahr noch selber gefertigt wurden).
Personalkosten am Plan. Die **Leistung zu Anwesenheit** im Bereich des Fertigungseinzellohns liegt kumuliert allerdings nur **bei 82% (Plan: 88%).** Grund: **Unterauslastung in den Produktionen** durch erhöhten Lagerabverkauf (s.o.).
Die Werbekosten kumuliert unter Plan, da auf Grund der derzeitigen etwas angespannten Finanzsituation auf Anweisung der Zentrale in den Vertriebsgesellschaften zurückhaltend disponiert wird.

MASSNAHMEN 2014
- Die **Überprüfung der Sortimente** durch das Produktmanagement mit dem Ziel der Reduzierung der Artikelanzahl läuft seit ca. 4 Wochen. Erste Ergebnisse Ende Juni. Auswahlkriterium: Deckungsbeitrag.
- In der Produktion ist Ende Mai eine **erste „Testzelle"** eingerichtet worden
- Erste Überlegungen einer **neuen Logistiksoftware** sind angelaufen (Ziel: Durchlaufzeitenreduzierung)

CASHSITUATION
Der sich anzeigende **Cashengpass 2013 hat sich 2014 weiterhin entspannt.**
Alle fälligen Zahlungen an die Lieferanten wurden getätigt, lediglich **gegenüber den Lizenzgebern** wurde **noch** mit **Abschlagszahlungen** gearbeitet. Details im Finanzwesen.

AUSBLICK JUNI
In den ersten Junitagen sind Absätze/Umsätze am Plan. Eine erste Umsatzprognose der Vertriebsgesellschaften für Juni ergab eine **Planerfüllung von 103%.**

SONSTIGES:
Lt. Aussage der deutschen Vertriebsgesellschaft sind die Produkte der Angebotswoche 12 auf der Kölner Messer positiv aufgenommen worden (insbes. Modell 2314).

München, d. 11.6.2014
W. Huber

„Letzte Meldung":
Die „Gruppe Sky Line" hat Ihre Kooperationsbemühungen mit „Togliatti" verstärkt.

Abbildung 46: Berichtswesen an einem Beispiel

Was noch alles berichtet werden kann ...

- Auf jeden Fall Deckungsbeiträge pro Produkt, Kunden usw.
- Absatz/Umsatzübersichten pro Produkt, Region usw.
- Ergebnisse der Unternehmenseinheiten (Werk, Vertriebsgesellschaften, Filialen usw.
- Personalinformationen (z.B. Personalstände, Krankenstände usw.)
- Investitionsberichte
- Projektfortschritte
- Kostenstellenauswertungen mit Kostensätze u.ä.

und vieles mehr.

Wichtig ist, das Spaltenschema (Vorjahr/Plan/Ist usw.) möglichst durchgängig einzuhalten. Der Leser soll vertraut werden mit Form und Inhalt der Berichte.
Manche sind ausgesprochene Anhänger grafischer Darstellungen. Für diese Leute gibt es die sog. Cockpit-Darstellungen (siehe Abb. 47).
In der Mitte die große Zentralanzeige und darum gruppiert wichtige Details über den „Betriebszustand des Fahrzeugs".

Wann geht die rote Lampe an?
Wann muss der Controller alarmieren, eingreifen, wann ist Zeit für die Korrekturzündungen? Sicher nicht bei der kleinsten Abweichung. Hier den richtigen Punkt zu treffen, macht den guten Controller aus. In der Praxis arbeitet man mit Toleranzbereichen. Es gibt einen Plan, das Ist streut um den Plan und wird ein bestimmter Bereich über- oder unterschritten, geht die rote Lampe an (siehe Abb. 48).

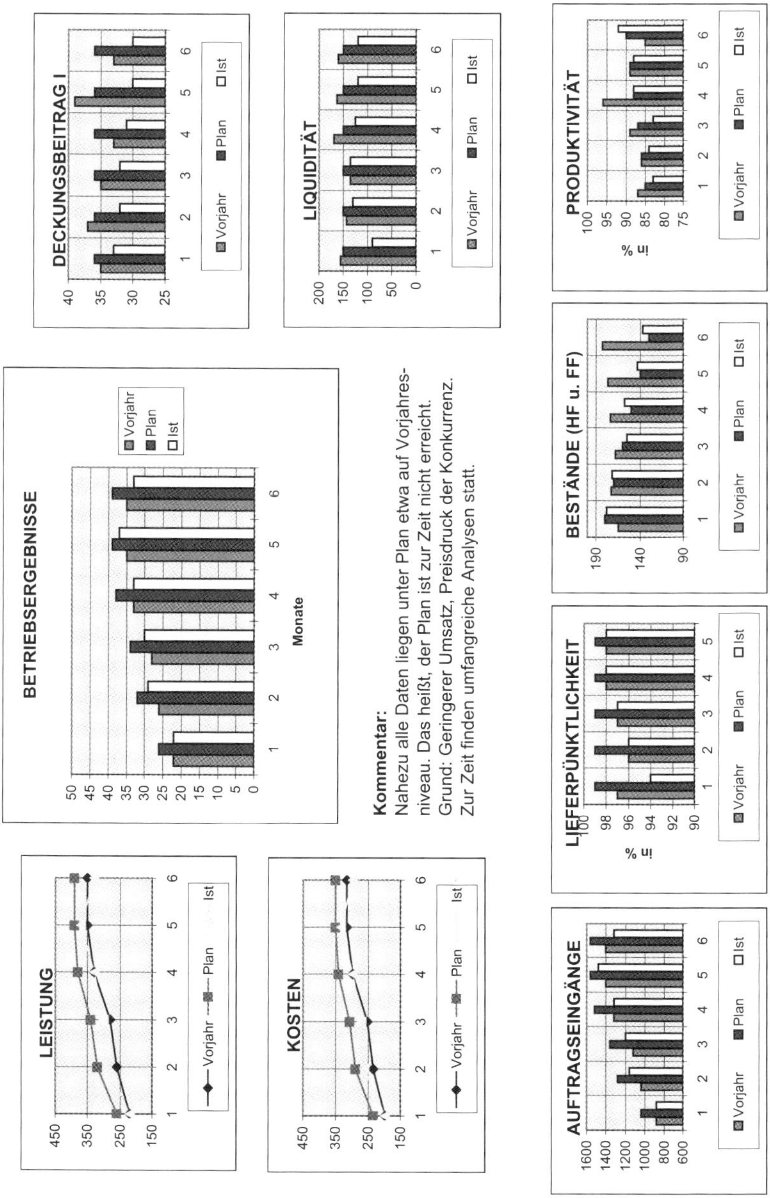

Abbildung 47: Berichts-Cockpit

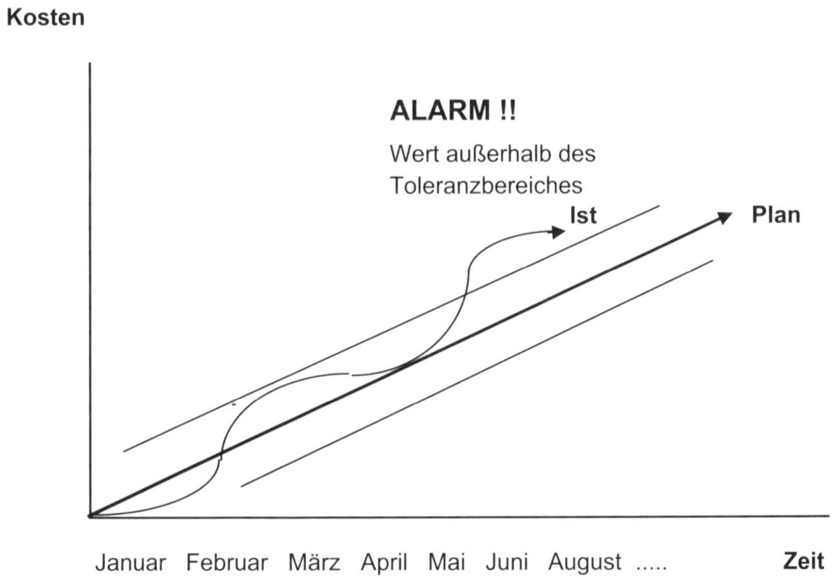

Abbildung 48: Toleranzbereiche

Hübsch ist auch die sog. Ampeltechnik. Neben den Informationen plaziert der Controller kleine Ampeln:

- Grün = Situation o.k., freie Fahrt
- Gelb = Achtung
- Rot = Stopp, aufpassen, hier stimmt was nicht

Die absoluten „Darstellungsfreaks" kombinieren die Cockpit-Darstellung mit der Ampeltechnik. Aber besser nichts übertreiben oder überfrachten.

KENNZAHLEN	ERGEBNISSE PLAN	ERGEBNISSE IST	Ampel
Fixkosten x 100 / Gesamtkosten	32%	34%	gelb
Deckungsbeitrag x 100 / Umsatz	56%	48%	rot
Durchschnittspreise: Umsatz / Absatz	56,34	56,63	grün
Kosten pro Minute oder pro Stunde	1,25	1,21	gelb
Leistung x 100 / Anwesenheit	86%	85%	grün
Cash Flow	4.680	4.490	gelb
Reklamationsquote: Reklamationen x 100 / Aufträge	1%	3%	rot

Abbildung 49: Ampeltechnik

2.6 Profit-Center

Wer macht wo Gewinne?

Die Profit-Center-Konzeption hat sich durchgesetzt. Überall gibt es welche, sogar mittlerweile schon im öffentlichen Dienst. Manchmal heißen sie anders, z.B. Geschäftseinheiten oder auf „neudeutsch“ Business Units. Letztlich steht immer die Idee dahinter, dass große Einheiten in eigenverantwortliche Einheiten aufgeteilt werden. Dies dient der betriebswirtschaftlichen Transparenz und der Steuerung des Unternehmens.

BEISPIEL EINES WINTERSPORTUNTERNEHMENS

Gesamtunternehmen ohne Profit-Center

Wintersportartikel	
Umsatz	120
- Kosten	110
= Ergebnis	**10**

Gesamtergebnis: 10

Gesamtunternehmen mit Profit-Center

Profit-Center I Alpinski		**Profit-Center II** Snowboards	
Umsatz	60	Umsatz	30
- Kosten	55	- Kosten	20
= Ergebnis	5	= Ergebnis	10

Profit-Center III Langlaufski		**Profit-Center IV** Skibekleidung	
Umsatz	20	Umsatz	10
- Kosten	20	- Kosten	15
= Ergebnis	0	= Ergebnis	-5

Ergebnisse:	
Profit-Center I	5
Profit-Center II	10
Profit-Center III	0
Profit-Center IV	-5
Gesamtergebnis:	**10**

Abbildung 50: Die Profit-Center-Idee

Großer Vorteil also: Es können Gewinn- oder Verlustbringer identifiziert werden. Das ist sicherlich mit den uns bekannten Instrumenten wie Artikelergebnisrechnung ebenso möglich. Der Clou ist aber nun, dass Profit-Center wie selbständige Unternehmen geführt werden, auch wenn vielleicht alles

unter einem Dach ist und gesellschaftsrechtlich gar keine Trennung existiert. Es gibt Profit-Center-Verantwortliche, die Ergebnisverantwortung für ihr Produkt, für ihren Vertriebsbereich usw. haben. Sie und nur sie sind verantwortlich und werden auch entsprechend am Profit-Center-Ergebnis entsprechend der Zielvereinbarung gemessen. Auch hier wieder: Management by results. Freilich werden Profit-Center-Verantwortliche mindestens teilweise variabel bezahlt, in Abhängigkeit des Ergebnisses.
Somit ist ein Profit-Center ein **Unternehmen im Unternehmen**. In der Praxis wird das Ergebnis eines Profit-Center meist unter Deckungsbeitragsgesichtspunkten beurteilt. Man nimmt den Deckungsbeitrag I oder II, je nach Ausgestaltung. Die Idee der Deckungsbeitragsbewertung ist die, dass natürlich ein Profit-Center-Verantwortlicher nur nach dem beurteilt werden kann, was er auch beeinflussen kann. Arbeitet man jetzt unter Vollkostengesichtspunkten mit vielerlei Kostenumlagen, wird argumentiert: „Für das Ergebnis kann ich nichts. Die Kosten habe ich nicht zu verantworten, die drückt man per Umlage in meinen Bereich hinein.“ Also weg mit Umlagen von z.B. der Unternehmenszentrale. Man denke hier an das obige Kapitel Managementerfolgsrechnung. Derartige Rechnungen sind geeignet zur Beurteilung eines Profit-Centers.
Profit-Center-Verantwortliche brauchen Freiräume. Wenn man verantwortlich ist, muss man auch entscheiden können. Natürlich auch dies in einem gewissen Rahmen, immerhin ist man noch in einem Unternehmensverbund. Hier muss das Management ganz sensibel Strukturen schaffen. So kann es nicht angehen, dass man zwar am Jahresende für das Ergebnis verantwortlich gemacht wird, unterjährig aber alle größeren Entscheidungen von oben absegnen lassen muss.

Die Betriebskantine als Restaurant

Profit-Center kann es auch dort geben, wo nicht über den Markt die Produkte des Unternehmens verkauft werden. Auch eine Produktionswerk, eine Instandhaltungsabteilung, eine EDV-Abteilung, die Kantine – alles kann als Profit-Center geführt werden.
Nehmen wir das Produktionswerk. Das liefert seine Produkte zwar nicht direkt an den Kunden, sondern vielleicht in ein Verkaufslager des Unternehmens. Aber trotzdem kann es seine Produkte „verkaufen“. Es bekommt als

Profit-Center vom Vertrieb einen Verkaufserlös, einen internen Verrechnungspreis. Basis für diesen Preis können vereinbarte Preise auf Basis der Kosten laut Planung sein. Schafft es die Produktion, im Kostenrahmen zu bleiben, gibt es ein Nullergebnis. Werden die Kosten unterschritten, gibt es einen Gewinn, umgekehrt einen Verlust. So kann man mittels Verrechnungspreise sog. „unechte" Profit-Center trotzdem unternehmerisch führen, indem man so tut, als ob auf einem richtigen Markt agiert wird.

Auch sog. Service-Center können als Profit-Center geführt werden. Wer z.B. eine Leistung der Instandhaltungsabteilung im Unternehmen in Anspruch nehmen will, muss dafür bezahlen, etwa mit einem Stundensatz. Dies ersetzt z.B. die Umlagen, und die Instandhaltungskosten landen verursachungsgerecht im Profit-Center. Die Instandhaltung macht einen Umsatz. Umsatz der Abteilung minus Kosten der Abteilung = Ergebnis. Die Instandhaltung als selbständiges Unternehmen im Unternehmen. Hat auch den Vorteil, dass man mit externen Anbietern in Konkurrenz treten muss, was bekanntlich das Geschäft würzt und die Leistung eher billiger macht. Wenn ein Profit-Center-Verantwortlicher intern 55 EURO für eine Elektroreparatur bezahlen muss, weil z.B. der interne Handwerker etwas repariert, der Elektriker im Ort aber nur 40 EURO pro Stunde verlangt und, weil Fachmann, sogar noch schneller ist, dann werden schnell kritische Fragen laut: „Warum ist dies bei uns so teuer?" Und bei Ergebnisverantwortung wird man dann lieber die externe Dienstleistung in Anspruch nehmen. Warum intern mehr ausgeben? Dieses Denken war übrigens die Geburt des Outsourcinggedankens: Was können andere besser und billiger?

Ähnlich in der EDV-Abteilung. Sie wird – selber Profit-Center – nur tätig, wenn andere Profit-Center für die Leistung, z.B. eine Programmierleistung, auch bezahlen.

Die Kantine als Profit-Center. Unser Koch führt die Kantine wie ein Restaurant. Er ist für das Kantinenergebnis verantwortlich. Je besser jetzt die Qualität, desto mehr gehen die Leute in die Kantine, sein Ergebnis steigt. Je mehr Kosteneinsparung, desto besser sein Ergebnis. Geht dies allerdings zu Lasten der Qualität, bleiben die Leute weg. Das Ergebnis sinkt. So ist das im richtigen Leben.

Von Räubereien und vom Fremdgehen

Erster Fall: Ein Profit-Center-Leiter war verantwortlich für das Profit-Center Frankreich. Nun grenzen Spanien und Italien an Frankreich und schnell hat man mal einen günstigen Preis gemacht und an Händler in Italien und Spanien etwas verkauft. Man kennt ja den Deckungsbeitrag und wenn man ein wenig unter dem Preis der Profit-Center-Kollegen Italien und Spanien bleibt, kann man immer noch einige Ergebnisse mitnehmen. Zur Verteidigung wandte er ein: „Bin ich nun verantwortlich für mein Ergebnis oder nicht?“
So geht es natürlich nicht. Letztlich muss das Gesamtunternehmensinteresse im Mittelpunkt stehen und mit seinen Preisen hatte unser Profit-Center-Leiter die Preispolitik für die anderen Länder empfindlich gestört.
Zweiter Fall: Wie sagte einmal ein Profit-Center-Leiter: „Von der Unternehmensleitung höre ich immer wieder, ich soll handeln wie ein Unternehmer. Das habe ich getan und jetzt bekomme ich eins auf den Deckel.“
Was war passiert?
Der Profit-Center-Leiter hatte alle internen Dienstleistungen konsequent ignoriert, weil externe Anbieter billiger waren. So kostete intern der Tag Programmierleistung rund 400 EURO. Der Leiter kannte jemanden, der es für 350 EURO machte. Die unternehmenseigene Galvanikabteilung hatte einen Minutensatz von rund 0,85 EURO. Er kannte ein Galvanikunternehmen, das für 0,65 EURO pro Minute aktiv wurde. Dummerweise waren die EDV-Abteilung und die Galvanik im Unternehmen nicht ausgelastet (was teilweise für die hohen Sätze verantwortlich war). Und jetzt bekam er Ärger. Es hieß: „Da trägt jemand anderen Unternehmen Geld ins Haus und die eigenen Abteilungen haben nichts zu tun. Letztlich sind die Leute aber intern an Bord und unter dem Strich wird das Geld herausgeschmissen.“ Diese Argumentation kann man nachvollziehen. Aber der Profit-Center-Leiter war für sein Ergebnis verantwortlich und hatte nur konsequent gehandelt. Und trotzdem: Das kann nicht immer richtig sein. Hier wird der Profit-Center-Gedanken vielleicht doch missbraucht. Natürlich sollten interne Kapazitäten genutzt werden, bevor man tatsächlich Geld nach außen trägt. Auf der anderen Seite kann es aber auch eine Strategie sein, ganz konsequent den Profit-Center-Gedanken zu verfolgen. Über kurz oder lang sind die internen Bereiche nicht mehr konkurrenzfähig und werden aufgelöst. Unter dem

Strich bleibt langfristig eine Kostenersparnis. Ein Abgehen vom konsequenten Profit-Center-Gedanken ist letztlich eine Subventionierung unrentabler Bereiche. Auch so wird häufig gedacht.

Cost-Center statt Profit-Center?

Insbesondere bei den unechten Profit-Centern, z.B. im Produktionsbereich, wird zunehmend das Cost-Center-Konzept empfohlen. Hier liegt das Ziel nicht bei einem Ergebnis, sondern bei der Einhaltung bestimmter Kostenziele. Es soll verstärkt das Kostenbewusstsein angesprochen werden, da der Kostendruck für die Unternehmen immer stärker wird.
Die Profit-Center-Konstruktion hat einen Nachteil: Ein Ergebnis setzt sich aus zwei Komponenten zusammen, dem Umsatz und den Kosten. So ist es auch möglich, ein gutes Ergebnis allein durch den Umsatz zu erzielen, auch wenn die Kosten gleich bleiben oder sogar steigen. In der Praxis werden die (Verrechnungs-)Preise innerhalb des Unternehmens häufig ausgehandelt. Die Produktion verhandelt mit dem Vertrieb über die Preise. Hat nun die Produktion besonders gut verhandelt, was nicht ungewöhnlich ist, sitzen doch in der Produktion die alten Hasen des Unternehmens, im Vertrieb häufig die jüngeren Mitarbeiter, kommt ein gutes Profit-Center-Ergebnis auf dem Verhandlungswege zustande, während die Kosten gar nicht im Zentrum der Betrachtung liegen. Aber es kann eben nicht zielführend sein, wenn in einem Unternehmen Ergebnisse auf dem Verhandlungswege generiert werden. Das Unternehmen als Ganzes hat viel mehr davon, wenn die einzelnen Einheiten kostenbewusst denken.
Fazit: Weg vom Profit-Center-Denken, hin zu Cost-Centern. Ziel ist nicht das Ergebnis, ein möglichst hoher Gewinn, sondern möglichst wenige Kosten. Natürlich wird in die Cost-Center ebenso Verantwortung gegeben und auch die Vergütung erfolgt teilweise auf variabler Basis.
Es ist vor einiger Zeit einmal eine Untersuchung der Fa. Mc Kinsey & Comp. gemacht worden. Diese zeigt, dass erfolgreiche Unternehmen ihre Fertigungsstandorte eher mit Cost-Centern als mit Profit-Centern steuern. Das sollte zu denken geben.

2.7. Die Finanzen müssen stimmen

Ohne Moos nix los

Das Finanzwesen ist nicht das Kerngeschäft des Controllers. In großen Unternehmen gibt es dafür den sog. Treasurer, den Schatzmeister des Unternehmens. In kleineren Unternehmen findet man häufig die Konstruktion, dass der Controller das Finanzwesen mit übernimmt und damit auf dem Gebiet des externen Rechnungswesens tätig wird.
Beispiel: Ein größeres Unternehmen, bereits in der Sanierungsphase, stellte einen Finanzplan auf. Die Jahresplanung des Controllings war von oben bis unten, von hinten bis vorn geprüft, vom Eigentümer persönlich, von den Banken, ja gar ein externer Berater hatte drübergeschaut (was nicht viel heißt, aber es beruhigt vielleicht). Mehr ging nicht. Eine wundervolle Basis für einen Finanzplan. Aber eben nur dann, wenn man weiß, wie man einen aufstellt und vielleicht auch ein bisschen Insiderwissen im Unternehmen hat, sprich Erfahrung (viele Unternehmen würden ja heutzutage am liebsten ihre neuen Mitarbeiter aus den Säuglingsstationen rekrutieren). Auf Basis dieser Jahresplanung wurde ein Finanzplan aufgestellt, der recht gut aussah und für das Jahresende sogar einen Überschuss signalisierte. Man war zufrieden: Na bitte, es geht doch, man braucht nur das richtige Management! Dummerweise war im Januar bereits das Geld verbraucht. Im Januar waren nämlich die Jahresbonuszahlungen für die Außendienstmitarbeiter fällig, immerhin rund 20 % der Jahresbezüge der Vertretertruppe. „Daran haben wir gar nicht gedacht." Danach war Ebbe in der Kasse. Bei der Jahresbetrachtung war dieser Ausgabeposten zu verkraften, nur hatte man vergessen, dass man das Geld bereits im Januar braucht. So kann es gehen!

Finanzplan: Damit uns nicht die Puste ausgeht

Vereinfacht gesagt: Hier muss dafür gesorgt werden, dass immer genügend Geld da ist. Das ist sicherlich das Hauptziel. Zunächst wird im Rahmen einer ersten Finanzplanung untersucht, was es im laufenden Jahr an Einnahmen und Ausgaben gibt. Basis hierfür ist die Planung aus dem klassischen Controlling. Dort werden Umsätze und Kosten geplant, die jetzt übernommen werden. Aber die dort ermittelten Ausgaben sind unter Umständen nicht vollständig und müssen ergänzt werden um z.B. Kreditaufnahmen und Tilgungen. Und bei der Übernahme der Controllingeinnahmen und ausgaben heißt es aufpassen. Wenn das Controlling z.B. im März 140 Euro Umsatz plant, heißt das noch lange nicht, dass die Einnahme auch im März kommt. Es gibt Zahlungsziele, Vereinbarungen mit Kunden usw. Auch auf der Ausgabenseite müssen die Controllingdaten angepasst werden. So sind die Lohnzahlungen unterjährig abgegrenzt, d.h., das im November gezahlte Weihnachtsgeld ist schon vorab auf die Monate verteilt worden. Natürlich ist die Ausgabe erst im November.

Auch werden nicht alle Daten aus der Kostenplanung übernommen. Abschreibungen bleiben z.B. außen vor, denn hier fließt kein Geld!

So kommt man zu einem Finanzplan. Erst die normale Jahresplanung, dann abgeleitet die Finanzplanung.

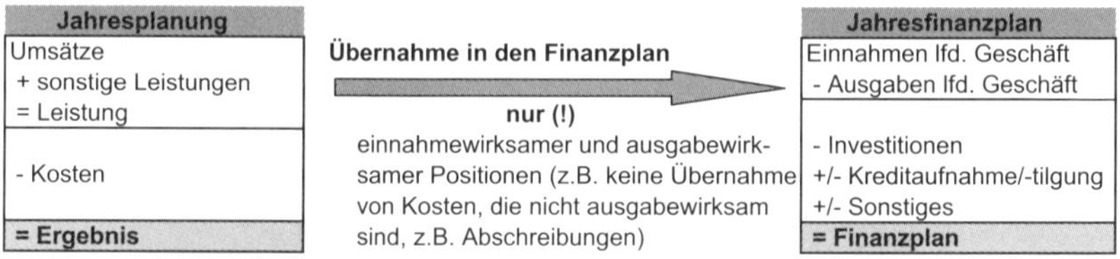

Erstellung eines Finanzplanes

	Monate laufendes Jahr													
	1	**2**	**3**	**4**	**5**	**6**	**7**	**8**	**9**	**10**	**11**	**12**	**Summe**	**Folgejahr**
Bestand an flüssigen Mitteln	25	33	48	17	7	20	79	-1	26	54	66	-16	---	33
Einnahmen:														
Umsatztätigkeit	155	170	145	140	190	170	150	175	195	160	135	215	2.000	2.500
Verkauf von Betriebsvermögen	0	0	10	0	0	0	0	0	0	0	0	5	15	20
Sonstige Einnahmen	10	7	10	7	7	10	11	10	8	11	7	8	106	125
Kreditaufnahme	0	0	50	0	0	0	0	0	50	0	50	0	150	200
Einlagen (z.B. Privateinlagen)	0	0	0	0	0	100	0	0	0	0	0	0	100	0
Summe Einnahmen	**165**	**177**	**215**	**147**	**197**	**280**	**161**	**185**	**253**	**171**	**192**	**228**	**2.371**	**2.845**
Ausgaben:														
Materialkosten	20	18	21	20	22	21	13	19	22	19	23	22	240	300
Personalkosten	95	95	97	99	99	130	101	101	101	101	202	101	1.322	1.600
Sonstige Kosten	37	44	48	33	58	60	32	33	47	34	44	49	519	500
Investitionen	0	0	75	0	0	0	0	0	50	0	0	0	125	150
Kredittilgungen	0	0	0	0	0	0	90	0	0	0	0	0	90	100
Privatentnahmen	5	5	5	5	5	10	5	5	5	5	5	7	67	75
Summe Ausgaben	**157**	**162**	**246**	**157**	**184**	**221**	**241**	**158**	**225**	**159**	**274**	**179**	**2.363**	**2.725**
Liquiditätsüberschuss/-Lücke	**33**	**48**	**17**	**7**	**20**	**79**	**-1**	**26**	**54**	**66**	**-16**	**33**	**---**	**153**

Abbildung 51: Finanzplan

Nächste Aufgabe ist es nun, diesen Finanzplan zu glätten. Es gibt vielleicht Monate, da hat sich planerisch eine Finanzlücke ergeben. Also heißt es entweder Kreditaufnahmen vorziehen, Tilgungen verschieben, Investitionen verschieben oder ähnliches. Aufgabe ist es also, ein finanzwirtschaftliches Gleichgewicht herzustellen und vor allem sicherzustellen, dass zumindest die regelmäßigen Ausgaben gedeckt sind. Sonst passiert es, dass wegen einer nur kurzfristigen Finanzlücke uns ein Gläubiger mit Konkurs droht. Deswegen sollte ein Finanzplan auch auf Monatsebene erstellt werden.

Liquidität: Was kann man schnell flüssig machen?

Geprüft werden muss auch die Zahlungsbereitschaft. Hier arbeitet man in der Praxis mit den bekannten Liquiditätskennziffern. Hier werden aus der Bilanz die Vermögenswerte nach ihrer Realisierbarkeit gegliedert und dem kurzfristigen Fremdkapital gegenübergestellt.

Daten für die Liquiditätsanalyse	
aus der Aktivseite der Bilanz	
Roh-, Hilfs- und Betriebsstoffe	227
Unfertige und fertige Erzeugnisse	103
Summe Vorräte	**330**
Forderungen aus Lieferungen und Leistungen (L+L)	327
Sonstige Vermögensgegenstände	207
Wertpapiere	490
Flüssige Mittel	216
Summe Umlaufvermögen	**1.570**

aus der Passivseite der Bilanz	
Bilanzgewinn	198
Rückstellungen	900
Verbindlichkeiten aus Lieferungen Leistungen (L+L)	127
Sonstige Verbindlichkeiten	587

Berechnung kurzfr. Verbindlichkeiten	
Verbindlichkeiten aus L+L	127
+ Sonstige Verbindlichkeiten	587
+ 50% der Rückstellungen	450
+ Bilanzgewinn	198
Summe	**1.362**

Liquidität 1. Grades $\dfrac{\text{Flüssige Mittel} \times 100}{\text{Kurzfristige Verbindlichkeiten}}$

Flüssige Mittel / Kurzfristige Verb.: $\dfrac{216 \times 100}{1.362} = $ **15,9%**

Liquidität 2. Grades $\dfrac{\text{Flüssige Mittel + Ford.L+L} \times 100}{\text{Kurzfristige Verbindlichkeiten}}$

Flüssige Mittel + Ford. aus L+L / Kurzfristige Verb.: $\dfrac{543 \times 100}{1.362} = $ **39,9%**

Liquidität 3. Grades $\dfrac{\text{Umlaufvermögen} \times 100}{\text{Kurzfristige Verbindlichkeiten}}$

Umlaufvermögen / Kurzfristige Verb.: $\dfrac{1.570 \times 100}{1.362} = $ **115,3%**

Abbildung 52: Liquiditätsanalyse

Wichtig ist zunächst, die kurzfristigen Verbindlichkeiten bedienen zu können, Bankforderungen, Verbindlichkeiten aus Lieferungen u.ä. Dies ist schnell realisierbar, wenn flüssige Mittel vorhanden sind, schlicht wenn Geld in der

Kasse oder auf dem Konto liegt. Die nächste Stufe rechnet mit Vermögensgegenständen, die noch relativ schnell zu realisieren sind, z.B. Forderungen. Bei diesen Positionen ist die mögliche Realisierung noch relativ sicher. Im nächsten Schritt kommen noch Vorräte dazu. Auch hier geht man davon aus, diese zu Liquidität werden können. Fertigware auf Lager und Vorräte können (wieder) verkauft werden. Trotzdem wird die Liquiditätssituation mit jeder Stufe vom ersten bis zum dritten Grad immer unsicherer.

Cash Flow: Was unter dem Strich wirklich in der Kasse ist

Viele unterliegen einem Irrglauben. Sie schauen auf den Gewinn des Unternehmens und meinen, das ist jetzt das Geld, dass entweder für Investitionen oder Ausschüttungen an die Gesellschafter oder einfach zum verjubeln zur Verfügung steht. Dabei gehen in den Gewinn Positionen ein, die „nichtmonetärer" Art sind. Zum Beispiel die Abschreibungen. Dies sind zwar Kosten, aber die haben wir gar nicht ausgegeben. Sie vermindern zwar den Gewinn, aber nicht die Kasse. So ist der Cash Flow (frei übersetzt: der Kassenzufluss) ganz vereinfacht gesagt

Gewinn	150
+ Abschreibungen	30
= Kassenzufluss	**180**

Darüber hinaus gibt es aber weitere Positionen, die in das Ergebnis einfließen, wo aber kein Geld geflossen ist. So wird der Cash Flow (immer noch etwas vereinfacht) wie folgt definiert (siehe Abb. 53).

Weil der Cash Flow eine wesentliche Aussage über die finanzielle Stärke des Unternehmen gibt, ist diese Kennzahl besonders bei Banken beliebt. Aber auch Aktionäre achten besonders darauf und nicht umsonst spielt der Cash Flow bei der Diskussion über den Shareholder Value, also in der Unternehmenswertdiskussion, eine herausragende Rolle. Denn man kann erkennen, wie viele Mittel z.B. für die Erschließung neuer Märkte zur Verfügung stehen, für neue Produkte, Forschung und Entwicklung. Eben all die Dinge für die man eine Menge Geld braucht und die gut und teuer sind. Und wird der Cash Flow auch für die Zukunft von den Aktionären günstig eingeschätzt, dann steigt der Wert der Aktie. So einfach ist das mit dem Shareholder Value.

Jahresüberschuss (Gewinn) bzw. Jahresergebnis	1250
+ Abschreibungen	255
- Zuschreibungen	-30
+ Rückstellungen	50
- Auflösung v. Rückstellungen	-35
grundsätzlich:	
+ alle Aufwendungen, die nicht gleichzeitig Ausgaben sind	18
- Erträge, die zu keinen Einnahmen geführt haben	-13
(also +/- allem, was nicht "Cash" ist)	
= CASH FLOW	1495

Abbildung 53: Cash Flow

Rentabilität: Mit dem Unternehmen mehr verdienen als mit dem Sparbuch

Ein Gewinn ist eine absolute Zahl und keine Kennzahl. Letztlich interessiert aber, wie viel man „gesät hat und wie viel man erntet". Schon als Kind hat man auf die Rendite seines Sparbuches geachtet und manche haben so Prozentrechnung erst richtig gelernt. Wenn ich 700 EURO auf dem Konto habe und Zinsen in Höhe von 21 EURO bekomme, dann habe ich 3 % verdient. In der großen Wirtschaft wird nicht anders gedacht. Hier nennt man es Rentabilität bzw. Rendite und bildet eine Kennzahl, wie viel mit dem eingesetzten Kapital erwirtschaftet wurde. Ziel: So hohe Renditen wie möglich.

Diese Renditen werden als Unternehmensziele quantifiziert. Zunächst wird als strategisches Ziel eine langfristige Kapitalrendite genannt und im operativen Bereich wird dieses Ziel die Messlatte für die Unternehmensleitung und den Controller. In der Praxis wird hierbei häufig mit dem sog. ROI gearbeitet: Return on Investment. Frei übersetzt: Rückkehr auf das eingesetzte Kapital.

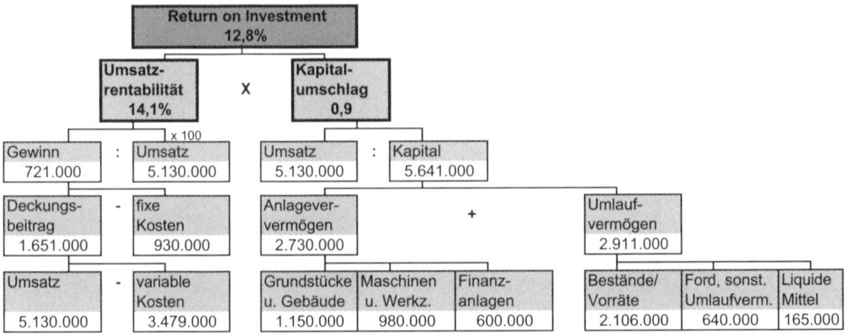

Abbildung 54: Return on Investment

Zwar könnte man es sich einfacher machen und den Gewinn gleich prozentual zum eingesetzten Kapital setzen, aber mit dieser Darstellung sieht man die Zusammenhänge und **vor allem die Einflussfaktoren**.

Ist der ROI unbefriedigend, sieht man gleich schon die Schräubchen, an denen man drehen kann: Runter mit den Fixkosten, hoch mit dem Umsatz, weg mit den Ladenhütern, auch wenn nicht mehr viel verdient wird. Ferner enthält diese Darstellung eine Reihe von anderen Kennzahlen, z.B. die Umsatzrendite (Gewinn in Prozent zum Umsatz). Mit einem derartigen Kennzahlenbaum, wie es in der Fachsprache heißt, kann man bei regelmäßiger Verfolgung der Daten eine Menge Transparenz schaffen und bekommt so auch den Übergang zwischen der Finanzwirtschaft (z.B. Kapitalrendite) und dem Controlling, wie wir es kennen (z.B. wie hoch ist der Deckungsbeitrag). Eine schicke Sache.

Ein Tipp: Bauen Sie sich einmal auf Ihrem Personalcomputer den „ROI-Baum" als Tabelle auf, geben Sie die Unternehmensdaten ein und fangen Sie an zu simulieren. Es ist erstaunlich zu sehen, wie sich die einzelnen Daten auf den ROI niederschlagen. Überraschen Sie damit einmal Ihre Vorgesetzten!

2.8 Investitionsrechnungen

Die Investitionen von heute sind die Gewinne von morgen

Investitionen entscheiden ganz wesentlich mit über die Zukunft des Unternehmens. Mit Investitionsentscheidungen werden Entscheidungen über den künftigen Kostenanfall getroffen. Darüber hinaus binden Sie finanzielle Mittel, die schwer wieder frei zu setzen sind. Dies alles bedeutet, dass falsche Investitionsentscheidungen ein hohes Risiko darstellen.

Was ist überhaupt eine Investition?

Oft hört man: „Wir investieren in den Markt." Damit soll vielleicht gesagt werden, dass Werbemaßnahmen oder die Kundenbetreuung gefördert werden. Oder: „Wir investieren in das Personal." Das bedeutet dann Personaleinstellung. Hier wird der Begriff Investition falsch angewendet.
Eine Investition ist die Beschaffung von Betriebsmitteln, die zum Anlagevermögens des Betriebes zählen.
Eng betrachtet ist alles, was nicht Anlagevermögen wird, keine Investition.
Insbesondere in größeren Unternehmen ist es sinnvoll, die Investitionen einzuteilen, damit die Entscheider wissen, in welche Richtung die Investition geht. Folgende Gliederung ist verbreitet:

- **Erst- oder Neuinvestition:** etwa bei Gründung des Unternehmens.
- **Ersatzinvestition:** Ein Betriebsmittel wird ersetzt, weil es entweder kaputt oder zu wartungsanfällig geworden ist. Die Definition Ersatzinvestition ist oft problematisch, denn häufig wird mit der Ersatzinvestition gleichzeitig eine Rationalisierung oder Erweiterung vorgenommen.
- **Rationalisierungsinvestition:** Ein Betriebsmittel wird durch ein wirtschaftlicheres *ersetzt*. So kann das Leistungsvermögen der neuen Anlage besser sein oder durch die Investition werden Kosten gespart.
- **Erweiterungsinvestition:** Erweiterung des Betriebsmittelbestandes. Es wird erwartet, dass die Leistung des Unternehmens gesteigert wird. Verbunden sind damit oft Rationalisierungsinvestitionen.
- **Investition auf Grund behördlicher Auflagen:** Dazu gehören Umweltschutzauflagen, regelmäßig aber Auflagen der Berufsgenossenschaft oder

der Gewerbeaufsicht. Hier ist meist nicht die Frage, ob die Investition rentabel ist, sondern es geht um die wirtschaftliche Durchführung der Auflagen.

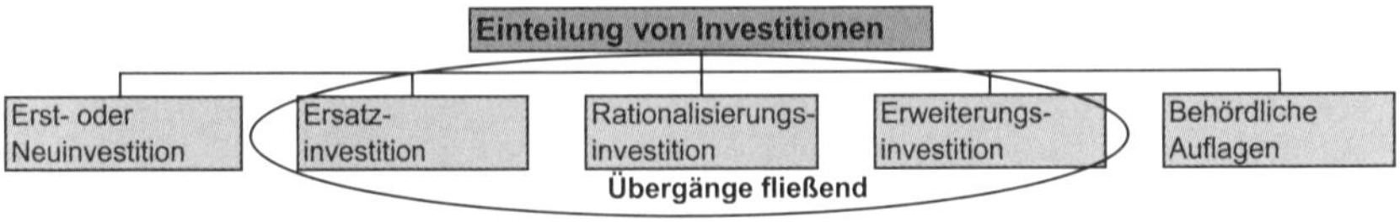

Abbildung 55: Investitionsarten

In der Praxis, insbesondere in größeren Unternehmen, wird häufig mit Investitionsanträgen gearbeitet.
Gegenteil einer Investition: Desinvestition.

Basisdaten einer Investitionsplanung: Die Eckdaten müssen stimmen

Im Wesentlichen werden vor der Investitionsentscheidung analysiert:

- **Die Investitionshöhe:** Dies ist nicht nur die Ausgabe für die eigentliche Investition, z.B. die Maschine. Häufig kommen eine Reihe von weiteren Ausgaben dazu, die gern vergessen werden, z.B. Zinsen für die Finanzierung der Investition, bauliche Maßnahmen, Personalschulung usw.
- **Die laufenden Kosten bzw. Ein- und Ausgaben der Investition:** Investitionen sind langfristig zu beurteilen. So muss die gesamte Laufzeit der Investition in das Kalkül mit einbezogen werden: Personalkosten, Mieten, Versicherungen usw.
  Anmerkung: Dabei ist idealerweise zu trennen in Kosten und Ein- und Ausgaben. Eine Investition kann Kosten verursachen, z.B. Abschreibungen, die aber später keine Ausgaben mehr nach sich ziehen. Diese Trennung ist insbesondere für die Investitionsrechnungen wichtig (siehe unten: Statische Methoden arbeiten mit Abschreibungen, dynamische Methoden nur mit Ein- und Ausgaben).

Investitionsprojekt:	Kunststoffvergussanlage			Nutzungsdauer:	8 Jahre					
	Invest. höhe		Ermittlung der laufenden Kosten bzw. der Ein- und Ausgaben							
			1. Jahr	2. Jahr	3. Jahr	4. Jahr	5. Jahr	6. Jahr	7. Jahr	8. Jahr
Anschaffungskosten	180.000	AfA	22.500	22.500	22.500	22.500	22.500	22.500	22.500	22.500
Anschaffungsnebenkosten	10.000	AfA	1.250	1.250	1.250	1.250	1.250	1.250	1.250	1.250
Entwicklungskosten	0	AfA	0	0	0	0	0	0	0	0
Zinsen	0		6.000	6.000	6.000	6.000	6.000	6.000	6.000	6.000
Beratungskosten	0		0	0	0	0	0	0	0	0
Bauliche Maßnahmen	10.000	AfA	1.250	1.250	1.250	1.250	1.250	1.250	1.250	1.250
Anpassungskosten	0		0	0	0	0	0	0	0	0
Schulungskosten	0		0	0	0	0	0	0	0	0
Anlaufkosten	0		0	0	0	0	0	0	0	0
Markteinführungskosten	0		0	0	0	0	0	0	0	0
Material/Betriebskosten	0		13.000	30.000	30.000	33.000	35.000	30.000	30.000	10.000
Personalkosten	0		60.000	63.600	65.500	67.500	69.500	71.600	73.700	38.000
Anlagemieten/Raumkosten	0		0	0	0	0	0	0	0	0
Instandhaltung/Wartung	0		3.000	3.000	4.000	3.000	6.000	4.000	3.000	500
Versicherungen	0		0	0	0	0	0	0	0	0
Sonstiges	0		7.000	7.500	7.500	7.500	8.000	8.000	8.000	7.000
Summe Kosten	**200.000**		**114.000**	**135.100**	**138.000**	**142.000**	**149.500**	**144.600**	**145.700**	**86.500**
Summe Ausgaben	**200.000**		**89.000**	**110.100**	**113.000**	**117.000**	**124.500**	**119.600**	**120.700**	**61.500**
		AfA = Abschreibungen (Absetzung für Abnutzung) = keine Ausgaben								
Einnahmen aus der Investition										
Umsätze			125.350	149.615	152.950	157.550	166.175	160.540	161.805	137.425
Sonstige Einnahmen			0	0	0	0	0	0	0	0
Gesamteinnahmen			**125.350**	**149.615**	**152.950**	**157.550**	**166.175**	**160.540**	**161.805**	**137.425**
Liquidationserlös										5.000

Abbildung 56: Basisdaten für Investitionen

Entscheidungskriterien für die richtige Investition

Meist wird es ein Rechenvorgang sein, der zur Entscheidung für eine Investition führt. Faktoren wie Wirtschaftlichkeit oder Risiko sind zu berücksichtigen. Auch Finanzierungskosten (Zinsen) machen häufig einen Großteil der Investitionsausgaben aus.

Beispiel: Fehlinvestition

Ein Werkzeugbauer legte sich eine hochmoderne Fräsmaschine zu. Sie war rund dreimal so schnell wie die alte Maschine. Was übersehen wurde: Die alte Maschine war bereits abgeschrieben und verursachte keine Kosten mehr. Die neue Anlage musste mittels Kredit teuer finanziert werden und lief voll in die Kosten (Abschreibungen!). Zudem lag die Auslastung der Anlage nur bei ca. 40 %. Fazit: Diese Hochtechnologie begeisterte zwar die Techniker des Unternehmens, nicht aber den kaufmännischen Geschäftsführer. Es gelang nicht, dass sich die Fräsmaschine amortisierte, sprich, die Kosten konnten über die Preise nicht eingefahren werden. *Fehlinvestition!*

Man denke auch an qualitative Faktoren, wie z.B. Umweltverträglichkeit der Investition.

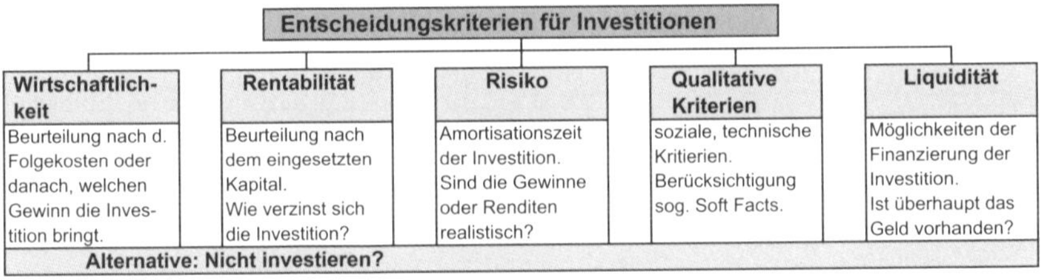

Abbildung 57: Entscheidungskriterien für Investitionen

Nicht investieren? Auch das kann eine Möglichkeit sein. Vielleicht rechnet sich die Investition nicht oder das wirtschaftliche Umfeld stimmt nicht (Konjunkturflaute). Oder – und dies ist immer als Überlegung mit einzubeziehen: Kann die gewünschte Leistung eventuell durch Zukauf oder Fremdvergabe günstig beschafft werden?

Investitionsrechenmethoden: Womit wird Geld verdient?

Jetzt geht es darum, zu erkennen, welche Investition sich lohnt. Investitionsrechnungen sind das Kernstück des Investitionsmanagements. Teilweise sind sie kompliziert. In der Praxis neigen insbesondere kleine und mittlere Unternehmen mit begrenztem Investitionsvolumen zu den einfacheren Methoden. Wenn auch viele Investitionsvorhaben mit den einfachen Modellen – den statischen Methoden – zu lösen sein werden, so kann man sich ruhig einmal mit den komplizierteren dynamischen Methoden beschäftigen. So kompliziert sind sie nämlich auch wieder nicht.

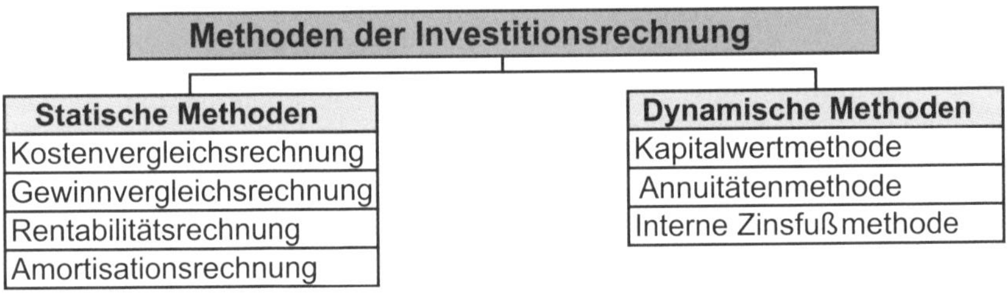

Abbildung 58: Übersicht Investitionsrechenmethoden

Statische Investitionsrechenmethoden: einfach und praktikabel
Statische Investitionsrechenmethoden gehören zu den einfacheren Methoden der Investitionsrechnungen und sind relativ schnell gerechnet. Deswegen sind sie in der Praxis weit verbreitet. Im Wesentlichen benötigt man lediglich drei Eckdaten:

- **Kosten der Investition:** Dies ist *nicht der Anschaffungswert,* sondern es sind die Kosten, die über die Laufzeit der Investition anfallen, z.B. Abschreibungen, Personalkosten, Wartung usw.
- **Investiertes Kapital für die Investition:** Anschaffungswert einschließlich aller Nebenkosten, die aufgewendet werden müssen, um die Investition in einen funktionsfähigen Zustand zu bringen.
- **Umsatz mit der Investition:** Idealerweise (häufig allerdings nicht möglich) wird einer Investition der dadurch verursachte Umsatz zugerechnet.

Mit diesen Eckdaten kann man dann die wesentlichen statischen Methoden berechnen.

Überblick über die Methoden
Statische Methoden sind alle ähnlich aufgebaut. So empfiehlt es sich, nicht nur mit einer Methode zu rechnen. Die Ergebnisse mehrerer Methoden schaffen Planungssicherheit.

Kostenvergleichsrechnung: Hier werden die Kosten der Investition über die Laufzeit der Anlage gegenübergestellt. Die Alternative mit den niedrigsten Gesamtkosten bekommt den Zuschlag. Diese Methode kommt vor allem bei Ersatzinvestitionen oder behördlichen Auflagen in Frage. Ferner bei allen Investitionen, bei denen ein Umsatz oder Gewinn nicht direkt der Investition zugerechnet werden kann. Denn meistens ist es so, dass sich der Gewinn nicht aus einer einzigen Investition ergibt, sondern aus der Leistung des Gesamtunternehmens. Und die Gewinne auf die einzelnen Anlagen bzw. Investitionen zu verteilen, ist problematisch bzw. oft nicht möglich. Deswegen ist die Kostenvergleichsmethode eine sehr weit verbreitete Methode.

Gewinnvergleichsrechnung: Hier werden die Gewinne verschiedener Investitionsalternativen verglichen. Zuschlag bekommt die Alternative mit der höchsten Gewinnerwartung. Wie schon oben angesprochen, ist es oft problematisch, einer Investition einen Gewinn direkt zuzurechnen. Einfach ist es dann, wenn mit einer Investition ein zurechenbarer Gewinn erzielt wird, z.B. wenn die Investition die Gründung einer Zweigstelle ist oder ein bestimmtes Produkt nur mit der bestimmten Investition produziert wird.

Rentabilitätsrechnung: Der Gewinn als absolute Zahl ist nicht immer aussagekräftig, denn es kommt darauf an, wie viel Kapital eingesetzt werden musste, um den Gewinn zu erwirtschaften. Jetzt wird der Gewinn zusätzlich ins Verhältnis zum eingesetzten Kapital gesetzt. Die Investitionsalternative bekommt den Zuschlag, die am rentabelsten ist, also die höchste Verzinsung des investierten Kapitals bringt. Ist die Rentabilität der Investition schlecht, kann darüber nachgedacht werden, ob das Kapital nicht besser angelegt werden kann als in Form einer Investition.

Amortisationsrechnung: Frage ist: Wann wird sich die Investition amortisieren, in welchem Zeitraum fließt das eingesetzte Kapital durch Gewinne und Abschreibungen wieder zurück? Die Alternative mit der schnellsten Amortisationszeit bekommt den Zuschlag.
Hintergrund: Der Rückfluss, die Einnahmen („Cash“) der Investition sind höher als der Gewinn, da im Gewinn Abschreibungen negativ berücksichtigt sind. Deswegen ermittelt man die Amortisationsdauer mittels Gewinn plus Abschreibungen. Man macht also hier eine „Cash“-betrachtung. Frage dabei: Wann ist das ausgegebene Geld wieder zurückgeflossen?
Sind Gewinne nicht ermittelbar, nimmt man statt dessen z.B. Kosteneinsparungen.
Wichtig: Je schneller die Amortisation, desto risikoloser ist die Investition.
Kurze Amortisationszeit = geringes Risiko
Denn je schneller das Geld „wieder drin ist“ um so geringer das Risiko, dass noch etwas passiert und später die Investition doch noch im Ganzen fehlschlägt.

Nachteile statischer Methoden

Statische Methoden berücksichtigen nicht die Zinseffekte über die Laufzeit der Investition. Sie vernachlässigen, was spätere Einnahmen und Ausgaben

Kostenvergleichsrechnung über die Laufzeit der Anlage			
Investitionsprojekt:	**Kunststoffvergussanlage**		
Nutzungsdauer:	**8 Jahre**		
	Investitionsalternativen		
	A	**B**	**C**
Abschreibungen	200.000	240.000	160.000
Zinsen	48.000	60.000	40.000
Beratungskosten	0	3.000	0
Anpassungskosten	0	0	5.000
Schulungskosten	0	5.000	0
Anlaufkosten	0	0	0
Markteinführungskosten	0	0	0
Material/Betriebskosten	211.000	185.000	211.000
Personalkosten	509.400	480.000	540.000
Anlagemieten/Raumkosten	0	0	0
Instandhaltung/Wartung	26.500	35.000	15.000
Versicherungen	0	0	0
Sonstiges	60.500	65.000	80.000
Summe Kosten	**1.055.400**	**1.073.000**	**1.051.000**

Nach der Kostenvergleichsmethode müßte die Entscheidung für die Anlage C ausfallen.
Aber!

Gewinnvergleichs-/Rentabilitäts- und Amortisationsrechnung Betrachtung jeweils für ein Jahr (Durchschnitt oder repräsentatives Jahr)			
Investitionsprojekt:	**Kunststoffvergussanlage**		
Nutzungsdauer:	**8 Jahre**		
	Investitionsalternativen		
	A	**B**	**C**
Investiertes Kapital	**200.000**	**240.000**	**160.000**
Umsatz	**151.400**	**151.400**	**135.000**
Abschreibungen	25.000	30.000	20.000
Zinsen	6.000	7.500	5.000
Beratungskosten		375	0
Anpassungskosten		0	625
Schulungskosten		625	0
Anlaufkosten		0	0
Markteinführungskosten		0	0
Material/Betriebskosten	26.400	23.100	26.400
Personalkosten	63.700	60.000	67.500
Anlagemieten/Raumkosten		0	0
Instandhaltung/Wartung	3.300	4.300	1.875
Versicherungen		0	0
Sonstiges	7.600	8.100	10.000
Summe Kosten	**132.000**	**134.000**	**131.400**
Gewinn	**19.400**	**17.400**	**3.600**
Formel: Umsatz - Kosten			
Rentabilität	**9,7%**	**7,3%**	**2,3%**
Formel: Gewinn x 100 / Investiertes Kapital			
Amortisationszeit in Jahren	**4,5**	**5,1**	**6,8**
Formel: Investiertes Kapital / Gewinn + Abschreibungen	44.400	47.400	23.600

Problem:
Die Anlage C hat eine geringere Kapazität und kann damit nur geringere Umsätze realisieren.

Die Anlage A erwirtschaftet die höchsten Gewinne, hat die höchste Rentabilität und amortisiert sich am schnellsten.

Entscheidung für A!

Abbildung 59: Statische Investitionsrechenmethoden

aus der Investition zum Zeitpunkt der Investition – nämlich heute – „wert sind". Denn wer heute z.B. 100.000 EUR für eine Investition ausgibt, könnte das Geld auch alternativ anlegen, z.B. langfristig auf der Bank. Jedes Jahr würden Zins- und Zinseszins anfallen. Diese alternativen Einnahmen sind aber genau genommen bei einer Investitionsrechnung zu berücksichtigen. Das bedeutet, eine spätere Ein- und Ausgabe ist heute bei der Investitionsrechnung zu einem geringeren Wert anzusetzen. Bei den dynamischen Investitionsrechenmethoden werden diese Effekte berücksichtigt.
Hinweis: Investitionsrechenmethoden sind auch auf Projektrechnungen anwendbar

Dynamische Investitionsrechenmethoden: komplizierter, aber genauer

Jetzt wird versucht, die Nachteile dynamischer Methoden zu vermeiden. Dynamische Methoden sind eher Methoden für größere Investitonen, z.B. eine Investition in ein neues Produkt, Gründung einer Zweigniederlassung oder Ähnliches. Grundgedanke: Eine Investition muss einen „Return" erwirtschaften, das heißt, das ausgegebene Geld soll verzinst wieder eingefahren werden.

Wie funktionieren dynamische Methoden? Schritt für Schritt die Grundidee
Angenommen man muss in 5 Jahren einen Betrag von 50.000 EUR bezahlen bzw. ausgeben. z.B. für den Kauf eines Klein-LKWs. Dann muss man diese 50.000 EUR nicht schon heute aufbringen. Heute kann weniger zur Verfügung stehen, denn man kann in der Zeit bis zur Fälligkeit mit dem Geld „arbeiten", mit Zins und Zinseszins.
Diese 50.000 EUR sind also heute „weniger wert". Nämlich um den abgezinsten Wert. Denn legt man heute Geld für z.B. 5 % an, dann muss man für diese 50.000 EUR, die in fünf Jahren fällig sind, heute lediglich 39.176 EUR anlegen.
Jetzt der umgekehrte Fall. Wenn man in fünf Jahren eine Zahlung von 50.000 EUR aus einer Investition erwartet, dann darf man heute nicht rechnen, als ob diese 50.000 EUR schon zur Verfügung stehen. Man muss den zu erwartenden Betrag auf heute abzinsen. Somit sind die in fünf Jahren erwarteten 50.000 EUR ebenfalls heute bei 5 % Zinssatz lediglich 39.176 EUR wert.

Für die dynamischen Investitionsrechnungen bedeutet das, dass man nicht mit Werten rechnet, die in späteren Jahren anfallen. Man vergleicht spätere Ein- und Auszahlungen aus Investitionen mit dem Wert, der – mit Zins und Zinseszins gerechnet – genau diesen Ein- und Auszahlungen heute entspricht. *Frage also: Was sind spätere Ein- u. Auszahlungen heute (z. Investitionszeitpunkt) wert?*

Was sind in diesem Zusammenhang Barwert und Kapitalwert? Der **Barwert** ist die auf den aktuellen Zeitpunkt der Investition abgezinste Zahlung. Man nehme also die spätere Einnahme und zinse sie mit Zins- und Zinseszins ab.

Wen es interessiert – dies ist die Formel:

$$\frac{1}{(1+i)^t} \qquad i = \text{Zinssatz} \qquad t = \text{Zeit, z.B. Jahre}$$

Abbildung 60: Formel Barwert

Üblich ist in diesem Zusammenhang das Arbeiten mit Barwerttabellen.

Kapitalwert: Es werden für die Investitionslaufzeit alle Einnahmen und Ausgaben geplant. Dadurch ergeben sich pro Jahr Überschüsse oder evtl. auch Fehlbeträge. Diese Werte werden nun pro Jahr abgezinst. *Der Kapitalwert ist also die Summe der Barwerte* (siehe nebenstehendes Beispiel).

Welcher Zins ist anzusetzen?

Meist orientiert man sich am Kapitalmarkt plus einem Risikoaufschlag. Bringt z.B. eine sichere Anlage 6,5 % , wird man einen Aufschlag wollen, wenn das Geld ins Unternehmen investiert wird.

Ferner kann man vergleichbare Anlagen, Produkte, Investitionen im Unternehmen heranziehen.

Weiterer Maßstab sind die Ziele des Unternehmens, z.B. eine Kapitalrendite von 12%. Ist dies das Ziel für das gesamte Unternehmen, will man auch mit einer Investition dieses Ziel erreichen.

Überblick über die Methoden

Investitionsrechenmethoden gehören zu den „höheren Weihen" der Betriebswirtschaftslehre und werden von Spezialisten immer wieder gern kritisiert, verbessert usw. Nur wenige haben noch den Überblick über aktuelle Entwicklungen in diesem Bereich. Aber im Wesentlichen konzentriert sich die Praxis auf die folgenden Methoden:

Kapitalwertmethode
Maßstab dieser Methode ist der Kapitalwert der Investition. Je höher der Kapitalwert bei gegebenen Kalkulationszinsfuß, desto höher die Verzinsung des eingesetzten Kapitals und damit die Rentabilität der Investition. Die Abzinsung erfolgt mit dem Zinssatz, der als Mindestverzinsung gewünscht wird. *Ist der Kapitalwert einer Investition = 0, wird gerade noch die gewünschte Mindestverzinsung erreicht. Je höher der Kapitalwert, desto vorteilhafter die Investition.*
Die Kapitalwertmethode ist das Grundmodell, auf dem alle anderen Methoden aufbauen.

Annuitätenmethode
Der Kapitalwert ist eine Endwertbetrachtung. Die Annuitätenmethode betrachtet das Jahr. Unter Annuität wird der durchschnittliche jährliche Einzahlungsüberschuss verstanden. Dabei rechnet diese Methode den Kapitalwert in gleich große jährliche Zahlungen um, der Kapitalwert wird also periodisiert, d.h. unter Verrechnung von Zinseszinsen gleichmäßig auf die gesamte Investitionsperiode verteilt. Diese Methode ist eine Variante der Kapitalwertmethode. Sie führt letztlich zum gleichen Ergebnis. Maßstab dieser Methode ist die Annuität. Je höher die Annuität bei gegebenen Kalkulationszinsfuß ist, desto höher ist der jährliche Einnahmenüberschuss. Die Berechnung erfolgt mit sog. Wiedergewinnungsfaktoren, die sich als rezibroker Wert der Rentenbarwertfaktoren ergeben. Somit kann man auf die Rentenbarwerttabelle zurückgreifen.

Interne Zinsfußmethode
Hier wird jetzt auf Basis abgezinster Ein- und Ausgaben der Zinsfuß gesucht, der zu einem Kapitalwert von 0 führt: der interne Zinsfuß. Stehen jetzt mehrere Investitionsalternativen zur Auswahl, entscheidet man sich für die Methode mit dem höchsten internen Zinsfuß.

Kapitalwertmethode					
Anschaffungswert	200.000	Nutzungsdauer/Jahre		8	Kapitalwert
Liquidationserlös	5.000	Kalkulationssinzsatz		10,00%	31.246
Jahr	**Einnahmen**	**Ausgaben**	**Überschüsse**	**Barwerte**	**Abzinsungsfaktoren**
0	Anschaffungswert	200.000	-200.000	-200.000	1,000000
1	125.350	89.000	36.350	33.045	0,909091
2	149.615	110.100	39.515	32.657	0,826446
3	152.950	113.000	39.950	30.015	0,751315
4	157.550	117.000	40.550	27.696	0,683013
5	166.175	124.500	41.675	25.877	0,620921
6	160.540	119.600	40.940	23.110	0,564474
7	161.805	120.700	41.105	21.093	0,513158
8	137.425	61.500	75.925	35.420	0,466507
Liquidationserlös					
8	5.000		5.000	2.333	0,466507
Summe	**1.216.410**	**1.055.400**	**161.010**	**31.246**	

Der Kapitalwert ist größer 0. Es wird mehr als die gewünschte Mindestverzinsung erreicht. Die Investition ist rentabel.

Annuitätenmethode					
Anschaffungswert	200.000	Nutzungsdauer/Jahre		8	Annuität
Liquidationserlös	5.000	Kalkulationssinzsatz		10,00%	5.857
Jahr	**Einnahmen**	**Ausgaben**	**Überschüsse**	**Barwerte**	**Abzinsungsfaktoren**
0	Anschaffungswert	200.000	-200.000	-200.000	1,000000
1	125.350	89.000	36.350	33.045	0,909091
2	149.615	110.100	39.515	32.657	0,826446
3	152.950	113.000	39.950	30.015	0,751315
4	157.550	117.000	40.550	27.696	0,683013
5	166.175	124.500	41.675	25.877	0,620921
6	160.540	119.600	40.940	23.110	0,564474
7	161.805	120.700	41.105	21.093	0,513158
8	137.425	61.500	75.925	35.420	0,466507
Liquidationserlös					
8	5.000		5.000	2.333	0,466507
					Wiedergewinnungsfaktor
Summe	**1.216.410**	**1.055.400**	**161.010**	**31.246**	**5,334926**

Die Annuität ist größer 0. Die Investition ist rentabel.

Interne Zinsfußmethode					
Anschaffungswert	200.000	Nutzungsdauer/Jahre		8	Int. Zinsfuß
Liquidationserlös	5.000				13,8%
Jahr	**Einnahmen**	**Ausgaben**	**Überschüsse**	**Barwerte**	**Abzinsungsfaktoren**
0	Anschaffungswert	200.000	-200.000	-200.000	1,000000
1	125.350	89.000	36.350	31.949	0,878917
2	149.615	110.100	39.515	30.525	0,772495
3	152.950	113.000	39.950	27.124	0,678959
4	157.550	117.000	40.550	24.198	0,596748
5	166.175	124.500	41.675	21.858	0,524492
6	160.540	119.600	40.940	18.873	0,460985
7	161.805	120.700	41.105	16.654	0,405168
8	137.425	61.500	75.925	27.038	0,356109
Liquidationserlös					
8	5.000		5.000	1.781	0,356109
Summe	**1.216.410**	**1.055.400**	**161.010**	**0**	

Bei einem Kapitalwert von 0 beträgt der interne Zinsfuß 13,8 %. Wenn dieser Wert die gewünschte Verzinsung ist oder über der gewünschten Verzinsung liegt, kann investiert werden.

Abbildung 61: Dynamische Investitionsrechenmethoden

Unsicherheiten dynamischer Methoden
Bei den Ergebnissen ist immer zu berücksichtigen, dass die Planungsgenauigkeit im Laufe der Jahre mehr und mehr abnimmt: Wer weiß, was z.B. in 5 Jahren ist, welche Ein- und Ausgaben dann wirklich anfallen! Unsicher ist auch der Zinsfuß. Ändert sich der Kapitalmarktzins wesentlich, stimmen eventuell die Eckdaten für die Investitionsentscheidungen nicht mehr.
Lassen Sie sich im Zweifel durch komplizierte Rechnungen nicht „bluffen". Auch dynamische Methoden sind mit Unsicherheiten behaftet und lediglich Näherungslösungen.

2.9 Break-Even

Irgendwann machen wir Gewinne

Klinken wir uns zur Einstimmung ins Thema einmal kurz in eine Marketingsitzung ein. Ein Produktmanager präsentiert ein Produkt: „... und so sind wir sicher, dass wir bei einem Verkaufspreis von 75 EURO das Produkt 200.000 mal absetzen können." Donnerwetter denken einige der Beteiligten, das ist ja was. „Stopp", sagt der Controller, „darf ich etwas zu bedenken geben. Ich habe mir im Vorfeld dieser Besprechung einmal den Break-Even dieses Produktes angeschaut und der sagt, dass wir bei einem Absatz von 200.000 Stück noch nichts verdienen."
Er präsentiert folgende Rechnung (siehe Abb. 62):
Der Break-Even-Punkt ist die Gewinnschwelle. Recht einfach aber immerhin etwas professioneller kann der Zusammenhang mit jedem Tabellenprogramm gezeigt werden. Hier sieht man die 0-Marke bei 300.000 Stück und welche Gewinneffekte sich ergeben, falls es gelingen würde, über 300.000 Stück zu verkaufen (siehe Abb. 63).
Nun hat der Controller dargelegt, dass das Produkt bei den vorhandenen Eckdaten nicht profitabel vermarktet werden kann. Was jetzt?
Hier zeigt sich jetzt die hervorragende Eignung des Break-Even-Modells für derartige Besprechungen. Zunächst ist das Grundproblem mit einigen Strichen schnell auf dem Flip-Chart. Die Grafik zeigt, dass zur Zeit die Gewinnschwelle nicht erreicht wird.

Das Produkt hat folgende Eckdaten:

Absatz	200.000 Stück
Verkaufspreis	75,- EUR
Variable Kosten pro Stück	50,- EUR
Fixe Kosten gesamt	7.500.000 EUR

Errechnen wir zunächst den Deckungsbeitrag: Preis - variable Kosten = 25,- EUR
Frage ist nun, wie oft das Produkt verkauft werden muss, damit der „Fixkostentopf" gedeckt (voll) ist.

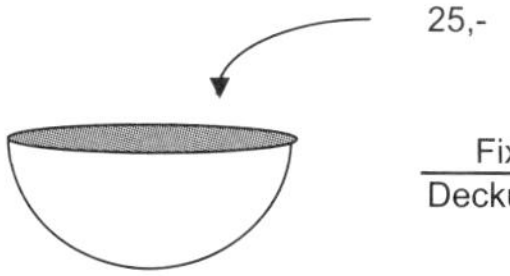

$$\frac{\text{Fixkosten}}{\text{Deckungsbeitrag}} \quad \frac{7.500.000}{25,-} = 300.000 \text{ Stck.}$$

Das Produkt muss also mindestens 300.000 mal verkauft werden, damit man auf auf ein 0-Ergebnis kommt. Ab dem 300.001 Stück kommen wir in die Gewinnzone

In der Praxis stellt man dies gern grafisch dar:

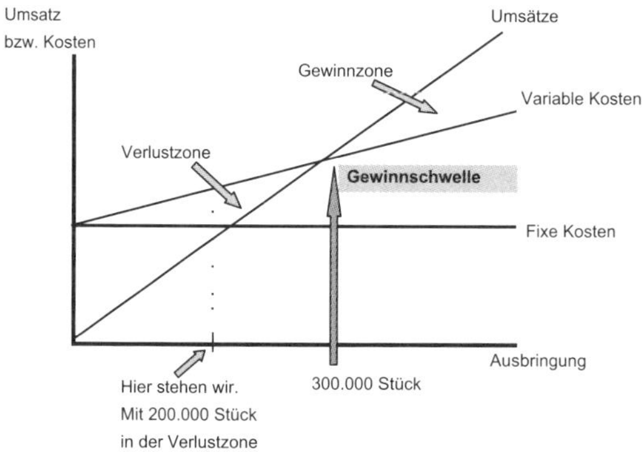

Abbildung 62: Break-Even-Darstellung

Jetzt kann man beginnen, mittels der Gewinnschwellen-Darstellung die möglichen Lösungen zu diskutieren, denn jede Linie hat Einfluss auf die Gewinnschwelle.

- **Die Umsatzlinie kann steiler werden**, wenn der Preis erhöht wird. Die Gewinnschwelle wird schneller erreicht. Wer ist zuständig für diese Linie? Marketing und Vertrieb. Frage: Kann der Preis erhöht werden?
- **Runter mit den variablen Kosten.** Auch so kommt man der Gewinnschwelle näher. Zuständig für diese Linie ist die Produktion. Was ist noch möglich?

Ausgangsdaten:

Preis	75
- variable Kosten	50
= Deckungsbeitrag	25
Fixkosten	7.500.000
Break-Even-Punkt (BEP)	**300.000**

Stückzahl	Fixe Kosten	Gesamt-kosten	Umsatz	Ergebnis
0	7.500.000	7.500.000	0	-7.500.000
50.000	7.500.000	10.000.000	3.750.000	-6.250.000
100.000	7.500.000	12.500.000	7.500.000	-5.000.000
150.000	7.500.000	15.000.000	11.250.000	-3.750.000
200.000	7.500.000	17.500.000	15.000.000	-2.500.000
250.000	7.500.000	20.000.000	18.750.000	-1.250.000
300.000	7.500.000	22.500.000	22.500.000	0
350.000	7.500.000	25.000.000	26.250.000	1.250.000
400.000	7.500.000	27.500.000	30.000.000	2.500.000

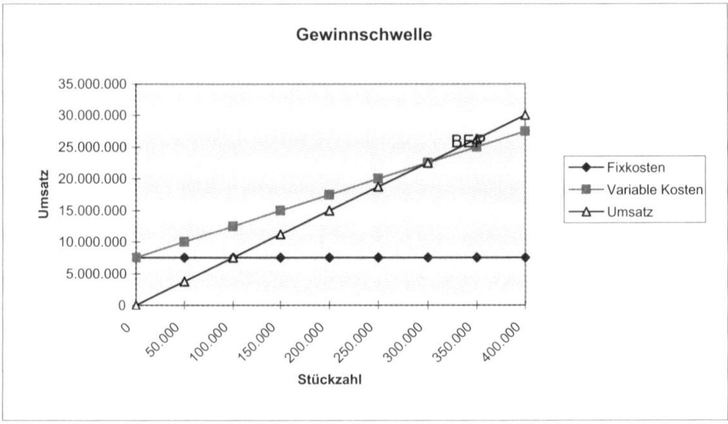

Abbildung 63: Break-Even-Beispiel

- **Runter mit den fixen Kosten.** Zuständig ist wieder die Produktion, aber auch andere Fixkostenbereiche, z.B. der Vertrieb. Hier hat sich der Controller vorher informiert, welche Fixkosten verursachungsgerecht (!) für dieses Produkt anfallen.
- **Ist überhaupt eine Kapazität möglich, die uns über die Gewinnschwelle hinausführt?** Haben wir überhaupt die Kapazität für 300.000 Stück? Frage an die Produktionsleitung.

So kommt man mit diesen Fragestellung ganz tief in die Controllingproblematik hinein. Auch grundsätzliche Fragen können beleuchtet werden. Was bringt eventuell eine Preissenkung für den Absatz?

Die Break-even-Problematik ist ein Beispiel für die Moderatorenrolle, die das Controlling ab und an wahrnehmen muss. Andere werden auf Problemstellungen hingewiesen und gemeinsam wird nach Lösungen gesucht.

2.10 Kostenmanagement

Warum Controlling auch mal verdammt unpopulär sein kann

Wenn man ein wenig in der Wirtschaft herumkommt, trifft man regelmäßig auf einen Zusammenhang, der im ersten Ansatz so gar nicht zusammenpasst:

> *„Wir machen zwar immer mehr Absatz und Umsatz, unsere Gewinne sinken aber."*

Wie kann das denn sein?
Fragt man dann konkreter nach, wird einem das Leid geklagt:
„Die Erträge pro Stück sinken durch Preisverfall durch die starke Konkurrenz. Um wenigstens einigermaßen zurechtzukommen, müssen wir jedem Auftrag hinterherhecheln, jeden noch so ausgefallenen Kundenwunsch befriedigen, unsere Sortimentsvielfalt steigt uferlos, die Kleinkunden nehmen zu. Das ist teuer. Dazu kommt noch, dass die Kunden immer anspruchsvoller werden, alle zwei Jahre wollen sie ein neues Produkt. Auch das ist teuer. Des weiteren werden die Fixkosten immer höher durch mehr Serviceaufwand, Vertriebsaufwand usw. Es ist gar nicht mehr die Produktion, wo uns die Kosten wehtun, vielmehr schmerzt es in den vor- und nachgelagerten Bereichen wie z.B. Logistik. Wenn wir uns die Kosten der Konkurrenz anschauen, haben wir manchmal den Eindruck, dass die nur variable Kosten auf das Produkt kalkulieren. Haben die keine Fixkosten?"
So könnte es noch seitenlang weitergehen, jede Branche hat ihre speziellen Probleme. Um es zusammenzufassen: Die Kosten in Summe drücken, die Kostenstruktur (Verhältnis fixe u. variable Kosten) ist problematisch. Nur noch gezieltes Marketing reicht nicht. **Was jetzt gefragt ist, ist Kostenmanagement**.
Wann wird Kostenmanagement besonders aktuell? Einige Probleme, auf die man in der Praxis immer wieder trifft, und die teilweise schon im obigen „Klagelied" erwähnt wurden:

WARNSIGNALE

- **Steigende Umsätze, sinkende Erträge**
  Vielleicht sind sogar noch die Deckungsbeiträge in Ordnung, weil die variablen Kosten o.k. sind. Aber vielleicht wird man von den Fixkosten erschlagen.
- **Die Umsätze sind in Ordnung, trotzdem gibt es manchmal Probleme mit der Liquidität**
  Die Zahlungsmoral hat sich weltweit verschlechtert. Ein großer Prozentsatz der Konkurse ist allein darauf zurückzuführen, dass Kunden nicht zahlen, z.B. in der Baubranche.
  Ferner werden Vorleistungen immer höher. Viele Produkte erfordern hohe Investitionen. Wenn dann ein Produkt „floppt“, kann es knapp werden mit der Liquidität.
- **Die Kleinkunden bzw. Kleinaufträge nehmen zu**
  Das bedeutet, erhöhter Aufwand im logistischen Bereich, in der Verwaltung und im Vertrieb. Muss Ihr Vertreter auf die abgelegenste Alm kraxeln, um noch Umsätze zu machen?
- **Die Produktvarianten nehmen drastisch zu**
  Ebenfalls erhöhter Aufwand in Logistik und Verwaltung. Dazu kommt noch erhöhter Aufwand im Bereich der Produktgestaltung, Einsteuerung des Produktes in die Produktion, Qualitätskosten usw. Glücklich sind jetzt die Unternehmen, die von Anfang an in ihrer Marketingstrategie auf Klassiker gesetzt haben und nicht jedem Modetrend hinterhergelaufen sind.
- **Unveränderte organisatorische Abläufe, obwohl sich die Kundenanzahl, Sortimentsvielfalt, Absatzgebiete usw. erhöht haben.**
  In Folge gibt es unter Umständen hohe Kosten für logistische Betreuung, Lieferzeitverzögerungen, Reklamationen. Die Probleme potenzieren sich, eins kommt zum anderen.

Was ist jetzt zu tun? Vorab die Bemerkung: Hoffentlich ist es nicht zu spät. Kostenmanagement soll eigentlich proaktiv sein, also rechtzeitig einsetzen. Nicht reaktiv, wenn das Problem bereits da ist. Auch hier wieder das Motto: Was man strategisch versäumt, muss man operativ ausbaden.

Gemeinkosten und Fixkostenmanagement: Darf es auch ein bisschen weniger sein?

Ein Verhältnis ist umgekippt. Waren es früher die Einzelkosten, die kostenmäßig dominierend waren (Materialkosten, Produktionskosten) sind es heute die Gemeinkosten, die den größten Kostenbrocken in den Unternehmen ausmachen. Diese gewachsenen Gemeinkostenbereiche sind insbesondere:

- **Qualitätswesen:** Wurde früher im Rahmen der Fertigung endkontrolliert, ist heute unter dem Total Quality Management das Qualitätswesen eine sich durch das gesamte Unternehmen ziehende Managementaufgabe
- **Entwicklung:** Erhöhte Kosten durch schnellere Produklebenszyklen
- **Service:** Service ist personalintensiv, damit teuer
- **Logistik:** Durch Ausweitung der Sortimente höhere Kosten für die Betreuung der Produkte
- **Vertrieb:** Insgesamt ist der Wettbewerb härter geworden

Grundsätzlich sollte man schon mal nervös werden, wenn die Gemeinkosten 50 % der Kosten im Unternehmen überschritten haben.
Die Kosten in diesen Gemeinkostenbereichen sind meist Fixkosten, die erfahrungsgemäß schwer abbaubar sind. Ein paar Beispiele aus der Praxis:

Varianten-/Sortimentsmanagement: Bis zum Untergang auf Kundenwünsche eingehen?

Ein Vertriebschef einer Niederlassung hatte immer hervorragende Umsätze, brachte die Produktentwicklung eines Unternehmens aber schier zur Verzweiflung. Er wollte immer differenziertere Sortimente. „Meine Kunden sind Individualisten“, war das Argument. Nachdem das Controlling einmal kritisch über die Artikelergebnisse schaute, wurde festgestellt, dass dieser Mann für das Unternehmen kaum etwas verdiente. Analysierte man sein Ergebnis im Unternehmenszusammenhang, waren allein ganze Heerscharen damit beschäftigt, seine vielen Produktvarianten zu entwickeln, die Fertigungspläne für die Produktion zu erstellen, Prüfpläne zu entwickeln, Verpackungen zu modifizieren, die Produkte zu belagern, in extrem kleinen Stückzahlen auszuliefern usw. Im Controlling hieß es: „Der Mann beschäftigt insgesamt einen Gemeinkostenstab, dass es nur so kracht.“ Die Folge war eine Sortimentsbereinigung und da wurde gleich das ganze Unternehmen mit einbezogen. Kriterium für eine Sortimentsbereinigung ist zunächst der Deckungsbeitrag. Ist der Deckungsbeitrag I bereits negativ, wird mit Sicherheit nichts mehr mit diesem Produkt verdient (zur Erinnerung: Deckungsbeitrag I = Preis – variable Kosten). Weiteres Kriterium können direkt zurechenbare Fixkosten sein, z.B. Entwicklungskosten. Ziel ist ein strammes Zusammenstreichen der Sortimente, damit vor- und nachgelagerte Gemeinkostentätigkeiten wegfallen bzw. das freigewordene Potential sinnvoll wieder verwendet werden kann.

Vertriebsgemeinkostenmanagement: Was kostet ein Kundenbesuch?
Im selben Unternehmen wie oben schaute das Controlling sich einmal kritisch die Kundenerfolgsrechnung an. Bewertet war diese mit dem Deckungsbeitrag I. Danach gab es keinen Kunden, der nicht positive Deckungsbeiträge einfuhr. Als man sich aber mal in einer Spezialuntersuchung die weiteren Gemeinkostenaufwände für diese Umsätze ansah, brachte dies an den Tag, dass für 150 EURO Deckungsbeitrag ein Vertreter schon mal einen halben Tag auf Achse war. Dies kam recht oft vor. Allein 20 % der Zeit wurde für Kleinaufträge verwendet. Der durchschnittliche Kundenbesuch kostete rund 300 EURO. In der Folge prüfte der Vertrieb, ob man hier rationalisieren konnte. Dies war problematisch, denn aus Kleinkunden können Großkunden werden.

Produktionsgemeinkostenmanagement:
Die Produktionsgemeinkosten sind oft eine Folge der Marketing- und Vertriebsaktivitäten. Gibt es meist Kleinaufträge und häufigen Produktionswechsel, werden die Rüstkosten und die innerbetrieblichen Transportkosten hoch sein. Kommen die Aufträge unregelmäßig und müssen für Auftragsspitzen Kapazitäten (Personal) vorgehalten werden, wird dies teuer. Und jetzt kommt es regelmäßig zu den immer wieder beobachteten Streitereien. Der Vertrieb sagt, dass der Markt eben so sei und die Produktion sich flexibel darauf einstellen müsse. Die Produktion sagt, dass der Vertrieb doch bitte regelmäßig mit großen Aufträgen auslasten soll und das Marketing soll gefälligst die Produkte so konzipieren, dass sie kostengünstig produziert werden können. Wie sagte ein Produktionsleiter eines Unternehmens der Brillenindustrie: „Die wissen doch gar nicht, was diese blöden Schnörkel kosten, die die immer wieder drauf haben wollen. Und für jedes Modell ein anderer Schnörkel."

Natürlich hat sich die Produktion seit Jahrzehnten Gedanken gemacht, wie diese Probleme zu bewältigen sind. Die Diskussion dreht sich dabei immer wieder darum, wie kostengünstige die „Losgröße 1" realisiert werden kann, wie also im Extremfall die Produkte einzeln durch die Produktion gesteuert werden können. Möglich sind hier die Fremdvergabe von Spitzen, damit nicht dafür Personal vorgehalten werden muss. Oder flexible Arbeitszeiten oder Personal auf Zeit. Aber unstrittig ist trotzdem: Große Stückzahlen in wenigen Varianten sind billiger herzustellen.

Optimierung der Fertigungstiefe: Müssen wir alles selber machen?
Im Extremfall hat Ihr Unternehmen die Fertigungstiefe 0. Sie kaufen alles zu. Ansonsten beschreibt die Fertigungstiefe, wie hoch der eigengefertigte Anteil am Produkt ist. So fertigt ein Lampenhersteller nur noch die Lampenschirme selbst, die gesamte Elektrik wird zugekauft. Früher wurde auch hier mehr selbst gefertigt. Aber man wandte hohe Kosten auf und erreichte lediglich den normalen Standard. Unter dem Strich konnten andere diesen Part vielleicht nicht besser, aber immerhin billiger. Der Zulieferer produziert viel höhere Stückzahlen und kann somit billiger anbieten. Ferner konzentriert er sein gesamtes Know-how auf das zugekaufte Produkt. Weitere Vorteile sind, dass weniger Teile im Unternehmen logistisch und fertigungstechnisch betreut werden müssen.
Optimierung heißt jetzt, dass nicht so viel wie möglich zugekauft wird, sondern dass geprüft wird, was Sinn macht. So verzichtete ein Hersteller von Lebensmittelfertigprodukten darauf, die Verpackungen extern zu beschaffen, obwohl günstige Angebote vorlagen. Aber nach dem Motte „Auf die Verpackung kommt es an", wollte man in diesem Punkt schnell und flexibel reagieren können, wollte die Diskussion zwischen Lebensmittelentwicklung und „Verpackungsdesign" , d.h. welche Form, welches Material usw. im Hause behalten. Das zeigt auch, dass eben nicht nur die Zahlen des Controllings entscheiden.

Kostensenkungsinstrumente: Jetzt kann es auch mal weh tun!

Keiner mag Kostensenkung, denn das bedeutet Verzicht. Aber hat man einmal Kostenschieflagen erkannt, muss man die entsprechenden Werkzeuge herausholen und handeln, nach dem Motto: Lieber ein Ende mit Schrecken als ein Schrecken ohne Ende. Kostensenkung ist Controllingsache und

das macht das Controlling eben manchmal unpopulär, zumal wenn Kostensenkungsmaßnahmen für eine bestimmte Zeit zur Hauptaufgabe werden.
Um es gleich zuerst zu sagen: Kostensenkung hat eine ganze Menge mit Akzeptanz und Motivation zu tun. Wenn „unten in der Halle" extrem gespart werden muss und die Geschäftsleitung sich die neueste Generation einer Luxuskarosse gönnt, dann kann auch der motivierteste Controller kaum noch die Notwendigkeit von Sparmaßnahmen vermitteln. Auch darf es keine Tabus geben, z.B. Bereiche, die regelmäßig von Sparmaßnahmen ausgenommen werden, nur weil vielleicht der Bereichsleiter mit dem Vorstand besonders „gut kann". All das passiert in der Praxis laufend, hier wird viel gesündigt.
Ferner bezieht sich Sparen auf alle Kosten, die variablen und die fixen Kosten. Oft heißt es, dass der Name fix bei den fixen Kosten ja bereits schon sagt, dass man da nicht viel machen kann. Großer Irrtum. Erfahrungen zeigen, dass sich gerade bei den Fixkosten noch Kostensenkungspotentiale ergeben. Im Laufe der Jahre ist zunächst der variable Bereich immer wieder im Hinblick auf Kostensenkung durchsucht worden. Es war halt einfacher, im Bereich der Fertigung zu suchen, als bei den Damen und Herren Angestellten in der Verwaltung. Das hat sich kräftig gewandelt. Gerade die sog. Overheadbereichen werden zur Zeit kräftig analysiert. Dann heißt es, dass es Kostenarten gibt, die nicht zu beeinflussen sind, z.B. Abschreibungen, Versicherungen, Zinsen, Beiträge u.ä. Ebenfalls ein Irrtum. Alles kann gesenkt werden. Ist z.B. die Maschine weg, ist die Abschreibung weg.

Am besten Kostensenkung strategisch angehen!

Das heißt letztlich, am besten Kostensenkungsmaßnahmen ganz zu vermeiden. In der Praxis kämpft man oft verzweifelt um kleine Kostensenkungsmaßnahmen.
In einem Unternehmen der Schreibwarenindustrie musste man runter mit den Kosten. Auch bei Kugelschreibern. Man brauchte für die Produktpalette jede Menge verschiedene Kugelschreiberminen mit verschiedenen Federn usw. Jetzt hieß es: „Hätte man damals vor Jahren bei der Produktentwicklung von Kugelschreibern daran gedacht, dass man das Innere des Kugelschreibers ja normieren kann und man letztlich mit ein oder zwei Minen auskommt, müssten jetzt nicht hier dringend Einsparungsmöglichkeiten gesucht werden." Auch hier zeigt sich wieder: Was man strategisch versäumt, muss man operativ ausbaden.

Man hat festgestellt, dass in der Konstruktionsphase von Produkten oft 80 % der späteren Kosten festgelegt werden, in der Produktionsplanung 15 % und letztlich, wenn alles gelaufen ist, können in der operativen Phase der laufenden Produktion nur noch 5 % beeinflusst werden.

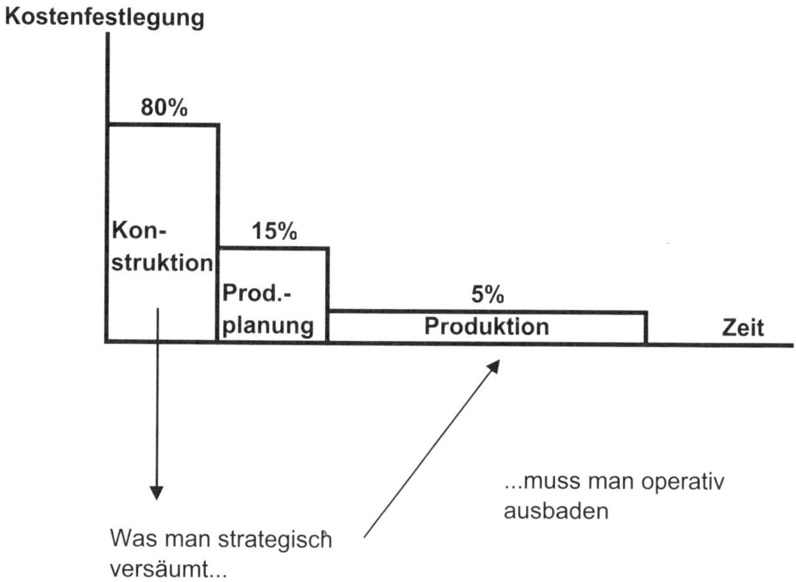

Abbildung 64: Kostenfestlegung

Ehe man später anfängt, hektisch Kostensenkungspotentiale zu suchen, kann man auch auf Kostenrechnungswerkzeuge zurückgreifen, etwa auf das Target Costing. Fragt man sich frühzeitig, „was darf das Produkt kosten", erlebt man später keine Überraschungen, wenn das neue Produkt zwar wunderschön geworden, dummerweise aber zu teuer ist.

Strategische Fragen betreffen aber nicht nur das Produkt selber. Im Vertrieb muss die Frage gestellt werden: Was kostet es, überall zu sein? Muss ich unbedingt eine Verkaufsstelle für Steigeisen auf dem Gipfel des Mount Everest haben?

Manchmal ist das Kind aber in den Brunnen gefallen, trotz vielleicht strategischer Vorausschau. Dann hilft kein Jammern über strategische Versäumnisse mehr, dann muss es operativ zur Sache gehen.

Controlling als Feuerwehr: Operative Kostensenkung

Operative Kostensenkung bedeutet nicht wildes unsystematisches Suchen nach Einsparungspotentialen. Jeder kennt die Beispiele: Wir müssen sparen, ab sofort muss Büromaterial schriftlich angefordert werden, der Bezug der Fachzeitschrift muss begründet werden, bitte schalten Sie abends das Licht aus, auch Ortsgespräche sind ab sofort verboten usw. Effekt: lächerlich. Wirkung bei den Mitarbeitern: lächerlich.

Welche wirksamen Instrumente gibt es? Einige sind uns schon bekannt:

Sortimentsstrukturüberprüfung

Fährt ein Produkt nicht einmal die variablen Kosten legen ein, legen wir bei jedem Stück drauf. Also als erstes zunächst die Produktpalette prüfen. Kriterium: der Deckungsbeitrag.

Es bleiben aber als Ergebnis nicht nur die profitablen Produkte übrig. Quasi als Nebeneffekt können wir noch Gemeinkosten senken, die eventuell durch große Sortimente angefallen sind

Absatzsteigerung (Fixkostendegressionseffekte)

Kann das gehen, Kosten senken, indem man die Kosten gar nicht senkt? Zur Erinnerung: Je höher der Absatz, um so weniger Fixkosten pro Stück. Zwar bleiben die Fixkosten insgesamt gleich, aber pro Stück ergeben sich Kostensenkungseffekte. Das funktioniert natürlich nur, wenn man dadurch an der Preis/Absatz-Kurve drehen kann. Je niedriger der Preis, desto höher der Absatz, desto geringer die Fixkosten pro Stück usw. usw. Schön, wenn das funktioniert.

Wertanalysen

Wertanalysen sind recht beliebt bei der Kostensenkung, aber naturgemäß unpopulär bei den Mitarbeitern. Ausgangsfragen sind:

- **Kann man die Leistung mit weniger Kosten erbringen?**
  Beispiel: Geht die logistische Betreuung des Produktes nicht ein bisschen billiger?
- **Sind die Leistungen überhaupt notwendig?**
  Beispiel: Brauchen wir überhaupt die Bewachung unseres Firmengeländes?

Ursprünglich kommt die Wertanalyse aus dem technischen Bereich. Man untersuchte kritisch die Produkte und fragte, ob eine Funktion, z.B. der Verschluss von Uhren, nicht billiger möglich ist. Oder ob eine Funktion überhaupt notwendig ist, z.B. muss der Haartrockner zwei Geschwindigkeiten haben?
Grundgedanke ist, das Produkt kritisch zu untersuchen:

- Was ist die Hauptfunktion, der Hauptnutzen des Produktes?
- Was ist der Nebennutzen?
- Was ist vor allem der Nutzen für den Kunden?
- Wie hoch schätzen die Kunden diese Nutzen ein?
- Was sind die Kunden bereit, für diese Nutzen/Funktionen zu bezahlen?
- Wird etwas teuer in das Produkt „hereinproduziert“, was vom Kunden nicht gesehen wird oder nicht honoriert wird?

Es werden also grundsätzliche Fragen nach dem Verhältnis von Leistung und Kosten gestellt.
Die Wertanalyse hat man dann auf die Verwaltungsbereiche oder sog. Overheadbereiche übertragen. Ziel auch hier: Kostensenkung. Hier fragt man zum Beispiel:

- Sind die Verwaltungstätigkeiten notwendig?
- Ist der Bereich gut organisiert?
- Kann ein Bereich Tätigkeiten anderer Bereiche miterledigen?
- Was ist überflüssig?

Hilfsmittel dabei sind Stellenbeschreibungen, Tätigkeitsanalysen u.ä.
Überflüssig zu sagen, dass derartige Wertanalysen sensibel zu handhaben sind. Hört man das Wort Wertanalyse, denkt man natürlich als erstes an Stellenabbau. Kein Wunder, ist dies doch in den meisten Fällen unter anderen ein Ergebnis der Wertanalyse.
Wie so vieles, ist sogar die Wertanalyse genormt, in Deutschland z.B. nach einer Deutschen Industrienorm (DIN). Daran muss man sich freilich nicht halten. Aber grundsätzlich geht man bei einer Wertanalyse in folgenden Schritten vor:

- **Ermittlung des Istzustandes**
  Welches sind die wichtigsten und teuersten Funktionen? Welches sind Haupt- und Nebenfunktionen und was kosten die Funktionen?
- **Ermittlung des Sollzustandes**
  Was ist überflüssig, will der Empfänger (Kunde) überhaupt die Funktionen, welche Sollfunktionen sollen realisiert werden und was kosten diese?
- **Entwicklung von Alternativen**
  Welches Kostenverhältnis ist optimal?
- **Auswahl der Alternative und Realisierung**
  Man drückt auf den Knopf.

Hier ein Praxisbeispiel im Rahmen einer Wertanalyse.

Beispiel einer Wertanalyse Bereich allgemeine Dienste
(komprimierte Darstellung)

Stellenbezeichnung	Tätigkeiten	Stunden/ Monat	%	Kosten EURO/ Monat
Pförtner	Bewachung	300	98%	6.300
	Annahme v. Kleinteilen	4	1%	84
	Auskunftserteilung	5	1%	105
Telefonzentrale	Annahme u. Vermittlung von Gesprächen	160	100%	4.000
Hausmeister	Erledigung kleinerer Reparaturen	80	50%	2.880
	Überprüfen von Sicherheitseinrichtungen	20	13%	720
	Überwachung externer Dienste	8	5%	288
	Organisation Entsorgung	10	6%	360
	Fahrdienste	12	8%	432
	Vertretung Pförtner	15	9%	540
	Vertretung Telefonzentrale	15	9%	540
Aktenumlauf	Verteilung der Hauspost	90	56%	1.530
	Vertretung Pförtner	10	6%	170
	Vertretung Telefonzentrale	30	19%	510
	Fahrdienste	30	19%	510
	Summe	789		18.969

Abbildung 65: Vorgehensweise bei der Wertanalyse

Man analysiert die Tätigkeiten und bewertet diese kostenmäßig. Anschließend fragt man kritisch: „Ist uns die Tätigkeit die Kosten wert?“ Bekommt man die Leistung intern oder auch extern billiger?“
Häufig werden Wertanalysen von externen Mitarbeitern gemacht. Wichtig ist dabei immer die Unterstützung durch die Unternehmensleitung.
Wertanalysen sind zwar in der Regel einmalige oder regelmäßige Projekte, aber idealerweise sollen Mitarbeiter wertanalytisch denken, sich bei jeder Tätigkeit fragen: „Geht es auch anders, besser, billiger?“

Schwachstellenanalyse
Werden bei Ihnen im Unternehmen die Mitarbeiter, auch die der unteren Ebenen, regelmäßig gefragt, ob sie irgendwo Leerläufe sehen, ob irgendwo Mängel erkannt werden, Verschwendungen entdeckt wurden, Fehlentwicklungen vermutet werden? Schwachstellenanalyse ist Aufgabe eines jeden. Häufig wird dics in der Praxis mit Fragebögen gemacht (hier ein Muster einer Unternehmensberatung, siehe Abb. 66).
Richtig angewandt, kann dies ein nützliches Instrument sein. Und vielleicht sollte man auch daran denken, Verbesserungsvorschläge zu prämieren.

Kostenarten-/Kostenstellenanalyse
Traditionell geht man bei der Kostensenkung entweder zu Beginn oder am Ende des Kostensenkungsprojektes systematisch durch alle Kostenarten und Kostenstellen oder Kostenbereiche. Schon bekannte Kostensenkungswerkzeuge kommen zumindest gedanklich zur Anwendung:

- Muss es im Materialbereich immer die beste Qualität sein?
- Wo kann Material gespart werden?
- Können Tätigkeiten extern billiger zugekauft werden?
- Welcher Schaden kann uns im Versicherungsfall entstehen, wenn wir die Versicherung kündigen?

usw. usw.

Vielleicht fast zum Schluss des Kapitels ein Denkanstoß. Warum immer Kostensenkung? Warum nicht sinnvolle Verwendung der Kosten, die vorhanden sind? Warum sich von erfahrenen Mitarbeitern trennen? Vielleicht gibt es Potentiale, die noch gar nicht erkannt wurden: „Der Müller kann doch

Schwachstellenanalyse

Mitarbeiter/in: Pia Traublinger
Arbeitsplatz: Endmontage

Wo sehen Sie Leerläufe/Leerzeiten?

An Ihrem Arbeitsplatz:

Oft kommen die Schmuckstücke von der Farbgebung später als die Ketten und der Zusammenbau verzögert sich.
Dann kommen von der Nacharbeit zwar die Ketten, aber es fehlen dann die Schmucksteine. Man sollte deshalb immer einen Vorrat Steine am Arbeitsplatz haben.

Im Unternehmen:

Es dauert recht lange, bis die fehlerhaften Schmucksteine von der Endkontrolle über die Fargebung/Endmontage im Versand landen

Wo sehen Sie vermeidbare Kosten, Verschwendungen?

An Ihrem Arbeitsplatz:

Beim Farbstempeln der Teile versickert ein Großteil der Farbe ungenutzt und wird Sondermüll.

Im Unternehmen:

Fallen Ihnen Mängel, Unklarheiten oder Fehler auf?

An Ihrem Arbeitsplatz:

Der Ausschuss, der von uns aus der Endmontage gemeldet wird, wird grundsätzlich dem Bereich Endmontage zugeschrieben. Dabei können Fehler schon in vorhergehenden Bereichen passiert sein, werden aber bei uns erst entdeckt. Unser Ausschuss ist letztlich geringer als gemeldet!

Im Unternehmen:

Wie man hört, beschweren sich die Aushilfen bzw. Zeitarbeitskräfte, dass die Einarbeitung mangelhaft ist und sie hinterher immer wieder die Stammmitarbeiter fragen müssen.

Wo sehen Sie Rationalisierungsmöglichkeiten?

An Ihrem Arbeitsplatz:

Schon seit langer Zeit schlagen wir bessere Lupen zur Schmucksteineinsetzung vor. Sicherlich können so die Steine schneller montiert werden und bessere Lupen schonen darüber hinaus die Augen.

Im Unternehmen:
Es gibt sehr lange Transportwege im Unternehmen. So werden die Teile z.B. nach der Galvanik zur Kontrolle transportiert und dann letztlich wieder zurück zur Weiterbearbeitung. Man könnte gleich vor Ort eine Kontrollstation einrichten und spart so mehrmals täglich lange Transportwege.

Datum: 7.5.2014 Pia Traublinger

Abbildung 66: Schwachstellenanalyse

russisch, wollten wir nicht schon immer mal in den russischen Markt hineinriechen?“
Warum nicht einmal versuchen, aus vermeintlichen überflüssigen Kosten Leistung für das Unternehmen zu generieren. Schon mal dabei an die Außenwirkung oder an das Betriebsklima gedacht, dass unter Kostensenkung immer leidet? Wenn man sieht, dass sich das Unternehmen um Alternativen bemüht, wird vieles auch für das Controlling leichter.

2.11 Neue Instrumente – aktuelle Diskussionen

Nützlich, überflüssig, alter Wein in neuen Schläuchen?

„Was ist eigentlich neu an den neuen Instrumenten?“, fragte ein erfahrener Controllingfuchs. „Prozesskostenrechnung wurde im gewissen Umfang schon immer gemacht, Benchmarking heißt schlicht von anderen abschreiben und Balanced Scorecard ist die Berücksichtigung nichtmonetärer Größen im Controlling, z.B. Motivation, Mitarbeiterzufriedenheit usw. Auch das ist nicht neu.“ Dem wird entgegnet, dass zwar tatsächlich nichts ganz neu ist, aber dass mit den oben erwähnten Instrumenten die Inhalte der bekannten Ansätze erstmals **systematisch und durchgängig** im Unternehmen angewandt werden.
Was für die einen ein Modegag oder ein altes, aber neu verpacktes Produkt der Beraterbranche ist, ist für die anderen fast eine Offenbarung. Auf jeden Fall stürzen sich Tausende von Unternehmen regelmäßig auf neue Instrumente.
Wobei in der Tat gefragt werden muss: Was bedeutet neu? Natürlich gibt es einige der unten beschriebenen Instrumente bereits seit einigen Jahren. Aber die Einführung in die Unternehmen gestaltet sich zäh! Viele Unternehmen arbeiten nicht einmal mit der seit vielen Jahrzehnten (!) bekannten Deckungsbeitragsrechnung; und vor diesem Hintergrund ist dann selbst ein Instrument wie die Prozesskostenrechnung oder die Balanced Scorecard aus den 1990er Jahren relativ aktuell. Große Unternehmen stürzen sich schnell auf neue Instrumente, kleine sind zurückhaltender.

Die Entwicklung des Controllings

Das Controlling bzw. verwandte Gebiete wie Kostenrechnung oder Unternehmensführung haben sich in den letzten Jahrzehnten gewandelt. Ganz grob konnte man folgende Entwicklungslinien beobachten:

- **Die 1950er und 1960er Jahre**
  Die „Gründerjahre“ des Controllings. Die Ausrichtung war produktionsorientiert. Sie war noch im traditionellen Rechnungswesen verwurzelt und noch sehr buchhaltungsorientiert. Planung war nicht weit verbreitet, neue Methoden setzten sich sehr mühsam durch. Wir hatten noch eine „Welt der Vollkostenrechner“.
- **1970er Jahre**
  Das Controlling etablierte sich, wandte sich verstärkt sog. modernen Instrumenten zu, z.B. kam die Deckungsbeitragsrechnung vermehrt zum Einsatz. Unternehmen bildeten verstärkt Profit-Center-Strukturen. Die Ausrichtung verlagerte sich von der Produktion Richtung Marketing/Vertrieb.
  Das Controlling erfuhr eine Aufwertung, wurde als wesentliche Informationsquelle im Unternehmen erkannt. Die Controllingdiskussion in Deutschland verstärkte sich.
- **1980er Jahre**
  Weiterhin verstärkte Marketing-Orientierung. Das Controlling durchdrang zunehmend das gesamte Unternehmen, z.B. den Bereich Logistik. Starker Ausbau planerischer Elemente, vermehrter Einsatz vieler Instrumente im Umfeld des Controlling, z.B. die Wertanalyse. Viele Unternehmen „entdeckten“ hilfreiche Controllinginstrumente, insbesondere aus dem Bereich Kostenrechnung, z.B. Deckungsbeitragsrechnung, Planung, Hochrechnungen, Abweichungsanalysen usw. Das Controlling erfüllte nun wesentliche Überwachungs- und Steuerungsinformationen und wurde zunehmend in strategische Diskussionen mit einbezogen. Starker Ausbau der Controllingfunktionen in deutschen Unternehmen.
- **1990er Jahre**
  Die Trends der 80er Jahre hielten unvermindert an.
  Jetzt aber zunehmende Kritik an der traditionellen Rolle des Controllings bzw. seiner Instrumente wie z.B. Kostenrechnung. Bemängelt wurden

die traditionellen Verfahren, z.B. Umlageverfahren

- die Vergangenheitsorientierung des Controllings
- die geringe strategische Ausrichtung der Rechenwerke
- zu geringe Entscheidungsorientierung
- Produktion von „Zahlenfriedhöfen“ statt zielgerichteter Informationen

Einige Antworten auf o.g. Mängel waren z.B. die Prozesskostenrechnung, das Target Costing, Data Warehousing.

- **ab 2000**
  Die Diskussionen der „90er“ Jahre sind weiterhin aktuell. Schwerpunkt sind Fragen der effektiven Unternehmenssteuerung, z.B. die Weiterentwicklung der Balanced Scorcard. Dazu gekommen ist die Einführung der Internationalen Rechnungslegung in großen Unternehmen. Das scheint das Berufsbild des Controllers zu verändern. Statt der reinen Orientierung auf das interne Rechnungswesen (Kostenrechnung usw.) muss der Controller sich wohl zukünftig vermehrt auch im Bereich des externen Rechnungswesens bewegen.
  Fazit: Die Aufgabenbereiche des Controllings nehmen eher zu als ab!

Leben Sie noch im Mittelalter? Auffallend sind bis heute auch die Niveauunterschiede des Controllings in den Unternehmen. Viele Unternehmen befinden sich noch im „tiefsten Controllingmittelalter“, wissen also vielleicht nicht einmal, mit welchen Produkten sie Geld verdienen. Andere befassen sich schwerpunktmäßig mit aktuellen Instrumenten bzw. arbeiten bereits mit ihnen.
Die wichtigsten der neuen Instrumente bzw. Diskussionen sollen nun einmal vorgestellt werden, sozusagen die Instrumente „nach der Jahrtausendwende“.

Beyond Budgeting/Better Budgeting: Kritik an der Unternehmensführung

Beyond Budgeting ist ein häufig diskutiertes Thema im Rahmen der verschiedenen Auffassungen über die richtige Unternehmensführung. Beyond Budgeting ist die „Kampfansage“ gegen die herkömmliche und üblich gewordene Unternehmenssteuerung mittels Vergabe von Budgets an die verschiedenen Unternehmensbereiche.

Kritik an der Budgetierungspraxis

Die klassische Budgetierung als Steuerungsinstrument für Unternehmen ist massiv in die Kritik geraten. Wie viel Zeit verwenden Manager für die Budgetplanung und -überwachung? Lohnt sich dieser Zeitaufwand? Wie flexibel können Manager mit (trotz) Budgets auf sich ändernde Anforderungen reagieren? Ist das Budget erst einmal ermittelt und bewilligt, dann soll es schließlich auch eingehalten werden. Hier genau liegt die Schwäche des bisherigen Budgetierungsansatzes. Was soll getan werden, wenn

- schnelle Entscheidungen getroffen werden müssen, die aber das Budget überschreiten würden?
- Chancen erkannt werden, aber die Bewilligungsprozesse für eine Budgetfreigabe zu lange dauern?
- Unternehmensziele in der Budgetplanung nicht berücksichtigt wurden?

Bereits seit Jahren beklagen sich Führungskräfte über die lähmenden Folgen der Budgetierung. Budgets wirken alles andere als motivierend und verhindern oft sogar selbstständiges und unternehmerisches Handeln. Manager und Controller sind alarmiert und versuchen, durch Verbesserungen ihrer Controllingtools das Problem in den Griff zu bekommen.

Die Lösung? Better Budgeting

Um die negativen Auswirkungen starrer Budgets aufzuheben, wurden und werden Werkzeuge entwickelt, um die Budgetierung flexibler zu gestalten. In diesem Zusammenhang spricht man auch vom Better Budgeting als Abgrenzung zum Beyond Budgeting. Better Budgeting bedeutet die Verbesserung und flexiblere Gestaltung der Budgetierung. Im Gegensatz dazu will der Ansatz des Beyond Budgeting ganz auf Budgets verzichten. Trotz der Entwicklung neuer Werkzeuge zur Verbesserung der Budgetsteuerung wurden in den letzten Jahrzehnten keine durchschlagenden Erfolge damit erzielt. Werkzeuge wie:

- **Zero-based Budgeting**: Planung der Budgets „von Null her“, ohne Einbeziehung der Vergangenheitswerte (siehe Kapitel Planung)
- **Activity based Budgeting**: Festlegung der Budgets basierend auf dem prozessorientierten Ansatz (siehe unten: Prozesskostenrechnung)

kommen in den Unternehmen trotz ihrer Wirksamkeit nicht zum dauerhaften und nachhaltigen Einsatz. Das mag auch daran liegen, dass sich diese Instrumente eher zum einmaligen Einsatz anbieten z.B. im Rahmen einer Wertanalyse oder eines Kostensenkungsprogramms. Die Tendenz zu starren Budgets konnte durch diese Instrumente nicht durchbrochen werden und das fundamentale Problem von starren Budgets, das Fehlen von Entscheidungsfreiräumen, ist weiterhin noch nicht gelöst.
Gründe für das bisherige Fehlen eines flexiblen Budgetierungsansatzes könnten sein:

- **Interner Widerstand des Managements:** Feste Budgets suggerieren eine vorhersehbare Zukunft, vorhersehbare finanzielle Verhältnisse im Unternehmen. Man hofft, mit den festgelegten Budgets ohne große Überraschungen durchs Geschäftsjahr zu kommen.
- **Alte Gewohnheiten:** Hat man sich an den Budgetgedanken gewöhnt, fällt es schwer auf ein anderes Führungsinstrument umzustellen. Man hat sich daran gewöhnt, Budgets für bestimmte Vorhaben zu reservieren. Gibt es kein Budget, so wird z.B. ein Vorhaben oder Projekt erst mal auf zunächst Bank geschoben.
- **Wildwuchs:** Letztendlich bedeutet die Steuerung über Budgets eine „Top-down-Steuerung", das heißt, Budgets werden „von oben" genehmigt und abgesegnet. Haben untergeordnete Instanzen im Unternehmen zu große Entscheidungsspielräume, so wird befürchtet, dass die Zahlen insgesamt aus dem Ruder laufen könnten.

Alternative zur Budgetierung: Beyond Budgeting

Internationale Experten haben das bereits vielbeachtete Beyond Budgeting-Konzept entwickelt: Ziel eines zukunftsorientierten Unternehmens muss sein, auf Innovationen und auf strategisch wichtige externe Einflussgrößen schnell reagieren zu können. Hinter dem Modell verbirgt sich die Veränderung und Flexibilisierung der Unternehmensorganisation. Allerdings stellen sich unterschiedliche Anforderungen bei der Umsetzung an das Management und das Controlling hinsichtlich der Planung und Budgetierung.

Aus Sicht des Managements:

- Plan- und Detailgenauigkeit sind Voraussetzung, um gegenüber Stakeholdern bzw. Kapitalgegnern transparent zu sein.
- Die gesteckten Ziele sollen herausfordernd, aber dennoch erreichbar sein.
- Dezentrale Geschäftseinheiten sollen diese Ziele einhalten und mit der Zentrale abstimmen.

Aus Sicht des Controllings:

- Der Planungs- und Budgetierungsprozess soll einfach und schnell ablaufen.
- Ressourcen sollen freigesetzt werden.
- Die Ziele sollen ergebnisorientiert ermittelt werden.

Prinzipien des Beyond Budgeting
Um das Modell im Unternehmen zu realisieren, wird mit mehreren Prinzipien gearbeitet.
Dies ersten Prinzipien (1-6) befassen sich mit der Unternehmenskultur und dem Umgang mit Verantwortung, Entscheidung und Delegation.

1. Self Governance
Starre bürokratische Regeln werden im Beyond Budgeting ersetzt durch eindeutige Werte und Grenzen. Dies ermöglicht eine schnelle und effektive Entscheidungsfindung.

2. Leistungsverantwortung
Mitarbeiter, die Eigenverantwortung zeigen, sich für das Erreichen der Ziele einsetzen, werden ausgewählt und gefördert.

3. Empowerment
Entscheidungen sollen „nahe" am Kunden getroffen werden, deshalb findet eine Übertragung dieser Befugnisse und Verantwortung an diejenigen statt, die vor Ort sind.

4. Struktur
Die neue Organisation gleicht einem Netzwerk von kleinen unternehmerisch tätigen Geschäftseinheiten.

5. Koordination
Um auf Kundenanforderungen oder Marktveränderungen flexibel und sofort reagieren zu können, werden interne Prozesse so gestaltet, dass sie effektiv und effizient ineinander übergreifen.

6. Führung
Coaching und Unterstützung ist Führungsstil im Modell des Beyond Budgeting, um höhere Leistungsziele zu erreichen.

Die Prinzipien 7 bis 12 befassen sich mit den Prozessen im Unternehmen, u.a. damit, dass Ziele, Messgrößen und Vergütung voneinander unabhängig bewertet werden.

7. Zieldefinition
Die Zielvorgaben orientieren sich nicht an allgemeinen Trendaussagen, sondern an Hard-Facts aus Branchen-Benchmarks, Wettbewerbern und anderen Leistungsindikatoren. Dadurch wird der Blick nicht nur wie herkömmlich auf finanzielle Ziele gelenkt, sondern auch auf strategische Ziele.

8. Strategieprozess
Politische Hintergründe und Machtspielchen im Unternehmen stehen für herkömmliche Budgetierungsmodelle. Neue Wege gehen, Alternativen finden, um den Kundennutzen zu steigern, und diese abgeleitet von der Unternehmensstrategie, das steht hinter Beyond Budgeting.

9. Antizipationssystem
Hinweise auf Veränderungen müssen rechtzeitig erkannt und im Prozess verwertet werden können. Ein Abgleich über Kundenaufträge mit der Lieferkette lässt ein Management kurzfristiger Kapazitäten zu.

10. Ressourcennutzung
Die Entscheidung über Investitionen und Ressourcen obliegt den Managern/ Führungskräften vor Ort und wird ausgelagert vom jährlichen Budgetzyklus. Dies führt dazu, dass Mittel maßnahmen- und zeitgerecht ausgeschöpft werden können.

11. Messen und Kontrolle
Durch z.B. ein Informationssystem sollten Daten, Zahlen und wichtige Erfolgsgrößen über den IST-Zustand abgerufen und kontrolliert werden. Diese Messgrößen sind je nach Berechtigung für alle Beteiligten einsehbar.

12. Motivation und Vergütung
Nicht die Leistung des Einzelnen steht im Vordergrund, sondern die Ergebnisse, die als Team/Abteilung geleistet werden. Dies fördert die Zusammenarbeit und Koordination, den Informations- und Wissensaustausch im Unternehmen und führt letztendlich zu einer Verbesserung in der Leistungserbringung.

Geht es auch ohne Budget?
Die Skandinavier machen den Ansatz der Unternehmensführung ohne Budgets vor:
IKEA und der dänische Chemiekonzern Borealis verzichten seit Mitte der neunziger Jahre auf feste Budgets. Die Firma Borealis hat mit der Einführung des neuen Budgetierungsmodells seinen Shareholder Value verdoppeln können.
Die Svenska Handelsbanken – mit über 2 Mrd. Euro Umsatz, 8.500 Mitarbeitern und 600 Profit Centern – leben schon seit über 20 Jahren ohne Budgets, ohne Targets oder individuelle Incentives. Vielmehr zählen hier höchstqualifizierte Mitarbeiter, loyale Kunden und ein konstantes Gewinnwachstum. Die Svenska Handelsbanken wurde zu einer der besten europäischen Internetbanken gewählt.
SKF, ein schwedisches Unternehmen, verabschiedete sich 1995 vom traditionellen Budgetierungssystem, da sich dieses mit sogenannten SKF100 nicht vereinbaren ließ. Hierbei handelt es sich um ein Programm mit Werten und Zielsetzungen, welches das Unternehmen auch über das hundertjährige Bestehen 2007 bestimmen soll.

Beyond Budgeting ersetzt nicht die Planung!
Dies ist vielleicht der häufigst gemachte Denkfehler im Zusammenhang mit Beyond Budgeting! Manch ein Abteilungsleiter oder Kostenstellenverantwortliche hat vielleicht schon gejubelt: „Endlich keine Budgets mehr, endlich keine Planung mehr!“ Das ist ein großes Missverständnis: Ohne Planung geht es nicht, auch nicht im Beyond Budgeting.
Wenn von „Abkehr von der Budgetierung“ und dem „Verzicht auf Budgets“ die Rede ist, dann darf das nicht verstanden werden als Verzicht auf die elementaren Managementwerkzeuge wie Planung, Leistungsmessung und Berichtswesen. Die Abkehr von der Budgetierung sollte nicht als Ziel an sich gesehen werden, sondern das eigentliche Ziel des Beyond Budgeting ist es, die gesamten Steuerungsprozesse in einem Unternehmen so zu verbessern, dass man schlicht keine Budgets mehr braucht.

Abwarten
Beyond Budgeting wird recht kontrovers diskutiert. Dass es erfolgreiche Unternehmen ohne Budgetierung gibt, ist unbestritten. Allerdings darf man

die Frage aufwerfen, ob nicht eine ganze Reihe von Unternehmen nur wegen der Budgetierung erfolgreich sind. Wer kann sagen, ob nicht ohne Budgetierung viele Unternehmen in die Krise geraten würden oder Probleme gehabt hätten.
So bleibt abzuwarten, wie dieser neue Ansatz des Beyond Budgeting in der Praxis beurteilt und ob sich die Idee durchsetzen wird. Nach intensiver Diskussion in Controllerkreisen hat es den Anschein, dass nach anfänglicher Euphorie doch eher die Skepsis überwiegt.

Mit Soft Facts das Unternehmen steuern: Intangible Asset Management

Traditionell misst der Controller finanzielle Tatbestände, Input-Output-Relationen usw. Das sind die sogenannten quantitative Faktoren oder auch sogenannte „Hard facts" genannt. Dazu gehören zum Beispiel der Cash Flow, Renditen, Produktivitäten, Lagerreichweiten, Umsatzkennzahlen, Kostenkennzahlen, Deckungsbeiträge usw. Diese ausschließliche Konzentration auf die „unbestechlichen" eindeutig messbaren Daten ist vorbei! Insbesondere in den 90er Jahren des vergangenen Jahrhunderts fragte man sich, ob derartige Tatbestände für die Beurteilung bzw. Steuerung des Unternehmens ausreichen. Denn eines ist klar: Es zählen auch die sogenannten qualitativen Faktoren, die „weichen Faktoren". Diese „Soft Facts" tragen wesentlich zum Erfolg bei. Dabei taucht jetzt der Begriff Intangible Assets auf, das heißt „immaterielles Vermögen", wobei jetzt nicht z.B. immaterielle Anlagengegenstände wie Software oder gekaufte Unternehmenswerte gemeint sind. Diese Soft Facts oder Intangible Assets können zum Beispiel sein:

- Mitarbeiterqualität und -motivation: Gut ausgebildete und motivierte Mitarbeiter sind produktiver.
- Servicequalität: Mit dem Service zufriedene Kunden kaufen mehr und kommen wieder.
- Kundenloyalität: Treue Kunden geben dem Unternehmen Sicherheit.

Aber auch allgemeinere Dinge sind von Wichtigkeit wie z.B.
- Effektivität der Unternehmensorganisation: Effektive interne Abläufe sparen Kosten und bringen Leistungen schneller und besser zum Kunden.
- Innovationsfähigkeit des Unternehmens: Ein kreatives Unternehmen wird erfolgreicher sein.

Es spielen also auch Verhaltensweisen und Einstellungen eine Rolle.
Aufgabe des Controlling ist, diese immateriellen Faktoren effektiv in die Unternehmenssteuerung einzubringen. Eine schwierige Aufgabe. Aber notwendig, denn man schätzt, dass heutzutage diese immateriellen Werte 50 bis 90 % des Marktwertes vieler Unternehmen ausmachen. Sog. wissensbasierte Unternehmen (z.B. Softwareentwickler) verfügen über fast keine „klassischen" Aktiva mehr.
Das Problem ist nun, dass jeder weiß, dass derartige Faktoren eine Rolle spielen und es gibt wunderschöne zitierfähige Passagen in diversen Büchern über z.B. „Bedeutungszunahme immaterieller Wertpotenziale" vor dem Hintergrund „Lernen und Dialog" usw. usw. Aber wie soll man nun *konkret* vorgehen, fragt der praktisch orientierte Controller.

1. Zunächst wird man im ersten Schritt versuchen, diese Soft Facts „irgendwie" zu quantifzieren, man wird sie messen wollen getreu der alten Devise „What you can measure, you can manage" (was Du messen kannst, kannst du managen).
2. Der zweite Schritt ist dann die Umsetzung der Erkenntnisse in Maßnahmen.
3. Dann eine erneute Messung als Erfolgskontrolle.

Messmethoden für Soft Facts
Schwierig ist jetzt nur, diese Soft Facts zu messen. Wie messen Sie zum Beispiel die Servicequalität oder die Mitarbeitermotivation? Hier sind einige konkrete Vorschläge:
Einfach die Leute fragen: Zunächst gibt es eine relative einfache Methoden, sich dem Problem zu nähern: Fragen Sie einfach einmal nach. Zunächst sollten die *richtigen Leute* befragt werden. Die Servicemitarbeiter über z.B. die Servicequalität selber fragen? Das ist höchst problematisch. Wer gibt schon gern zu, dass er schlechten Service leistet? Hier bieten sich z.B. die Betroffenen des Service an, die Kunden.
Fragen Sie nach der Mitarbeitermotivation, werden Sie bei den Mitarbeitern selber und den Vorgesetzten fragliche Ergebnisse erhalten. Wer gibt schon zu, unmotiviert zu sein oder unmotivierte Mitarbeiter zu haben? Hier bieten sich neutrale Dritte an, z.B. Berater oder man befragt anonym.
Dann sollten die Fragen gezielt gestellt werden. Nicht zum Beispiel lediglich fragen: „Ist unser Service gut oder schlecht." *Konkretisieren Sie die Fragestellungen.* Sehr bewährt haben sich hier Darstellungen, in denen zwei Faktoren

gemeinsam betrachtet werden. Möglich ist, z.B. am Flipchart mittels Klebepunkte oder Kreuzchen die Probleme einzuschätzen. Wenn man nun mehrere Leute befragt, wird das Problem auf diese Weise recht aussagekräftig beschrieben.

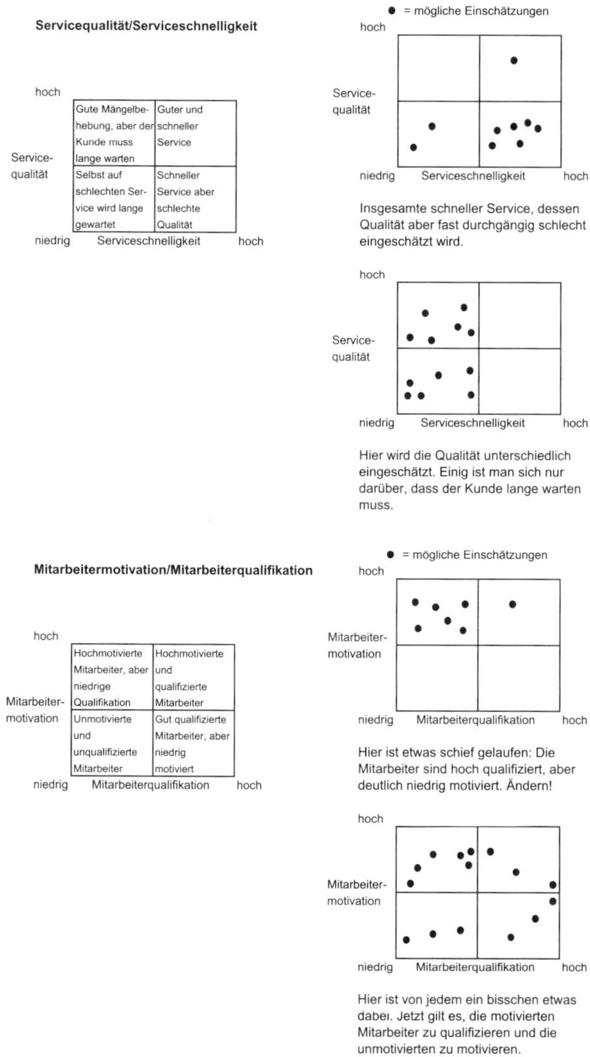

Abbildung 67: Fragen und Einschätzungen zu Soft Facts

Eine andere Möglichkeit der gezielten Nachfrage ist die Punkteabfrage. Auch hier wird häufig mit Klebepunkten an einer Pinnwand gearbeitet. Fragt man jetzt z.B. nach der Servicequalität, kann das Ergebnis wie folgt aussehen:

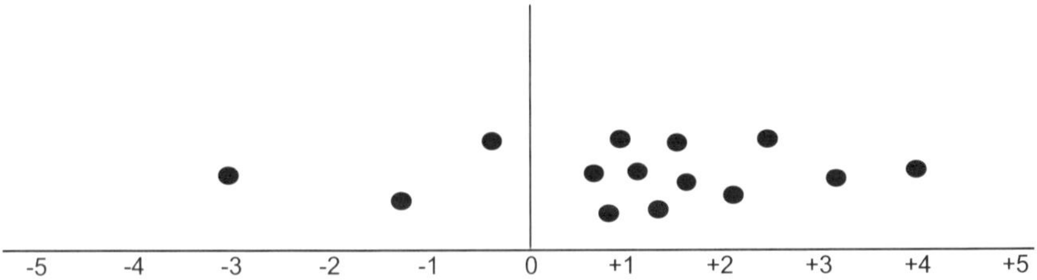

Abbildung 68: Punkteabfrage

Ausreißer gibt es in alle Richtungen. Aber die tendenzielle Einschätzung liegt bei 1 – 1,5 besser als der sogenannte neutrale Punkt (0).
Diese Methode kann man ergänzen, indem man nicht „wild" punktet, sondert schon Bewertungskriterien festlegt. So kann z.B. in einem bestimmten Unternehmen die Servicequalität als gut eingeschätzt werden, wenn die Zahl der Reklamationen unter 20 im Jahr liegt. Oder die Mitarbeitermotivation wird als schlecht eingeschätzt, wenn die Anzahl der Verbesserungsvorschläge unter drei im Jahr sinkt.

Bewertungskriterien

Schlecht	Mittel	Gut	Servicequalität:	Schlecht	Mittel	Gut
50 - ...	21 - 50	0 - 20	Anzahl Reklamationen		•	
5 - ...	3 - 5	1 - 2	Bearbeitungszeit in Tagen		•	
3 - ...	1 - 3	0	Anzahl Beschwerden			•
0	1 - 2	3 - ...	Anzahl Reaktionen i.d. Produktion auf Reklamationen			•

Schlecht	Mittel	Gut	Betriebsklima:	Schlecht	Mittel	Gut
7 - ...	4 - 7	0 - 3	Krankenstand in %			•
1,1 - ...	0,6 - 1,0	0 - 0,5	Fluktuation in %		•	
0 - 3	4 - 10	11 - ...	Anzahl Verbesserungsvorschläge			•

Abbildung 69: Punkteabfrage mit Bewertungskriterien

Natürlich sind derartige Methoden nie exakt und manchmal wird kann nur eine Tendenz angegeben werden, aber dies ist bei den schwer greifbaren immateriellen Faktoren besser als gar nichts.

Mit Kennzahlen arbeiten
Es gibt aber auch die Möglichkeit, bei der Messung der Soft Facts Kennzahlen heranzuziehen. Hier macht man quasi aus „weichen“ Faktoren „harte“ Faktoren. Jetzt mit Kennzahlen zu arbeiten ist deswegen auch beliebt, weil man nach traditioneller Art nicht „schwammige“ Meinungen vorliegen hat, sondern hart gemessene Daten.
Vorgehensweise: Man definiert zunächst die zu bewertenden Soft Facts. Dann sucht man nach Messgrößen, die eine Aussage über ihre Qualität treffen können. Das sind sehr oft gleich mehrere Kennzahlen.
Hier eine Auswahl, mit welchen Kennzahlen einige Soft Facts gemessen werden können (siehe Abb. 70):
Wie immer bei Kennzahlen ist die Messung der Soft Facts kein Selbstzweck, sondern der erste Schritt für Maßnahmen. Um die z.B. die Kennzahlen der Servicequalität zu verbessern, kann mit einer sogenannten Maßnahmenmatrix gearbeitet werden (siehe Abb. 71).
So kommt man von dem vagen „weichen“ Faktor Servicequalität zu ganz konkreten Aktivitäten.

Auch im Rahmen des nächsten Instrumentes, der Balanced Scorecard, versucht man unter anderem, diese Soft Facts mittels Kennzahlen zu berücksichtigen.

Balanced Scorecard: Das (!) neue Führungsmodell?

Ende der 90er Jahre wurde die Balanced Scorecard bekannt und hat sich innerhalb weniger Jahre zu einem populären betriebswirtschaftlichen Instrument entwickelt.

Worum geht es?
Die Balanced Scorecard will das alte betriebswirtschaftliche Problem lösen, an der sich bereits Generationen von Kaufleuten versucht haben: die Umsetzung der Strategien in operatives Handeln. Was muss ich aktuell tun, um meine Ziele zu erreichen? Ferner wird versucht, Faktoren zu berücksichtigen, von denen jeder weiß, dass sie wichtig sind, aber so niemand richtig, wie man sie berücksichtigen oder messen kann. Es geht um die sog. Soft Facts (siehe obiges Kapitel). Wie messen Sie z.B. Motivation der Mitarbeiter oder die Zufriedenheit der Kunden?

Zu messende Soft Facts	Kennzahlen
Servicequalität	Anzahl Reklamationen und Beschwerden Reklamationsbearbeitungszeit in Tagen Schulungsaufwand des Personals Anzahl der Reaktionen in der Produktion auf Beschwerden Anzahl Wiederholungskäufe nach Kundenreklamationen
Kundenzufriedenheit	Reklamationsquote Anzahl Wiederholungskäufe Angebotserfolgsrate Anteil verlorener Kunden Anzahl Empfehlungen (wenn feststellbar)
Kundentreue	Umsätze Altkunden zu Neukunden Dauer von Kundenbeziehungen Anzahl verlorener Kunden Anzahl/Umsatz Wiederholungskäufe
Mitarbeiterqualität	Anteil qualifizierter Mitarbeiter Weiterbildungsaufwand Anzahl Verbesserungsvorschläge Anzahl konkreter Änderungen durch Weiterbildung Bewertungen im Rahmen von Mitarbeiterbeurteilungen
Mitarbeiterzufriedenheit bzw. Mitarbeitermotivation	Fluktuationsquote Krankenstand Entwicklung der Produktivität Weiterbildungsaufwand Verbesserungsvorschläge Freiwillige Überstunden
Qualität der Weiterbildung	Anzahl der Bildungstage Weiterbildungsaufwand Anzahl konkreter Innovationen durch Weiterbildung
Betriebsklima	Krankenstand Fluktuation Anzahl Verbesserungsvorschläge Anzahl Versetzungsgesuche
Interne Organisationsabläufe	Durchlaufzeiten von z.B. - Reklamationen - Kundenaufträgen
Ökologische Probleme	kg Sondermüll kg Verbrauch schädlicher Chemikalien Energieverbrauch Ausschussquoten Recylingquote
Innovationsfähigkeit des Unternehmens	Anzahl Verbesserungsvorschläge Anzahl neuer Patente Produkterfolgsrate Projekterfolgsrate Ideenverwertungsrate Forschungs- und Entwicklungsanteil an den Kosten Weiterbildungsaufwand

Abbildung 70: Kennzahlen zur Messung von Soft Facts

Ziel: Verbesserung des Services im Bereich der Reklamation

Zielbeschreibung	Maßnahmen	Indikatoren	Kosten
Umzusetzende Teilziele:			
Schnellere Bearbeitung von Reklamationen	Organisatorische Änderungen	Durchlaufzeit einer Reklamation in Tagen	Keine
Mehr Freundlichkeit bei der Auftragsannahme	Schulung des Personals	Kundenbefragung	3.000 EUR einmalig
Bessere Information des Kunden über den Auftragsfortgang	Organisatorische Änderungen	Anzahl der Info-Schreiben	1.000 EUR p.a.
Transparentere Reparaturabrechnung	Interne Überarbeitung des Fakturaprogramms	---	1.500 EUR einmalig
Schnellerer Auslieferungsservice der Schadensfälle	Einstellung eines Mitarbeiters, Leasing e. PKWs	Auslieferungfrist in Tagen nach Auftragsende	38.000 EUR p.a. 4.000 EUR p.a.
Rückkopplung der Schäden in die Produktion: Dort Analyse	Einstellung e. Qualitätsingenieurs	Anzahl Produktionsänderungen	45.000 EUR p.a.
Erstellung einer Schadensstatistik	Programmierung e. Tabelle	Anzahl u. Art der Schäden	500 EUR einmalig

Abbildung 71: Maßnahmenmatrix

Das Grundschema:
Dies ist sozusagen die „Basisversion“ einer Balanced Scorecard (siehe Abb. 72)
Eine Übersetzung ist schwierig. Man könnte sagen Ausbalancierte Berichtsfelder. Oder ausgeglichener bzw. ausgewogener Berichtsbogen. Alles nicht sehr glücklich. Balanced heißt ausgeglichen, Score hat etwas mit Rechnung bzw. mit Indikatoren zu tun. Beim Golfspielen z.B. misst die Scorecard die Punkte. Auf jeden Fall geht es darum, dass traditionelle Finanzkennzahlen um weitere Sichtweisen, im Wesentlichen strategischer Art, ergänzt werden.

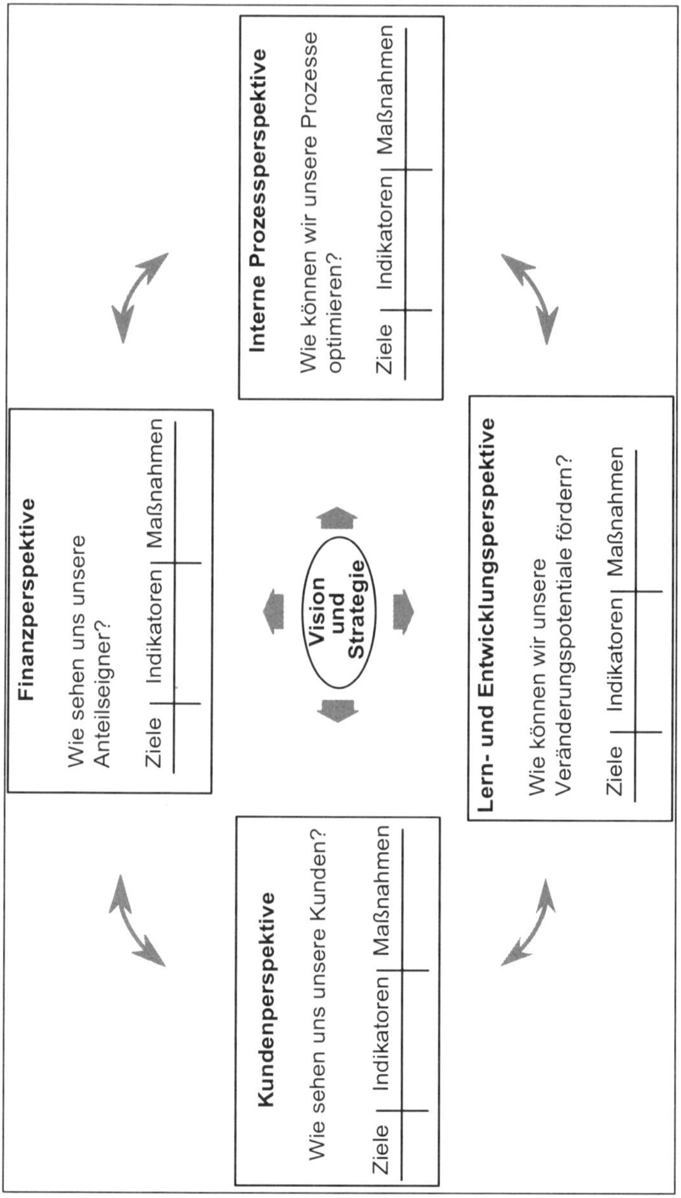

Abbildung 72: Grundschema einer Balanced Scorecard

Ist die Balanced Scorecard überhaupt etwas Neues? Es streiten sich die Experten. Die dort untersuchten Inhalte sind bereits seit Jahren Bestandteil betriebswirtschaftlicher Untersuchungen. Auch ist nicht neu, das Unternehmen über finanzwirtschaftliche Daten hinaus aus verschiedenen Perspektiven zu untersuchen und in Folge aus strategischen Daten operative Maßnahmen abzuleiten.
Vielleicht liegt die Faszination dieses Instrumentes daran, dass die Väter, Prof. R.S. Kaplan und Dr. D.P. Norton von der Harvard Business School kommen und sich dort einen Namen gemacht haben. Auf jeden Fall ist es ihnen gelungen, die Balanced Scorecard international gut zu vermarkten.

Ziele: Weg von Traditionen!
Die Balanced Scorecard ist in erster Linie ein strategisches Instrument. Es sollen Strategien oder Visionen in Kennzahlen und andere Beurteilungsgrößen umgesetzt werden. Es soll ein zukunftsorientiertes Berichtswesen geschaffen werden, während heutiges Berichtswesen vornehmlich noch in die Vergangenheit schaut. Aus den Strategien werden Zielvereinbarungen für alle Unternehmensebenen und für die verantwortlichen Mitarbeiter abgeleitet:

- Traditionelle Kennzahlen, wie z.B. Gewinn, Cash Flow bzw. Kostenrechnungsdaten usw. sollen um **weitere Perspektiven** ergänzt werden.
- Durch die **Gesamtschau der Perspektiven** wird ein Zusammenhang zwischen Strategien und operativem Handeln hergestellt. Häufig beobachtet man, dass zwar – meist von der Geschäftsleitung – wunderbare Strategien, Leitbilder, Visionen usw. aufgestellt werden, der nächste Schritt, nämlich die konkrete (!) Umsetzung fehlt aber.
- Beispiel: Als Strategie wird eine bessere Kundenbindung proklamiert. Es gibt aber keine Maßnahmen, um z.B. den Service zu verbessern, den Vertrieb zu schulen o.ä.
- Eine **Rückkopplung bzw. Erfolgskontrolle zwischen Strategie und umgesetzten Maßnahmen** soll erreicht werden. Dadurch, dass nunmehr die Strategien durch Kennzahlen messbar sind, kann der Zielerfüllungsgrad festgestellt werden.
- Die Balanced Scorecard soll die **Strategien bzw. Ziele des Unternehmens für alle Mitarbeiter transparent machen**. Dies bedeutet, dass alle

Mitarbeiter „irgendwo" in die Balanced Scorecard eingebunden sind und sich damit identifizieren sollen.

- Wie das obige Schaubild zeigt, soll dies mit **Indikatoren**, also letztlich mit Kennzahlen und daraus abgeleiteten Maßnahmen erreicht werden. Diese Kette: Ziel, Indikator, Maßnahme ist ein Kernstück der Balanced Scorecard, denn auf diesem Wege soll eine Operationalisierung (ein Handelbarmachen, eine Umsetzung) passieren.

Die Perspektiven: Nicht mehr nur Finanzen

Wir reden ausgehend von einer Strategie, einer Vision oder einem Leitbild über vier sogenannte Perspektiven:

- die finanzwirtschaftliche Perspektive
- die Kundenperspektive
- die interne Prozessperspektive
- die Lern- und Entwicklungsperspektive.

Im Einzelfall können unternehmensindividuell diese Perspektiven ergänzt oder vertieft werden, z.B. um die informationstechnologische Perspektive (EDV). Die Schöpfer der Balanced Scorecard weisen ausdrücklich darauf hin, dass man unternehmensindividuell variieren kann.

Im Mittelpunkt: die Basisstrategie

Im Mittelpunkt steht die Vision, die Strategie. Oder ein Leitbild. Dies ist Aufgabe des Top-Managements. Hier orientiert man sich an den Fragestellungen der strategischen Planung. Also z.B.

- Was ist unsere Kernkompetenz?
- Haben wir die richtigen Produkte?
- Was macht die Konkurrenz?
- Wohin entwickelt sich der Markt?
- Wie elastisch sind die Preise?
- Wie sind die politischen und wirtschaftlichen Rahmenbedingungen?

Dann die Frage: Wo wollen wir hin? Strategische Kernfrage: Die richtigen Dinge tun (die operative Frage ist: Die Dinge richtig tun)

Darüber hinaus gibt es Visionen (die Welt kennt unser Produkt XY) oder Leitbilder (im Mittelpunkt unseres Wirkens steht ...)
An dieser Strategie orientieren sich nun die einzelnen Perspektiven:

- **Finanzwirtschaftliche Perspektive**

Finanzwirtschaftliche Ziele sind Rentabilität, Ergebnis, Finanzkraft usw. Ferner Ziele wie z.B. Kostensenkung. Finanzwirtschaftliche Ziele drücken das langfristige Unternehmensziel in Zahlen des Rechnungswesens aus, zum Beispiel das ROI-Ziel (ROI = Return on Investment, siehe oben, Kapitel Kennzahlen).

Mögliche Zielformulierungen der finanzwirtschaftlichen Perspektive:

Wachstum mit dem Markt bzw. schneller als der Markt (in %)
Cash-Flow-Ziele, z.B. Steigerung von 50 % innerhalb von drei Jahren
Steigerung der Produktivität um 20 % in zwei Jahren
ROI-Ziel 15 % innerhalb von drei Jahren

- **Kundenperspektive**

Die Kundenperspektive untersucht die Kunden- und Marktsegmente des Unternehmens, z.B.

Marktanteile
(Neu-)Kundenakquisition
Kundentreue
Kundenrentabilität
Kundenzufriedenheit

Mögliche Zielformulierungen der Kundenperspektive:

Anzahl Neukunden in drei Jahren
Erhöhung des Stammkundenanteils auf 50 %
Verbesserung der Kundenzufriedenheit
Kundenbindung optimieren
Steigerung des Marktanteils um 10 % innerhalb von drei Jahren

- **Interne Prozessperspektive**

Diese Perspektive untersucht die internen Kernprozesse, die für die Erreichung der Ziele der Kunden oder Anteilseigner am wichtigsten und/oder am kritischsten sind. Man unterscheidet hier den Innovationsprozess. Fragen dabei:

Welche Innovationsprozesse sind grundsätzlich noch möglich?
Welche sind sinnvoll und kostenmäßig noch vertretbar?
Welche Vorteile werden Kunden von den zukünftigen Produkten haben?
Welche Konkurrenzvorteile können durch Innovation gewonnen werden?

Betriebsprozess
Wie kann die Herstellung der Produkte optimiert werden?
Wie können die Produktionsprozesse unter wertanalytischer Betrachtung optimiert werden?
Wie kommen die Produkte noch besser und pünktlicher zum Kunden?

Kundendienstprozess
Grundsätzlich: Mit welchen Prozessen befriedigen wir am besten den Kunden?
Speziell: Wie können z.B. Service, Lieferbereitschaft, Zahlungsverkehr usw. optimiert werden?

Mögliche Zielformulierungen der Prozessperspektive:
Verkürzung der Entwicklungszeiten um 30 %
Qualitätsverbesserung, Senkung der Reklamationsquote auf 0,3 %
Verringerung der Durchlaufzeiten in der Produktion um 30 %
Kaufmännische Entscheidungen forcieren, z.B. Entscheidungen über Kreditaufnahme, Tilgung, neue Software usw.

- **Lern- und Entwicklungsperspektive**

Diese Sichtweise untersucht die Einbindung der Mitarbeiter in das Unternehmen, die Qualität der Organisation im Unternehmen. Eckpunkte sind:

Mitarbeiterzufriedenheit
Mitarbeiterinitiative und -kreativität
Mitarbeiterproduktivität
Weiterbildung.

Diese o.g. Elemente sind nur schwer zu quantifizieren.
Eine weiterer Untersuchungspunkt ist die Frage, wie es um die Fähigkeit des Wandels im Unternehmen bestellt ist, wie flexibel und dynamisch die Mitarbeiter bzw. die Organisationen sind. Mögliche Zielformulierungen der Lern- und Entwicklungsperspektive:

Verbesserung der Qualifikation durch Schulung
Steigerung der Mitarbeiterzufriedenheit
Verringerung der Fluktuation auf 3 %
Einrichtung eines Wissensmanagements bzw. eines internen Bildungscontrollings oder einer Wissensdatenbank.

In der Praxis sollte man die Zielformulierungen in Grenzen halten. Vielleicht fünf bis zehn Ziele sollten formuliert werden. Man kann nicht auf allen Hochzeiten tanzen (siehe Abb. 73).

Nach intensiver interner Diskussion kann eine Zielformulierung z.B. wie folgt aussehen:
Bei den Perspektiven gibt es Ursachen- und Wirkungszusammenhänge. Plakativ gesagt: Alles hängt mit allem zusammen. So wird die Erhöhung des Marktanteils Auswirkungen auf die finanzielle Dimension haben, höhere Motivation wird die Produktivität steigern und mehr Wissen wird die Entscheidungsfindung der Prozessperspektive fördern. Und diese Zusammenhänge zunächst zu erkennen und dann handhabbar zu machen, das ist die Kernaufgabe der Balanced Scorecard.

Wie soll man die Balanced Scorecard einführen?
Die Einführung ist Projektarbeit. Und sie ist ein sog. Top-down-Prozess. Der Anstoß kommt vom Management. Die Inhalte bzw. Ziele werden aber mit allen beteiligten Stellen erarbeitet. Dies alles ist bei quantifizierbaren Zielen relativ einfach. Umsatz, Renditen usw. kann man rechnen. Schwierig wird es

BEISPIELE:

ZIELE	MESSGRÖSSEN	MASSNAHMEN	ZEITBEZUG
FINANZWIRTSCHAFTLICHE PERSPEKTIVE:			
Cash Flow von 30 Mio. EUR Eigenkapitalrendite von 12%	EUR EUR/%	- Kostensenkung - Umsatzsteigerung - Aufnahme stiller Gesellschafter - Rationalisierungsinvestitionen	Ende 2014 Ende 2015
KUNDENPERSPEKTIVE:			
Erhöhung des Marktanteils auf 15%	%	- Neukundenwerbung - Verbesserung Serviceniveau	Juni 2014
Generierung von Zusatznutzen beim Produkt POP	Kundenbefragungen	- Einsatz von Kreativitätsteams	Ende 2014
INTERNE PROZESSPERSPEKTIVE:			
Optimierung der Fertigung	Durchlaufzeit EUR	- Neues Planungssystem - Wertanalysen	Ende 2014
Innovationsanalyse	Anzahl Teamsitzungen Anzahl Vorschläge	- Einsatz von Kreativitätsteams	Ende 2014
LERN- UND ENTWICKLUNGSPERSPEKTIVE:			
Verbesserung der Weiterbildung	Investionen i.d. Weiterbidlung Anzahl Bildungsmaßnahmen	- Servicebereich - Führungstechniken - Lern- und Arbeitstechniken	Mitte 2015
Reduzierung Fluktuation	Anzahl Kündigungen	- Erhöhung der Mitarbeitergespräche - Leistungsgerechtere Entlohnung	Ende 2015
Verbesserung des innerbetrieblichen Vorschlagwesens	Anzahl Verbesserungsvorschläge	- Neues Anreizsystem - Erhöhung der Motivation durch Personalführungsmaßnahmen	Ende 2014

Abbildung 73: Umsetzung von Balanced-Scorecard-Zielen

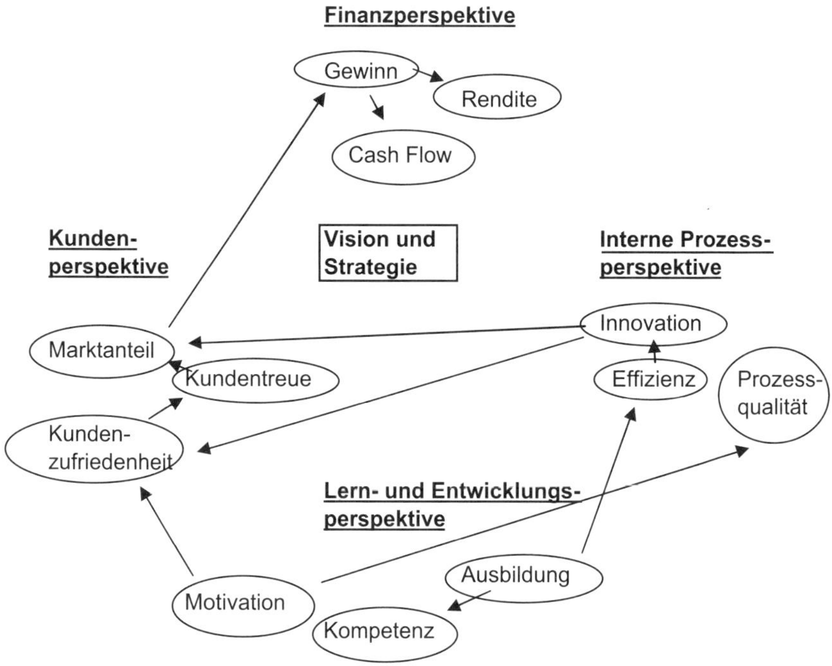

Abbildung 74: Ursachen- und Wirkungskette

aber, wenn es um nicht oder nur wenig quantifizierbare Ziele geht. Was bedeutet „guter“ Service, „hohe“ Motivation, „verbesserte“ Kundenorientierung. Hier hilft nach Absprache mit den Fachabteilungen eine Differenzierung in Unterziele. Guter Service bedeutet dann z.B. Reklamationsbearbeitung in x Tagen oder Reparaturanfälligkeit von x %. Stets sollte versucht werden, diese qualitativen Ziele irgendwie zu quantifizieren.
Jede Einführung ist anders! Die Einführung eines Balanced-Scorecard-Modells im Unternehmen ist niemals eine Lösung „von der Stange“. Die Projektarbeit umfasst mindestens folgende Schritte:

- **Analysephase:** Ermittlung und Formulierung strategischer Zielsetzungen. Ableitung von Teilzielen vor dem gedanklichen Hintergrund einer Balanced Scorecard. Es folgt die Definition kritischer Erfolgsfaktoren zur Erreichung der strategischen Ziele:

- **Konzeptionsphase:** Ableitung strategiekonformer konkreter Ziele und Indikatoren für das Unternehmen. Diese Ziele und Indikatoren werden im nächsten Schritt auf die Unternehmensbereiche heruntergebrochen.
- **Realisierungsphase:**
  - Füllen der Balanced Scorecard mit den vorhandenen Daten
  - Prüfen, wie die Daten aus Vorsystemen evtl. automatisch generiert werden können
  - Entwicklung von bereichsbezogenen Scorecards
  - Festlegung der praktischen Arbeit mit der Balanced Scorecard
  - Ziel ist, messbare strategiekonforme Kriterien zu erhalten, damit auf dieser Basis (auf allen Ebenen) qualifiziert kommuniziert werden kann, um letztlich Maßnahmen ableiten zu können (siehe Abb. 75)

Herzstück der Balanced Scorecard sind **Kennzahlen**. Im folgenden erhalten Sie für jede Perspektive die wichtigsten Kennzahlen (siehe Abb. 76).

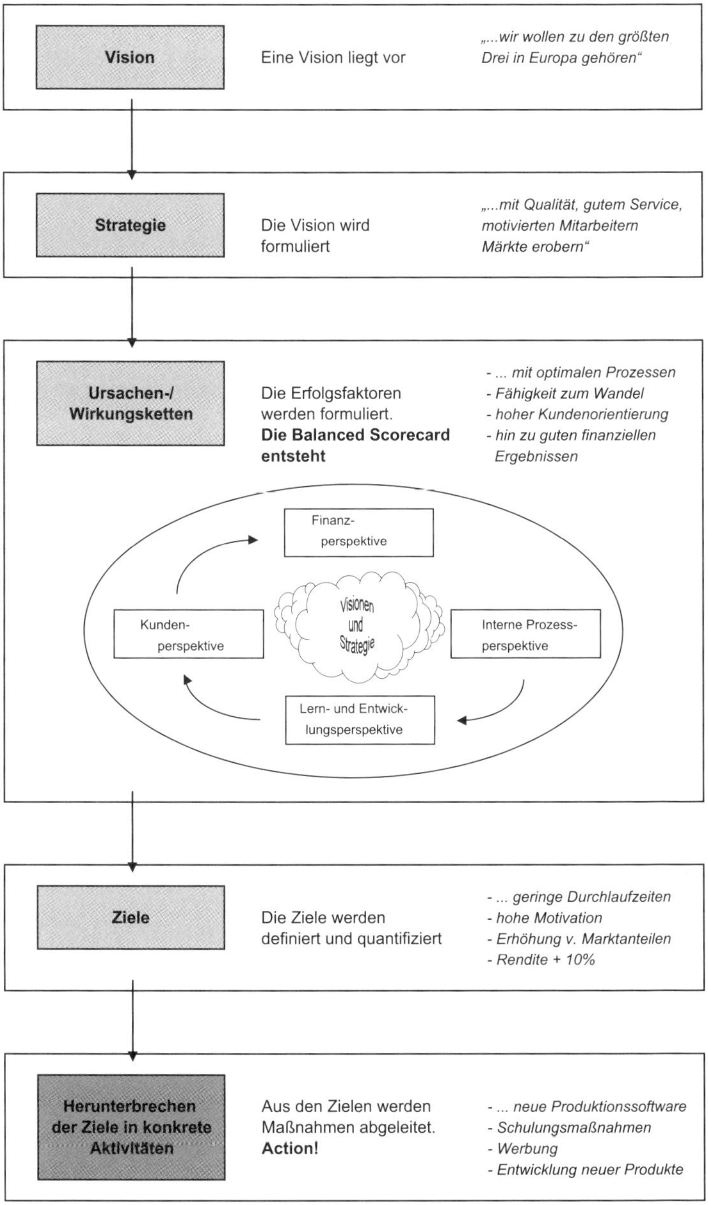

Abbildung 75: Von der Vision zu konkreten Aktivitäten

Finanzperspektive

Wachstum (z.B. Umsatz)	Umsatzwachstum absolut x 100 / Aktuellen Umsatz	85.000 / 730.000	11,6%	Wohin geht die Reise?
Gewinn	Umsatz - Kosten = Gewinn	730.000 590.000 140.000		Was kommt unter dem Strich in absoluten Zahlen raus?
Kostenkennzahlen				
Kostenstruktur	Fixe Kosten x 100 / Gesamtleistung	380.000 / 640.000	59,4%	Achtung bei Steigerung!
Abschreibungen	Abschreibungen x 100 / Gesamtleistung	38.000 / 640.000	5,9%	Steigt diese Kennzahl, wird die Leistung mit zunehmenden Abschreibungen erbracht oder die Leistung ist bei gleichen Abschreibungen gesunken = schlechtere Kapazitätsnutzung
Lohnkosten pro Minute	Einzellohnkosten / Leistungsminuten (oder Stunde, Tag usw.)	88.000 / 270.000	0,33 z.B. EURO	Fragt danach, was eine Leistungsminute usw. kostet. Einzellohnkosten = variabel Wichtige Kennzahl im Produktionsbereich
Vollkosten pro Minute	Summe Kosten / Leistungsminuten (oder Stunde, Tag usw.)	245.000 / 270.000	0,91 z.B. EURO	Was kostet eine Minute usw. gesamt? Wichtiger Indikator im Zeitablauf. Und wenn Sie jetzt den Konkurrenzwert wüßten!!
Bereichskosten-analyse	Kosten der Produktion x100 / Gesamtkosten	360.000 / 760.000	47,4%	
	Kosten des Vertriebes x 100 / Gesamtkosten	190.000 / 760.000	25,0%	Hier ist ein Vergleich mit der Konkurrenz außerordentlich interessant, zeigen die Kennzahlen doch die Gewichtung der Hauptkostenblöcke.
	Verwaltungskosten x 100 / Gesamtkosten	80.000 / 760.000	10,5%	Weitere Kennzahlen: Kostenblöcke in Relation zum Umsatz bzw. zur Gesamtleistung
	EDV-Kosten x 100 / Gesamtkosten	65.000 / 760.000	8,6%	
				Schwerpunktmäßig können noch

Abbildung 76: Balanced Scorcard-Kennzahlen

	Logistikkosten x 100 / Gesamtkosten	35.000 / 760.000	4,6%	Schwerpunktmäßig können noch andere Bereiche beleuchtet werden
Eigenkapital-(EK) rentabilität	(Gewinn + EK-Zinsen) x 100 / Eigenkapitel	70.000 / 400.000	17,5%	Wird das Eigenkapital richtig eingesetzt, hat es es sich gut verzinst?
Gesamtkapital-(GK) rentabilität	(Gewinn + GK-Zinsen) x 100 / Gesamtkapitel	85.000 / 600.000	14,2%	Wird das gesamte Kapital richtig eingesetzt, hat es sich gut verzinst?
Umsatzrentabilität	Gewinn + Fremdkapitalzinsen) x 100 / Umsatz	45.000 / 520.000	8,7%	Wichtig ist hier der Branchenvergleich. Sinkt die Kennzahl: Achtung!
Weitere Bilanzkennzahlen				
Anlagendeckung	Eigenkapital x 100 / Anlagevermögen	400.000 / 520.000	76,9%	Der „Klassiker" der sog. goldenen Bilanzregeln. Früher sagte man, dass Anlagevermögen sollte immer durch das Eigenkapital gedeckt sein.
Entschuldungsgrad	Cash Flow x 100 / Netto-Verschuldung	45.000 / 150.000	30,0%	Hierauf achtet die Bank.
	Netto-Verschuldung: Fremdkapital - liquide Mittel			
Verschuldungsgrad	Fremdkapital x 100 / Gesamtkapital	200.000 / 600.000	33,3%	Schlecht, wenn das Verhältnis im Zeitablauf immer schlechter wird.
Liquidität				
Liquiditätsverhältnis ersten Grades	Flüssige Mittel / Kurzfristige Verbindlichkeiten	120.000 / 110.000	1,1	Kann ich kurzfristig meine Gläubiger bedienen?
	Flüssige Mittel: Kasse, Bank, Scheck, Wechsel usw.			
Liquiditätsverhältnis zweiten Grades	Flüssige Mittel + kurzfr. Ford. + Vorräte / Kurzfristige Verbindlichkeiten	220.000 / 110.000	2,0	Wie entwickelt sich die Liquidität?

Prozeßperspektive

Produkterfolgsrate	Anzahl erfolgreicher Produkte x 100 / Gesamtzahl neuer Produkte	8 / 10	80,0%	Sind die neuen Produkte erfolgreich?
Projekterfolgsrate	Anzahl erfolgreicher Projekte x 100 / Gesamtzahl Projekte	6 / 6	100,0%	Sind unsere Projekte erfolgreich?
Angebotserfolsrate	Anzahl erfolgreicher Angebote x 100 / Gesamtzahl Angebote	245 / 312	78,5%	Sind unsere Angebote erfolgreich?
Ideenverwertungs-rate	Anzahl verwerteter Ideen x 100 / Gesamtzahl Ideen	25 / 38	65,8%	Lohnt es sich bei uns, neue Ideen zu haben?
Leerkosten-analyse	Genutzte Kapazität x 100 / Gesamtkapazität (z.B. in Stunden)	12.400 / 19.500	63,6%	Was wird nicht genutzt?

Lagerkennzahlen

Umschlagshäufigkeit	Verbrauch / durchschnittl. Bestand	12.500 / 1.500	8,3	„Dreht“ sich unser Bestand?
Umschlagsziffer des Fertigwarenlagers	Umsatzerlöse / Bestände Fertigwaren	850.000 / 110.000	7,7	Zeigt das Verhältnis Umsatz zum Bestand. Verschlechtert sich die Relation?
Umschlagsziffer des RHB-Lagers	RHB-Aufwand / RHB-Bestand	470.000 / 60.000	7,8	Je höher der Wert, desto besser
	RHB: Roh-/Hilfs- und Betriebsstoffe			
Materialanteil	Aufwand f. RHB x 100 / Gesamtleistung	420.000 / 1.050.000	40,0%	Vorsicht, wenn dieser sog. Wareneinsatz steigt. Wichtig: Vergleich mit der Konkurrenz.
Lagerbestand	Absolute Zahl			Keine Kennzahl, absoluter Wert. Trotzdem wichtig. Steigen die Bestände? Warum?
Lagerreichweite in Tagen	Lagerabgang p.a. / Lagerbestand p.a.	12.500 / 3.000	86	Wieviel Tage kann theoretisch bei Einstellung der Produktion der Vertrieb bedient werden? Haben wir zuviel auf Lager? Produzieren wir auf Lager?!

Produktivität	Ist-Fertigungsstunden x 100 / Mögliche Fertigungsstunden	22.500 / 28.000	80,4%	Sinkt die Produktivität?
Deckungsbeitrag je Leistungseinheit	Deckungsbeitragsvolumen / Anzahl Leistungseinheiten (z.B. Fertigungsstunden)	740.000 / 55.000	13,45	Zeigt die Produktivität einer Leistungseinheit.
Anteil F+E (Forschung- und Entwicklung)	F+E-Kosten x 100 / Gesamtkosten	225.000 / 2.600.000	8,7%	Wie entwickelt sich Ihr F+E-Anteil?
Umsatzanteil von F+E-Projekten	Umsatz F+E-Produkte x 100 / Gesamtumsatz	640.000 / 3.400.000	18,8%	Welchen Anteil haben F+E-Produkte z.B. der letzten drei Jahre am Gesamtumsatz. Mit welchen Produkten machen Sie den Hauptumsatz? Wie ist die Entwicklung?

Lern- und Entwicklungsperspektive

Anteil qualifizierter Mitarbeiter	Anzahl Akademiker, Ingenieure, Facharbeiter usw. (je nach Sichtweise) x100 / Gesamtzahl der Mitarbeiter	56 / 120	46,7%	Sind die richtigen Qualifikationen für die Zukunft an Bord?
Ergebnis Weiterbildung	Anzahl konkreter Umsetzungen x 100 / Anzahl Weiterbildungsmaßnahmen	5 / 18	27,8%	Lediglich Bildungstourismus oder bringt es auch was?
Fluktuation	Anzahl Kündigungen x 100 / Gesamtzahl Mitarbeiter	12 / 255	4,7%	,,Warum gehen die Leute?"
Mitarbeiterproduktivität	Umsatz / Anzahl Mitarbeiter	4.500.000 / 27	166.667 z.B. EURO	Wichtig im Branchenvergleich
	Deckungsbeitragsvolumen / Anzahl Mitarbeiter	1.200.000 / 27	44.444 z.B. EURO	Was wird am Mitarbeiter „verdient"?
Produktivität	Ist-Fertigungsstunden x 100 / Mögliche Fertigungsstunden	26.800 / 36.000	74,4%	Steigt oder sinkt die Produktivität?

Kundenperspektive

Marktanteil	Umsatz x 100 / Umsatzvolumen Gesamtmarkt	6.750.000 / 80.000.000	8,4%	Wie stark stehen wir im Markt?
Durchschnitts-preise	Umsatz / Anzahl verkaufte Stück	6.750.000 / 430.000	15,70 z.B. EURO	Diese Analyse kann differenziert nach z.B. Produktgruppen durchgeführt werden. Achtung, wenn der Preis sinkt.
Wiederholungs-käufe	Umsatz Wiederholungskäufe x100 / Gesamtumsatz	4.300.000 / 6.750.000	63,7%	Kommen die Kunden wieder?
Neukundenanteil	Neukunden x 100 / Kunden gesamt	25 / 310	8,1%	Mit wem machen wir Geschäfte?
Kundenrentabilität	Deckungsbeitragsvolumen / Anzahl Kunden	3.400.000 / 310	10.968	Was wird durchschnittlich am Kunden verdient? Wichtig im Zeitvergleich
Kundentreue	Umsätze Altkunden x 100 / Umsätze gesamt	4.900.000 / 5.200.000	94,2%	Sind die Kunden zufrieden?
Auftragseingang	Absolute Zahl			Keine Kennzahl, aber interessant im Zeitvergleich
Auftragsbestand	Absolute Zahl			Keine Kennzahl, aber interessant im Zeitvergleich
Rückstände	Absolute Zahl			Keine Kennzahl, aber interessant im Zeitvergleich Rückstand bedeutet: Nicht zufriedene Kunden!

Neue Ergebnisbegriffe: Was ist eigentlich ein EBIT?

Controller werden sich an neue Begriffe gewöhnen müssen. Mit dem bekannten Betriebsergebnis oder dem Gewinnbegriff der externen Rechnungslegung wird man zukünftig nicht mehr auskommen.
Gerade in großen Unternehmen redet man heutzutage kaum noch vom klassischen Gewinn. Bei Pressekonferenzen, Aktionärsversammlungen usw. spricht man nur noch von z.B. EBIT oder EBITDA, Operating Profit, NOPAT usw.
Die Verwirrung ist bei „Nichteingeweihten“ oft komplett. Jetzt ist das Bilanzergebnis vielleicht eine Katastrophe, aber der Vorstand ist stolz auf das gute Ergebnis, auf vielleicht den EBITDA. Man fragt sich: „Was hat man nun eigentlich verdient, wie ist denn nun die wirkliche Lage?“

Bilanz und GuV: Die Klassiker
Klassisch ergibt sich z.B. durch den Jahres- oder Quartalsabschluss ein Bilanzergebnis, das sich durch die doppelte Buchführung auch in der Gewinn- und Verlustrechnung (GuV) wiederfindet. Betrachten wir die GuV stark verkürzt, sieht dort ein Ergebnis wie folgt aus:

Umsatz
– Materialkosten
– Personalkosten
– sonstige Sachkosten
– Abschreibungen
– Zinsen
– Steuern vom Einkommen und Ertrag
= Ergebnis (GuV-Ergebnis bzw. Bilanzergebnis).

Diese Rechnung beinhaltet „alles“. Neben den reinen betrieblichen Komponenten sind hier auch sog. neutrale Effekte berücksichtigt, also Ergebnisse aus Beteiligungen, Finanzanlagen, außerordentlichen Positionen usw.

Betriebsergebnis: Noch ein Klassiker
Es gibt aber Ergebniskomponenten, die mit der eigentlichen periodischen betrieblichen Leistungserstellung nichts zu tun haben. Ein Ergebnis um diese

Komponenten bereinigt, nannte bzw. nennt man immer noch häufig **Betriebsergebnis**. Man teilt dafür das Ergebnis z.B. in ein **Neutrales Ergebnis** und das Betriebsergebnis. Ein Betriebsergebnis kann z.B. vor Steuern oder Zinsen ausgewiesen werden. So neu sind also die neuen Ergebnisbegriffe auch wieder nicht.

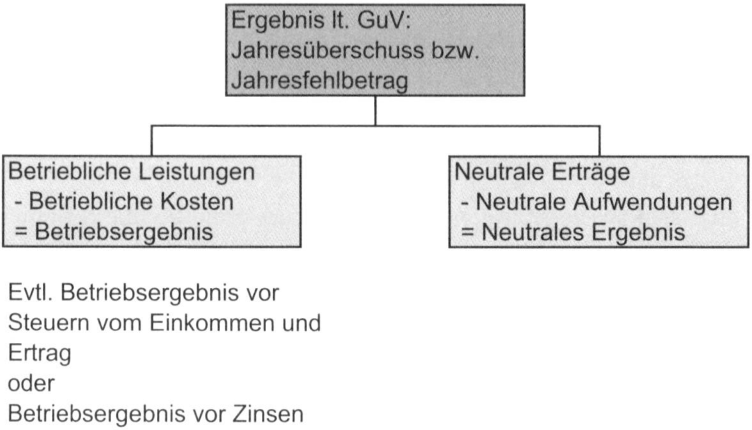

Abbildung 77: Betriebs- und Neutrales Ergebnis

Die neuen Ergebnisbegriffe bauen weitestgehend und meistens auf den betrieblichen Komponenten auf (bzw. was als betrieblich definiert ist). Man nennt dies auch die operative Tätigkeit.

Die neuen Begriffe

Basis für die Ergebnisbegriffe ist das sog. operative Geschäft, also die betriebliche Tätigkeit. Beispiel: Der Volkswagenkonzern hat neben der PKW-Produktion ein umfangreiches „Nebengeschäft“ mit Beteiligungen, Wertpapiergeschäften usw. Beim sog. operativen Geschäft bei Volkswagen geht es nur um die PKW-Produktion.
Hier zunächst eine Übersicht mit Rechenbeispielen. Das sind die Zusammenhänge.
Man sieht, einmal wird mit Steuern gerechnet, einmal ohne Steuern, dann auch ohne Zinsen usw. Das heißt dann z.B. Ergebnis vor Steuern oder vor Zinsen. Man rätselt spontan, warum man vor sagt und nicht gleich ohne, aber

	Klassische Ergebnisbegriffe			Neue Ergebnisbegriffe				
	GuV	Betriebsergebnis nach Steuern und Zinsen	Betriebsergebnis vor Steuern nach Zinsen	EBIT	Operating Profit	NOPAT	NOPATBI	EBITDA
Umsatz	100	100	100	100	100	100	100	100
+ Neutrale Erträge	10	0	0	0	0	0	0	0
- Materialkosten	25	25	25	25	25	25	25	25
- Personalkosten	35	35	35	35	35	35	35	35
- Sachkosten	15	15	15	15	15	15	15	15
- Abschreibungen	10	10	10	10	10	10	10	0
- neutrale Aufwend.	15	0	0	0	0	0	0	0
- Zinsen	5	5	5	0	5	5	0	0
- Steuern	10	10	0	0	0	10	10	0
= Ergebnis	-5	0	10	15	10	0	5	25

Abbildung 78: Neue Ergebnisbegriffe

es hat sich so eingebürgert. Vielleicht klang ohne für die Schöpfer dieser Begriffe zu banal oder sogar ein wenig anrüchig. Denn ohne hört sich in der Tat so an, als möchte man etwas verbergen oder besser darstellen.
Zunächst die Übersetzungen:

- **EBIT** = **E**arnings **B**efore **I**nterests and **T**ax = Ergebnis vor, das heißt ohne Zinsen (engl.: interests) und Steuern (engl.: tax).
- **Operating Profit** = Operativer Gewinn = Gewinn aus der betrieblichen Tätigkeit
- **NOPAT** = **N**et **O**perating **P**rofit **A**fter **T**ax. Das ist der Operating Profit nach, das heißt mit Steuern (vom Einkommen und Ertrag).
- **NOPATBI** = **N**et **O**perating **P**rofit **A**fter **T**ax aber **B**efore **I**nterests. Das ist der Operating Profit nach Steuern (vom Einkommen und Ertrag) aber vor Zinsen (before interests).
- **EBITDA** = **E**arnings **B**efore **I**nterests and **T**ax, **D**epreciations and **A**mortization. Das ist das Ergebnis vor Zinsen und Steuern, aber auch vor Abschreibungen (Depreciations) und Amortisation (der immateriellen Anlagen)

Was soll das alles?
Ein Zyniker sagte einmal: „Demnächst weisen wir vielleicht ein Ergebnis vor Personalkosten aus und dann haben wir den verlustträchtigsten Laden noch in der Gewinnzone.“ Aber im Ernst: Obige derartige Ergebnisausweise können durchaus sinnvoll sein. Sie dienen dazu, Unternehmen in ihrer

betrieblichen Leistungsfähigkeit vergleichbar zu machen, insbesondere wenn man im internationalen Rahmen Vergleiche anstellen will. Bei den Positionen, die bei der Ergebnisbetrachtung herausgenommen werden, handelt es sich um Effekte, die eine realistische Einschätzung der Leistungsfähigkeit eines Unternehmens verschleiern können. Es ist eben nicht realistisch, von einem schlechten Bilanzergebnis zu schließen, dass das Unternehmen nicht leistungsfähig ist. Folgendes ist zu beachten:

- **Zinsen:** Ein Ergebnisausweis vor Zinsen kann sinnvoll sein, weil sich die Unternehmen unterschiedlich finanzieren. Eines muss sich teuer am Kapitalmarkt versorgen, ein anderes bekommt Unterstützung z.B. durch die Muttergesellschaft. Ein Unternehmen finanziert sich durch Aktien, ein anderes durch den Inhaber. Derartige Effekte sollen durch ein Ergebnis vor Zinsen eliminiert werden und es soll gezeigt werden, wie sich die Leistung vor Finanzierungseffekten entwickelt.
- **Abschreibungen:** Im Bereich der Abschreibungen gibt es eine Reihen von steuerlichen Wahlmöglichkeiten. Insbesondere ein „good will" kann (vor allem international gesehen) verschieden abgeschrieben werden. Dann gibt es eine Reihe von Sonderabschreibungen usw. Ein Ergebnis von Unternehmen, das Abschreibungen beinhaltet, ist im Zweifel nur noch schwer zu vergleichen. Und deshalb lässt man bei manchen Ergebnisausweisen die Abschreibung gleich weg.
- **Steuern (vom Einkommen und Ertrag):** Auch bei den Steuern gibt es Gestaltungsmöglichkeiten, Verrechnungsmöglichkeiten mit anderen Einkünften usw. International sind die Steuersätze unterschiedlich. So sagt ein Ergebnis nach Steuern in der Tat nicht viel über die Leistungsfähigkeit eines Unternehmens aus.

Fazit: Die neuen Ergebnisbegriffe sollen helfen, die Leistungsfähigkeit der Unternehmen realistisch zu vergleichen.

Anmerkung: In Literatur und Praxis wird nicht einheitlich vorgegangen und es gibt innerhalb der Begriffe unterschiedliche Herangehensweisen, Verästelungen und Feinheiten, Zu- und Abrechnungen usw. So können diese Kennzahlen lediglich einen Überblick darstellen.

Wertorientiertes Management: Der Shareholder Value ist „in“

Neben den neuen Ergebnisbegriffen sind die Begriffe Shareholder Value und EVA (Economic Value Added) zu einiger Berühmtheit gelangt. Ziel ist, den **Unternehmenswert** oder den Wert einer strategischen Geschäftseinheit nachhaltig zu steigern. Alle Aktivitäten im Unternehmen werden auf eine Wertsteigerung hin ausgerichtet, wobei den sog. Werttreibern dabei besondere Beachtung geschenkt wird. Werttreiber sind dabei alle materiellen oder immateriellen Faktoren, die ein Unternehmen zum Erfolg führen, z.B.

- Attraktive Produkte Märkte
- Zukunftsorientierte Investitionen
- Gut qualifizierte und motivierte Mitarbeiter
- Niedrige Kapitalkosten
- Profitable Unternehmenseinheiten
- Effektive interne Abläufe

usw.

Im Controlling wird nun versucht, diese (heutigen und zukünftigen) Unternehmenswerte zu messen. Dabei haben sich zwei Modelle in mannigfaltiger zum Teil hochkomplizierter Ausgestaltung durchgesetzt.

- Shareholder Value
- EVA (Econonomic Value Added)

Auf den Shareholder Value werden wir etwas intensiver eingehen.

Shareholder Value
Große Konzerne wie DaimlerChrysler oder die Bayer AG steuern ihr Unternehmen z.B. nach den Prinzipien des Shareholder Value. Und nachdem die Nachrichten im Fernsehen seit einiger Zeit regelmäßig Börsenberichte bringen, ist Shareholder Value sozusagen in aller Munde. Zunächst einmal: Der Shareholder ist der Aktionär, Value ist der Wert.

Um was geht es?
Die Grundidee des Shareholder Value ist: Der Vorstand eines Unternehmens soll alles unternehmen, was den Wert des Unternehmens steigert. Vereinfacht gesagt, was den Aktienkurs des Unternehmens an der Börse erhöht.
Nun kann man einwenden, dass der Wert eines Unternehmens doch bereits durch eine zentrale Messgröße ausgedrückt wird: durch den Gewinn. Aber bei der Betrachtung des Gesamtwertes, insbesondere des zukünftigen Wertes des Unternehmens, ist der Gewinn als zentrale Aussage problematisch. Denn ein Gewinn kann mit bilanzpolitischen Mitteln gesteuert werden. Er kann über Jahre niedrig gehalten werden oder bei Bedarf auch mal in einer Höhe gezeigt werden, die über die tatsächliche Ertragskraft des Unternehmens hinausgeht. Stichwörter: Rückstellungen, Bewertungsspielräume usw.
Und so kümmert der aktuelle Gewinn den Shareholder Value recht wenig. Er richtet sein Augenmerk vielmehr auf den Cash Flow, besser noch, auf die zukünftigen Cash Flows. Zur Erinnerung: Cash Flow ist der Kassenzufluss. Vereinfacht: Gewinn + Abschreibungen. Im Gewinn sind Kosten enthalten (Abschreibungen), die nicht Ausgaben waren. In der Kasse ist mehr, als in der Bilanz als Gewinn steht. Sehr vereinfacht gesagt, ist nun der Wert des Unternehmens die Summe der zukünftigen Cash Flows, also das, was zukünftig in die Kasse kommt.
Diese Cash Flows werden nun entweder mittel- oder langfristig ermittelt. Basis sind Controllingdaten, Istdaten, operative Planungen, Strategien.
Stehen die Cash Flows fest, beginnt ein komplizierter finanzmathematischer Prozess. Die Cash Flows werden abgezinst (was sind zukünftige Cash Flows heute wert?), es wird ein Fortführungswert nach Ende der Planungsperiode ermittelt, der Marktwert des Fremdkapitals wird festgestellt usw. Nur wenige im Unternehmen verstehen überhaupt die Sinnhaftigkeit dieser komplizierten Ermittlung und können diese nachvollziehen. Und so sagen viele:

> „Eigentlich ist aber der Shareholder Value weniger eine Rechenformel, sonder eher ein Denkansatz.“

Wichtig ist dabei eine erkennbare Zukunftsorientierung des Unternehmens.

Berechnung Shareholder Value

Shareholder Value ist wieder so ein Thema, bei dem „jeder" mitredet, aber nahezu niemand eigentlich weiß, worüber er eigentlich redet. Eine Beispielrechnung findet der interessierte Leser fast nirgends und so soll an dieser Stelle einmal ein Shareholder Value beispielhaft berechnet werden. Nun wird es etwas komplizierter.
Das ist die Formel:

$$SV = \sum_{t=1}^{n} \frac{FCF_t}{(1 + WACC)^t} + \frac{\text{Residualwert}}{(1 + WACC)^n} + \text{Liquide Mittel - Finanzschulden}$$

- SV = Shareholder Value
- FCF_t stellt den für die einzelnen Perioden prognostizierten Free Cash Flow (vor Zinsen) dar.
- Im Residualwert oder Fortführungswert wird der über den expliziten Prognosezeitraum hinaus erzielbare Free Cash Flow erfaßt
- WACC ist der sog. Weighted Average Cost of Capital (gewichtete durchschnittliche Kapitalkosten) Dieser wird als Diskontierungsfaktor verwendet. Er bringt die Mindesterwartung der Eigen- und Fremdkapitalgeber zum Ausdruck:

Abbildung 79: Berechnung Shareholder Value

Eine derartige Formel schreckt zunächst erst einmal ab. Verständlich. Aber vereinfacht und populärer ausgedrückt:

Summe der (abgezinsten) zukünftigen Cash Flows der Planungsperioden

\+ (abgezinster) Fortführungswert
\+ börsenfähige liquide Mittel
\- Finanzschulden
= Shareholder Value

Für diejenigen, die nun etwas tiefer einsteigen wollen, führen wir unten eine Schritt-für-Schritt-Berechnung durch.

Anmerkung: Bitte beachten Sie, dass selbst diese relativ komplizierte Darstellung noch eine vereinfachte bzw. verkürzte Vorgehensweise ist. In der Praxis ist es noch um einiges komplizierter, so gibt es z. B. noch diverse Korrekturposten zu einigen Rechenpositionen.
Wir gehen in der Beispielrechnung von einem Planungshorizont von fünf Jahren aus. Für diese Periode soll der Shareholder Value ermittelt werden.

Ermittlung der Free Cash Flows
Zunächst werden jetzt die Free Cash Flows für diese Planungsperiode ermittelt.

	Plan 2015	Plan 2016	Plan 2017	Plan 2018	Plan 2019
= Betriebsergebnis nach Steuern/ vor Zinsen ($NOPAT_{BI}$)	195.000	210.000	240.000	260.000	280.000
+ Abschreibungen	300.000	310.000	320.000	320.000	320.000
- Investitionen	280.000	300.000	310.000	310.000	300.000
- Erhöhung Working Capital	20.000	10.000	10.000	5.000	5.000
= Free Cash Flow	**195.000**	**210.000**	**240.000**	**265.000**	**295.000**

Abbildung 80: Berechnung Free Cash Flows

Diese Free Cash Flows werden später mit dem Kapitalisierungszinsfuss abgezinst.
Was heißt abgezinst? Der Hintergrund ist: Man will wissen, was das Unternehmen heute wert ist. Denn ein Cash Flow, der in fünf Jahren eingefahren wird, ist heute weniger wert. Warum? Jetzt muss man einige wenige finanzmathematische Grundlagen kennen:
Angenommen man muss in fünf Jahren einen Betrag von 50.000 EUR bezahlen, z.B. Kauf einer Maschine. Dann muss man diese 50.000 EUR ja nicht schon heute aufbringen. Heute kann weniger Geld zur Verfügung stehen, denn man kann in der Zeit bis zur Fälligkeit mit dem Geld „arbeiten", mit Zins und Zinseszins. Diese 50.000 EUR sind also heute „weniger wert". Nämlich um den abgezinsten Wert. Denn legt man heute Geld für z.B. 5 % an, dann muss man für diese 50.000 EUR, die in fünf Jahren fällig sind, heute lediglich 39.176 EUR anlegen. Bekommt man z.B. 7,5 % Zinsen, dann müssten man heute nur 34.828 EUR anlegen.

Jetzt der umgekehrte Fall und dieser ist jetzt wichtig für unseren Shareholder Value: Wenn man in fünf Jahren einen Cash Flow von 50.000 EUR erwartet, dann darf man nicht rechnen, als ob diese 50.000 EUR schon heute zur Verfügung stehen. Man muss den zu erwartenden Betrag auf heute abzinsen. Somit sind die in fünf Jahren erwarteten 50.000 EUR Cash Flow ebenfalls heute bei 5 % Zinssatz lediglich 39.176 EUR wert.
Fazit für die Shareholder Value-Berechnung: Ein in vielleicht fünf Jahren in das Unternehmen fließender Free Cash Flow ist abzuzinsen, er ist „auf heute" gesehen, weniger wert. Diese Abzinsung „auf heute" bezeichnet man als Barwert. Man berechnet also den Barwert der verschiedenen Cash Flows.

Barwertberechnung
Der **Barwert** ist die auf den aktuellen Zeitpunkt abgezinste Zahlung. Man nehme also die spätere Einnahme (den Cash Flow) und zinse sie mit Zins- und Zinseszins ab. Dabei kommt folgende Formel zur Anwendung.

$$\frac{1}{(1+i)^t}$$

Beispiel: In fünf Jahren wird ein Cash Flow von 200.000 EUR erwartet. Was ist dieser Cash Flow <u>heute</u> wert, wenn er mit 7% abgezinst wird?

$$\frac{1}{(1{,}07)^5} = 0{,}712986$$

200.000 x 0,712986 = **142.597 EUR**

Abbildung 81: Barwertberechnung

Anmerkung: Üblich ist in diesem Zusammenhang das Arbeiten mit Barwerttabellen. Man muss also nicht diese komplizierte Formel „per Hand" rechnen, sondern kann die Ergebnisse in Tabellen ablesen.

Der Zinsfuß
Die Frage ist regelmäßig, mit welchem Zinssatz nun diese obige Abzinsung passieren muss, das ist der **Kapitalisierungszinsfuss**. Hier gibt es im Rahmen des Shareholder Value den sog. WAAC (Weighted average Costs of Capital = Gewichtete durchschnittliche Kapitalkosten). Dieser hängt von der Zusammensetzung der Kapitalstruktur, also vom Verhältnis Eigen-/Fremdkapital ab.

Hier ermittelt man zunächst den **Eigenkapitalkostensatz.**

Risikoloser Basiszinsatz (z.B. Zinssatz für sichere langfristige Anleihen, z.B. Bundesanleihen)	5,0%	
+ Marktrisiko (langfristige Marktrendite, z.B. langfristige DAX-Rendite minus risikoloser Basiszinssatz)	5,0%	(10 % - 5 %)
+ Unternehmensspezifisches Risiko (auf Basis Betafaktor 1,2)	1,0%	(5% x Faktor 1,2)
= Eigenkapitalkostensatz	**11,0%**	

Abbildung 82: Ermittlung des Eigenkapitalkostensatzes

Man geht davon aus, dass man ja, statt das Geld im Unternehmen anzulegen, auf dem Markt ebenfalls Renditen erwirtschaftet hätte, z.B. Risikolose Renditen, indem man z.B. Bundesanleihen von 4 % gekauft hätte.
Oder das Geld in Aktien angelegt, dies würde langfristig vielleicht 12 % bringen. Zu berücksichtigen ist auch ein unternehmensspezifisches Risiko. Möglicherweise steigt oder fällt unser Marktrisiko über- oder unterproportional zum Gesamtmarkt (z.B. zum DAX). Dies ist das unternehmensspezifische Risiko im Vergleich zum Marktrisiko, z.B. ein Faktor 1,2 (man nennt dies auch den Betafaktor). In diesem Verhältnis bewegt sich nun das Unternehmen in Relation zum Marktrisiko. Liegt jetzt z.B. das Marktrisiko bei 5 %, bekommen wir noch einen Aufschlag um den Faktor 1,2 = 1 %.

Dann wird unter Einbeziehung der Fremdfinanzierung der gesamte **Kapitalkostenzinsfuß** ermittelt. Dabei müssen die Kosten des Fremdkapitals nach Steuern errechnet werden, da Kosten (Zinsen) des Fremdkapitals steuermindernd sind. Somit sinkt der Prozentsatz für Fremdkapital.

Finanzierungsquelle	Wert	Gewichtung	% vor Steuern	% nach Steuern (35% Steuern)	Durchschnittl. Kapitalkostensatz
Eigenkapital	1.700.000	51,5%	11,00%	11,00%	5,7%
Bankkredit A	1.100.000	33,3%	7,00%	4,55%	1,5%
Bankkredit B	500.000	15,2%	8,00%	5,20%	0,8%
Summe	3.300.000	100,0%	---	---	**8,0%**

Abbildung 83: Berechnung des Gesamtkapitalzinsfußes (WAAC)

Berechnung Fortführungswert

Jetzt fehlt noch der Fortführungswert, auch Residualwert genannt.

Hintergrund: Man hat für die Planungsperiode (im Beispiel fünf Jahre) die Cash Flows geplant. In der Regel geht man aber davon aus, dass das Unternehmen fortgeführt wird. Also muss der Wert des Unternehmens auch für die Zeit nach dem Planungszeitraum berücksichtigt werden, das ist der Fortführungswert. Dies ist naturgemäß ein schwieriges Unterfangen, denn was ist das Unternehmen in z.B. fünfzehn Jahren wert? Man muss quasi einen „ewigen Cash Flow" ermitteln. Nun muss man mit Hilfsgrößen arbeiten, z.B. nimmt man jetzt gern hilfsweise die sogenannte „ewige Rente". Die Grundidee ist hierbei, dass man ein Kapital hat und trotz jährlich regelmäßiger und gleichbleibender Auszahlungen dieses Kapital (auch Kapitalstock genannt) gleich bleibt. Das bedeutet, dass der Ertrag aus dem Kapital dieser Auszahlung entsprechen muss. Kenne ich nun die Auszahlungen, nämlich z.B. den durchschnittlichen zukünftigen Cash Flow nach der Planungsperiode, kann ich nun das Kapital ermitteln, welches Basis für diesen ewigen Cash Flow ist. Man berechnet dies mit folgender Formel:

$$\frac{\text{Ewiger Cash Flow}}{\text{Kapitalzinsfuß 8\% (0,08)}} \qquad \frac{294.800}{} \quad = \quad \mathbf{3.685.000}\ \text{EUR}$$

Abbildung 84: Berechnung ewiger Cash Flow

(natürlich ist es Unsinn, hier auf den EURO genau zu rechnen, also sagt man in diesem Falle vielleicht 3,7 Mio. EURO).

Dieses Kapital von 3,7 Mio. EUR ist der Unternehmenswert, der sich zukünftig nach der Planungsperiode ergibt, der Fortführungswert. Dieser ist also ein Bestandteil des Unternehmenswertes (Value) für den „Shareholder". Freilich ist es schwierig, diesen ewigen Cash Flow zu ermitteln. Wer weiß schon, was z.B. in zehn oder fünfzehn Jahren ist. Hilfsweise orientiert man sich jetzt z.B. am letzen Cash Flow der Planungsperiode oder an den durchschnittlichen Cash Flows der Planungsperiode, nimmt ein Mix aus beiden oder rechnet gar noch eine Wachstumsrate mit ein. Hier gibt es keine Patentrezepte, es kommt immer auf die Prognose im Rahmen der Unternehmenssituation an.

Auch der Fortführungswert wird im Rahmen des Shareholder Value „auf heute" abgezinst.

Summe der Cash Flows der Planungsperiode	1.205.000
Jahre der Planungsperiode	5
Durchschnittliche Cash Flows	241.000
Letzter Cash Flow der Planungsperiode	295.000
Durchschnittliche Cash Flows + Letzer Cash Flow : 2	268.000
+ Wachstumsfaktor	1,1
= „ewiger Cash Flow"	**294.800**
Kapitalkostensatz	8,0%
Fortführungswert	**3.685.000**

Abbildung 85: Ermittlung des Fortführungswertes

Ermittlung Shareholder Value

Jetzt werden die Free Cash Flows und der Fortführungswert abgezinst und addiert. Börsenfähige liquide Mittel werden ebenfalls addiert, da sie zum (sogar jederzeit flüssig zu machenden) Wert des Unternehmens beitragen. Die Finanzschulden werden abgezogen, denn dieser „Wertanteil“ des Unternehmens gehört anderen, z.B. den Banken und muss zurückgezahlt werden (wenn der Betrachtungszeitpunkt des Shareholder Values „heute“ ist, muss dieser aktuelle Fremdkapitalanteil nicht ebenfalls abgezinst werden).

Als Ergebnis ergibt sich nun der Shareholder Value = Unternehmenswert (siehe Abb. 86).

Was bedeutet diese Zahl?

Mit der absoluten Zahl Shareholder Value soll beantwortet werden, was das Unternehmen wert ist, nicht was es für aktuelle Gewinne oder Renditen erwirtschaftet.

Verkürzt bzw. vereinfacht gesagt: Wenn Sie das Unternehmen zu diesem Zeitpunkt verkaufen wollten, würden Sie es auch nicht zum aktuellen Wert z.B. der Grundstück, Gebäude, Maschinen plus Vorräte und Bankguthaben verkaufen, sondern Sie würden es in etwa zu dem Preis verkaufen, der dem Käufer zukünftig an Geld (Cash) aus dem Unternehmen vielleicht in den nächsten fünf bis zehn Jahren zufließt (und Ihnen durch den Verkauf entgeht).

Oder anders gesagt und um es einmal etwas recht plakativ zu beschreiben: Sie werden als Eigentümer eines Unternehmens gefragt: „Was ist Ihr Unternehmen wert?“ Dann werden Sie auch nicht sagen: „Soviel wie der aktuelle

Betrachtungszeitraum: Ende 2014

	Ende 2014	Plan 2015	Plan 2016	Plan 2017	Plan 2018	Plan 2019	Fortführungswert
= Betriebsergebnis nach Steuern/ vor Zinsen ($NOPAT_{BI}$)		195.000	210.000	240.000	260.000	280.000	
+ Abschreibungen		300.000	310.000	320.000	320.000	320.000	
- Investitionen		280.000	300.000	310.000	310.000	300.000	
- Erhöhung Working Capital		20.000	10.000	10.000	5.000	5.000	
= Free Cash Flow		**195.000**	**210.000**	**240.000**	**265.000**	**295.000**	**3.685.000**
Abzinsungsfaktoren		0,925926	0,857339	0,793832	0,735030	0,680583	0,680583
Barwerte		**180.556**	**180.041**	**190.520**	**194.783**	**200.772**	**2.507.949**
2015	180.556						
2016	180.041						
2017	190.520						
2018	194.783						
2019	200.772						
Fortführungswert	2.507.949						
Barwert der Free Cash Flows	**3.454.620**						
+ börsenfähige Wertpapiere	662.000						
- Finanzschulden	1.600.000						
= Shareholder Value	**2.516.620**						

Abbildung 86: Ermittlung Shareholder Value

Gewinn oder der Gewinn der nächsten drei Jahre.“ Sie werden wissen, dass der Gewinn vom Steuerberater ein wenig „gestaltet“ wurde und überhaupt geht es um die grundsätzliche Werthaltigkeit des Unternehmens. Und die bestimmt sich wieder aus den zukünftigen Geldzuflüssen (Cash).

Es geht also darum, was Ihr Unternehmen heute vor dem Hintergrund zukünftiger Entwicklungen wert ist.

Und immer wird man beim Verkauf oder bei der Argumentation der Werthaltigkeit des Unternehmens beschreiben, was die eigentlichen wertbestimmenden, bzw. wie man es ausdrückt, „werttreibenden“ Faktoren (Werttreiber) sind:

- Wir haben gute neue Produkte und bewegen uns auf attraktiven Märkten
- Unsere Investitionen erwirtschaften gute zukünftige Cash Flows
- Unsere Mitarbeiter sind gut qualifiziert
- Unsere Kapitalkosten (z.B. Zinsen für Kredite) sind o.k. und werden eher sinken
- Von unrentablen Unternehmenseinheiten werden wir uns trennen
- Wir planen lukrative Neuzukäufe und Beteiligungen

All dies sind Maßnahmen, die den Wert des Unternehmens erhöhen.
Vor den oben geschilderten Szenarien muss man den Shareholder Value sehen. Und so ist es nun die Aufgabe des Managements, den Wert des Unternehmens zu erhöhen, z.B. die oben genannten werttreibenden Faktoren zu optimieren. Wenn dies gelingt, wird der Shareholder Value steigen, letztlich kommt absehbar mehr Geld in die Kasse. In den Augen der Anteilseigner bzw. der an dem Unternehmen Interessierten sieht die Zukunft des Unternehmens dann positiv aus. Und ein Ergebnis kann dann sein: Die Aktienkurse steigen.

Kritik an der Aussagekraft
Das Ergebnis einer Shareholder Value-Berechnung ist nicht ohne Probleme:

- Planungsunsicherheiten: Es ist fast dreist zu behaupten, dass man vor dem Hintergrund der heutigen wirtschaftlichen Situationen mit all ihren Problemen (Globalisierung, Währungsturbulenzen, politische Entwicklungen usw.) die nächsten Jahre einigermaßen sicher planen kann. Wer aus dem „Planungsgeschäft" kommt, z.B. viele Jahre im Controlling Planungen gemacht und begleitet hat, weiß, dass man kaum das nächste Jahr planerisch sicher in den Griff bekommt.
  - Es beginnt schon mit der Planung der Cash Flows. Man schaue sich einmal die täglichen Wirtschaftsmeldungen an: Renommierteste Unternehmen korrigieren regelmäßig Ihre Jahresplanungen. Glauben Sie im Ernst, dass z.B. ein Unternehmen – egal welcher Branche – heute verantwortungsvoll abschätzen kann, welchen Cash Flow es in vielleicht fünf Jahren haben wird?
  - Der Kapitalisierungszinsfuß ist schon im aktuellen Jahr eine fragliche Größe (woran soll man sich orientieren?). Die Zukunft ist noch fraglicher. Allein der Dollarkurs schwankte innerhalb zweier Jahre um über 20%, was Einfluss auf jedes nationale und internationale Zinsniveau hat.
  - Der sogenannte Betafaktor ist z.B. abhängig vom Aktienindex. Selbst erfahrenste Finanzexperten tappen hier im Dunkeln. Die letzten Börsen- bzw. Finanzkrisen sprechen Bände.

- Der Fortführungswert steht „in den Sternen". Was ist in zehn oder fünfzehn (!) Jahren? Hilfsrechnungen wie z.B. die „ewige Rente" sind fragwürdig.

Fazit: Ein ungewisser Wert jagt den anderen. Fragwürdige Cash Flows und noch fragwürdigere Fortführungswerte werden mit fragwürdigen Zinssätzen abgezinst. Aber es gibt noch eine andere Kritik:

- Die Berechnung des Shareholder Value ist so kompliziert, dass kaum jemand sie versteht. So ist jede qualifizierte Diskussion im größeren Unternehmensrahmen schwierig.
- Der Shareholder Value erfasst im ersten Ansatz nur monetäre Faktoren. Bekanntlich sind aber die sog. „Soft facts" ebenfalls wichtig. Diese in die Rechnung zu integrieren, wird schwierig.
- Und nicht zuletzt ist er aus psychologischen Gründen fraglich: Welcher Verantwortliche (und den Shareholder Value berechnen nur verantwortliche Mitarbeiter bzw. er ist die Maßgröße für die verantwortliche Mitarbeiter im Unternehmen) wird heute zugeben, dass er das Unternehmen in vielleicht drei Jahren „den Bach runtergehen" sieht". Wer traut sich, eine düstere Zukunft zu planen oder gar nur zu prophezeien, gibt er doch dadurch indirekt zu, dass er ein schlechter Manager ist.

Dies alles sollte dazu führen, dass man zumindest dem gerechneten Shareholder Value eher mit Misstrauen begegnen sollte. Das Gegenargument ist allerdings immer: Wenn man nicht entsprechend rechnet, hat man überhaupt keine Informationen. Der Shareholder Value, so fraglich er auch ist, ist wenigstens ein Versuch, die Werthaltigkeit des Unternehmens zu ermitteln.

EVA (Economic Value Added)
Beim EVA wird der Unternehmenswert nach folgender Basisrechnung ermittelt:

Gewinn nach Steuern
<u>– Kapitalkosten</u>

= EVA.

Die Komponenten des EVA kann man als sog. „EVA-Baum“ darstellen, bei dem dann die einzelnen Komponenten sichtbar werden.

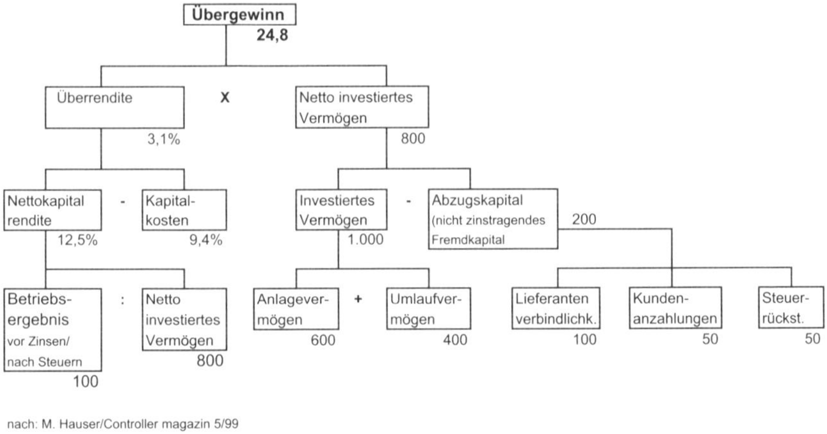

Abbildung 87: Ermittlung EVA

Der EVA wird auch als *„Übergewinn“* bezeichnet (im Beispiel 24,8), weil er jenen Gewinn darstellt, der über die Kapitalkosten hinaus erwirtschaftet wird.
In der Praxis gibt es noch eine Reihe Korrekturen zu einzelnen Positionen, die teilweise die Rechnung recht kompliziert machen können (z.B. Berücksichtigung von Good Will, Anzahlungen, Rückstellungen usw.).

Fazit: Die Diskussion über die wertorientierte Unternehmensführung ist noch längst nicht abgeschlossen. Erschwert wird sie durch sehr unterschiedliche Ansätze (es gibt über den Shareholder Value und EVA hinaus noch einige andere Methoden). Auch ist der zukünftige nachhaltige Stellenwert der Wertorientierung noch offen, da einige Kritiker sagen, dass sich die Konzepte nicht so wie erwartet bewährt haben. Auf jeden Fall aber bleibt es zunächst Controllingthema.

Corporate Governance: Maßstäbe für die Unternehmensleitung

„Der Deutsche Corporate Governance Kodex verbessert die Attraktivität der deutschen Finanzmärkte" – so verkündete es stolz die deutsche Bundesregierung bei der Veröffentlichung des Kodex Ende Februar 2002. Die Bundesregierung hat gemeinsam mit der Wirtschaft Regeln erarbeitet, die für mehr Transparenz der Unternehmen gegenüber der Öffentlichkeit sorgen sollen. Corporate Governance heißt übersetzt Unternehmensleitung. Eine von der Bundesregierung eingesetzte Kommission hat hierzu den „Deutschen Corporate Governance Kodex" herausgegeben, der Verhaltensstandards und Offenlegungspflichten speziell für börsennotierte Unternehmen enthält, u.a. die Verpflichtung ein angemessenes Risikomanagement und Risikocontrolling im Unternehmen zu betreiben. Die Unternehmen sollen sich freiwillig dazu verpflichten, diesen Kodex einzuhalten. Die im Kodex enthaltenen klaren Regeln für Vorstände und Aufsichtsräte börsennotierter Gesellschaften erhöhen die Transparenz für die Anleger und verbessern den Zugang der Unternehmen zu den internationalen Finanzmärkten. Die Wettbewerbsfähigkeit deutscher Unternehmen soll verbessert, der Schutz der Aktionäre verstärkt und der Finanzplatz Deutschland gefestigt werden. Konkret verfolgt der Deutsche Corporate Governance Kodex folgende Ziele:

- Intensivierung der Kontrolle der Unternehmensleitung durch Stärkung des Aufsichtsrats
- Verbesserung der Aktionärsrechte und des Anlegerschutzes
- Förderung der Transparenz innerhalb und außerhalb des Unternehmens
- Einführung von Standards für eine regelmäßige, zeitnahe und verlässliche Information des Kapitalmarkts über die Vermögens-, Finanz- und Ertragslage von Unternehmen, auch unterjährige Zwischenberichte
- Einrichtung eines angemessenen Risikomanagements und Risikocontrollings im Unternehmen
- Steigerung des nachhaltigen Unternehmenswertes als vorrangiges Ziel für die Tätigkeit des Vorstands

Der Kodex schafft so eine Art „Gütesiegel" für Aktiengesellschaften. Ob ein Unternehmen die Regelungen des Deutschen Corporate Governance Kodex

Abbildung 88: Übersicht Corporate Governance

einhält oder nicht einhält, wird damit auch ein zusätzliches Bewertungskriterium für ein Unternehmensrating.
Schaut man sich die Stichworte im Rahmen der Aufgaben des Corporate Governance an (z.B. Transparenz, Information, Risikomanagement, Unternehmenswert usw.), wird schnell deutlich, dass hier auch das Controlling gefragt ist, das diese Prozesse unterstützen muss.

Benchmarking: Sich an den besten orientieren

Der Begriff ist neu, die Grundidee uralt. Wie machen es andere, wie machen es die Erfolgreichen? Ziel ist

dantotsu !!

Das ist japanisch und heißt sinngemäß, danach zu streben, der Beste der Besten zu werden.

Häufig kocht das Controlling nur im eigenen internen Saft und ist ausschließlich nach innen orientiert. Zukünftig wird sich das Controlling mehr um das Umfeld des Unternehmens kümmern müssen. Hierzu nur einige Schlagworte: Globalisierung, unsichere Konjunkturzyklen, verschärfter

Wettbewerb. Kurz: Der Wind weht schärfer. So muss das Controlling zukünftig mehr die „Nase im Wind" haben und darf die Umfeldbeobachtung nicht nur dem Vertrieb überlassen. Das Controlling wird zukünftig mehr in Benchmarkprozesse einbezogen werden.
Benchmarking: Nur ein Modebegriff, alter Wein in neuen Schläuchen oder tatsächlich eine neue Methode, das eigene Unternehmen zu verbessern? Oder – wie einmal ein Skeptiker spöttisch sagte: „Warum drückt man es so geschwollen aus, wenn man von anderen schlicht abguckt." Denn wir wissen alle: Auch wenn der Begriff relativ neu bzw. modern ist, den Prozess Benchmarking hat es schon immer gegeben. Die Japaner sagen übrigens „dantotsu" dazu. Das heißt sinngemäß, danach zu streben, der Beste der Besten zu werden.

Was ist Benchmarking?
Der Begriff benchmark stammt übrigens aus dem Bau- und Vermessungswesen. In Steinbrocken wurde eine Kerbe geschlagen und ein flaches Stück Eisen wurde horizontal platziert, um als Stütze (engl.: bench) für eine Nivellierlatte zu dienen. Mit Hilfe dieses Bezugspunktes (engl.: mark) konnten Höhen und Abstände gemessen werden. Somit sind Benchmarks Bezugsgrößen bzw. messbare Standards, die als Vergleichsmaßstab dienen. Dieser Begriff wurde in den ökonomischen Bereich übernommen und damit sind Benchmarks Messgrößen für das eigene Unternehmen, die sich an Standards anderer Unternehmen orientieren.
Man spricht auch von der Orientierung an der „best practice" der Vergleichspartner. Man unterscheidet

- **Produktbenchmarking:** Vergleich von Produkten, Dienstleistungen usw. Fragestellung ist, was die Vergleichsprodukte „können" bzw. was diese Produkte attraktiv für die Kunden macht.
  Ziel: Wie verbessern wir unsere eigenen Produkte?
- **Prozessbenchmarking:** Im Mittelpunkt steht die Frage: „Wie tun es andere?" Welche Fertigungsprozesse werden benutzt, wie passiert die Dienstleistung?
  Ziel: Verbesserung eigener Prozesse.
- **Organisationsbenchmarking:** Wie ist die Auf- und Ablauforganisation anderer? Wo gibt es anderswo effektivere Strukturen?
  Ziel: Verbesserung der eigenen Organisation.

- **Strategiebenchmarking:** Wo wollen andere hin? Was ist die Kernkompetenz der Vergleichspartner? Wo stehen wir am Markt, wo stehen andere am Markt?

Ziel: Finden einer passenden Strategie für das eigene Unternehmen. Dabei orientiert man sich entweder intern, also im oder am eigenen Unternehmen, branchenbezogen oder branchenübergreifend.

Benchmarking für das Controlling
Auch im Controlling geht es darum: Wie machen es andere, was kann man von ihnen lernen? Was ist gutes Controlling?
Schaut man sich vor diesem Hintergrund überblicksmäßig die Controllingstrukturen erfolgreicher Unternehmen an, so kristallisieren sich folgende Gemeinsamkeiten heraus. Die erfolgreichen Unternehmen

- **haben flexible Systeme, neigen nicht zum Perfektionismus.**
  Die Controllingsysteme sind wenig aufgebläht. Man verzichtet bewusst auf Scheingenauigkeiten und akzeptiert auch Unschärfen.
  Die Systeme können – auch unterjährig – veränderten Bedingungen angepasst werden.
- **haben schlanke Organisationen.**
  Man konzentriert sich auf das wesentliche und verzichtet auf aufgeblähte bürokratische Strukturen.
- **haben kundenorientierte Controllinginstrumente.**
  Dies bedeutet aber nicht nur Ausweis von z.B. Kundenergebnissen, sondern auch Messung qualitativer Faktoren wie z.B. Kundenzufriedenheit.
- **haben die sog. Wertorientierung in ihr Berichtswesen integriert.**
  Dies bedeutet, daß z.B. Eigenkapitalrendite, Shareholder Value und ähnliches regelmäßig verfolgt wird.
- **sind schnell.**
  Dies bedeutet, Informationen kommen schnell zum Adressaten, die relevanten Mitarbeiter sind informiert.

Fazit

Somit ergibt sich für das Controlling ein Benchmarking in zweifacher Hinsicht:

1. Klassisches Benchmarking: Unterstützung aller Benchmarkprozesse im Unternehmen durch einen Controllingservice, z.B. Aufbereitung von Vergleichsdaten.

2. Controllingbezogenes Benchmarking: Mit welchen Controllinginstrumenten sind andere erfolgreich? Das Controlling hat darauf zu achten, das es „up to date" ist.

Prozessmanagement: Den Kostentreibern auf der Spur

Ausgangspunkt ist die Überlegung: Arbeiten wir optimal, gibt es noch auszuschöpfende Reserven? Es geht darum, alle betrieblichen Prozesse zu verbessern. Hier war das Controlling in der Vergangenheit manchmal lediglich nur als Zahlenlieferant für die Bereiche eingebunden. Ziel sollte aber sein, das die Methodenkompetenz des Controllings nachhaltiger zur Wirkung kommt. Sprich: Das Controlling sollte aktiv (!) die betrieblichen Leistungsprozesse mitgestalten.

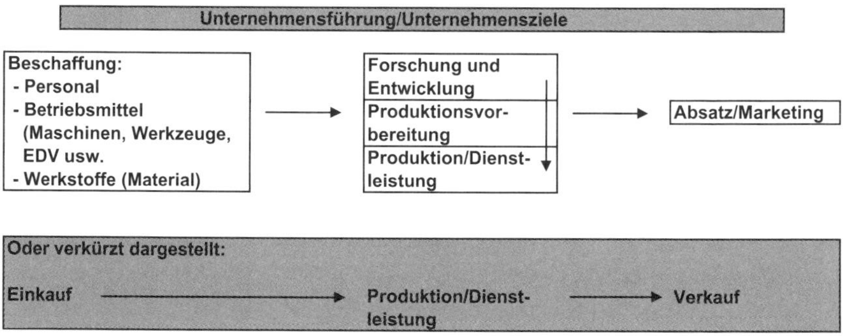

Abbildung 89: Betriebliche Leistungsprozesse

Dies bedeutet nun z.B. :

- die Analyse der Aufbau- und Ablauforganisation
- Arbeiten mit Methoden wie z.B. Wertanalysen
- Schaffen eines Qualitätsmanagements
- Einführung einer Prozesskostenrechnung.

Um welche Prozesse geht es konkret?
Im Folgenden werden zur Veranschaulichung einmal einige Prozesse gezeigt, die es zu optimieren gilt. Dabei werden

- Maßgrößen genannt, mit denen man diese (teilweise immateriellen) Prozesse messen kann. Im Controlling sollte man immer versuchen, über die bloße verbale Beschreibung hinaus, Standards für die Bewertung zu finden. Ansonsten besteht die Gefahr, dass man sich – wie woanders oft beobachtet wird – nur im Bereich schöner Worte bewegt.
- Und es werden Maßnahmen zur Verbesserung dieser Prozesse genannt.

- **Effektivität von Forschung und Entwicklung**
  Messgröße: Produkterfolgsrate. Wie viele der Neuprodukte sind erfolgreich geworden (wobei individuell definiert werden muss, was jeweils erfolgreich bedeutet)
  Maßnahmen: Ursachenforschung, warum Produkte nicht erfolgreich wurden. Benchmarking (warum sind andere Produkte erfolgreich?)

- **Effektivität interner Projekte**
  Messgröße: Projekterfolgsrate
  Maßnahmen: Einsatz von unterstützenden Instrumenten zum Projektmanagement z.B. Projektcontrolling

- **Optimierung des Angebotsmanagements**
  Messgröße: Angebotserfolgsrate
  Maßnahmen: Bessere Vorbereitung von Angeboten. Kundenorientiertere Aufbereitung. Analyse, warum schlagen Angebote fehl und der Kunden reagiert nicht? Z.B. intensive Nachfragen

- **Erhöhung der Kreativität**
  Messgröße: Anzahl Verbesserungsvorschläge der Mitarbeiter, Ideenverwertungsrate, Anzahl eingereichter Patente
  Maßnahmen: Internes Anreizsystem, bessere Berücksichtigung von Vorschlägen

- **Verkürzung von Entwicklungszeiten**
  Messgrößen: Time to market, wie lange braucht das Produkt vom Start der Entwicklung bis zur ersten Auslieferung an Kunden? Break-Even-Time: wann erreicht das Produkt die Gewinnschwelle?
  Maßnahmen: Wertanalysen, externe Unterstützung, verbesserte Ausbildung der Mitarbeiter

- **Verkürzung der Durchlaufzeit von Produkten**
  Messgrößen: Durchlaufzeit von Produkten durch die Produktion in z.B. x Tagen
  Maßnahmen: Lagerzeiten, Wartezeiten usw. verkürzen, neues Produktionssteuerungssystem, Standardisierung der Fertigung

- **Kapazitätsauslastung, Verminderung von Leerkosten**
  Messgröße: % nicht genutzte Kapazitäten (Maschinen, Personal)
  Maßnahmen: Bessere Koordination der Fertigung, Suche nach Auslastungspotentialen, Abbau von überflüssigen Kapazitäten

- **Verbesserung von Logistikprozessen**
  Messgröße: Lagerumschlag, Lagerkennzahlen z.B. Umschlagshäufigkeit, Kooperation mit Lieferanten
  Maßnahmen: ABC-Analysen: Welche Artikel binden Kapital oder sind teuer in der Beschaffung? Verstärkung der Zusammenarbeit mit Lieferanten, Just-in-time-Lieferungen

- **Kostensenkung durch Standardisierung**
  Messgrößen: Anzahl Gleichteile oder Teile nach dem Baukastensystem
  Maßnahmen: Wertanalysen

- **Qualitätsverbesserung**
  Messgröße: Anzahl Reklamationen, Höhe interner Qualitätskosten
  Maßnahmen: Einsatz von TQM-Tools (TQM = Total Quality Management), Kundenbetreuung/Kundendienst ausbauen, Benchmarking (was machen andere im Bereich Qualität?)

- **Verbesserung der internen Kommunikation**
  Messgröße: Verbreitung/Interesse der Firmenzeitschrift, Anzahl Teilnehmer bei betrieblichen Veranstaltungen (z.B. Weihnachtsfeier), Anzahl informativer Treffen zwischen den Fachabteilungen
  Maßnahmen: Organisation von „kommunikativen Maßnahmen“, z.B. regelmäßige Berichterstattung unter den Fachbereichen

- **Fähigkeit zum Wandel**
  Messgrößen: Anzahl Hierarchieebenen im Unternehmen, Durchlaufzeiten von internen Prozessen, z.B. Bearbeitung eines Auftrages. Anzahl Verbesserungsvorschläge zur Aufbau- und Ablauforganisation. Anzahl interner Versetzungen, Anzahl von Veränderungen an bestehenden Prozessen
  Maßnahmen: Prozessoptimierung, gezielte Suche nach Synergien. Anreize für Mitarbeiter, sich intern zu verändern, z.B. neue Aufgaben zu übernehmen

Unterstützung durch Prozesskostenrechnung
Ziel ist es, die internen **Standardprozesse** zu optimieren. Bereits in den 80er und 90er Jahren des letzten Jahrhunderts wurde im Bereich Controlling die Prozesskostenrechnung diskutiert und häufig in die Unternehmen eingeführt. Sie dient letztlich dazu, die Kosten einzelner interner Standardprozesse zu kalkulieren und sozusagen im gleichen Aufwasch zu optimieren. Diese Methode soll hier kurz in Umrissen gezeigt werden.

So funktioniert die Prozesskostenrechnung
Manchmal wird noch recht merkwürdig kalkuliert. Da wird eine Uhr hergestellt, einmal mit einem Lederarmband, einmal mit einem echt goldenen Armband. Für beide Armbänder wird eine Bestellung ausgeschrieben, die Armbänder werden eingelagert, ausgelagert usw. Exakt der gleiche Aufwand. Nur erhält das goldene Armband per Zuschlagskalkulation 40 EURO Materialgemeinkosten, das lederne Armband 1 EURO. Grund: Die Gemeinkosten werden auf Basis der Einzelmaterialkosten verteilt. Hier wird falsch kalkuliert! So geschieht es noch zehntausendfach überall in der Wirtschaft. Was treibt die Gemeinkosten hoch? Das Material Gold? Wenn etwas Einfluss auf die Kosten

hat, dann sind es die Tätigkeiten (Prozesse), die hinter dem Beschaffungsvorgang stehen. Ausweg bietet hier die prozessorientierte Kalkulation.
Ausgangspunkt der Prozesskostenrechnung ist die Erkenntnis, dass immer mehr Gemeinkostentätigkeiten im Unternehmen anfallen und dass diese in der herkömmlichen Kalkulation falsch berücksichtigt werden.
Ferner geht es hier um ein Instrument, das nicht nur die Verrechnung besser löst, sondern im gleichen Zuge andere Effekte mitbringt: die Analyse der Prozesse im Unternehmen im Sinne wertanalytischer Verbesserungsmöglichkeiten. Was man transparent hat, kann man besser steuern.
Erste Frage dabei ist: Was beeinflusst die Gemeinkosten tatsächlich? Beispiele:

- Anzahl der Produktvarianten
- Anzahl der Teile
- Anzahl der Versandaufträge
- Anzahl der Fertigungsaufträge
- oder im Verwaltungsbereich: Anzahl des zu verwaltenden Personals (Lohnzahlungen)
- Anzahl Buchungen

usw.

Die einzelnen Tätigkeiten, die hinter den oben genannten Prozessen stehen, treiben die Kosten hoch, sind die sog. **Kostentreiber**. Je mehr Produktvarianten es gibt, um so mehr Teile müssen verwaltet werden, um so mehr Varianten müssen logistisch betreut werden, vom Einkauf über die Produktion bis hin zum Vertrieb.
Zweite Frage ist: Was kosten die obigen Prozesse, also was kostet z.B. die Abwicklung eines Fertigungsauftrages?

Die Vorgehensweise konkret
Zunächst müssen die einzelnen Standardprozesse analysiert werden. Man beginnt mit einer Tätigkeitsanalyse, Tätigkeiten werden zu **Teilprozessen** verdichtet, diese zu **Hauptprozessen.**
Die Tätigkeitsanalyse mit anschließender Verdichtung ist der Hauptaufwand bei der Einführung einer Prozesskostenrechnung und schreckt viele ab. Häufig gibt es Tausende von Einzelaktivitäten. Wegen des Aufwandes wird die

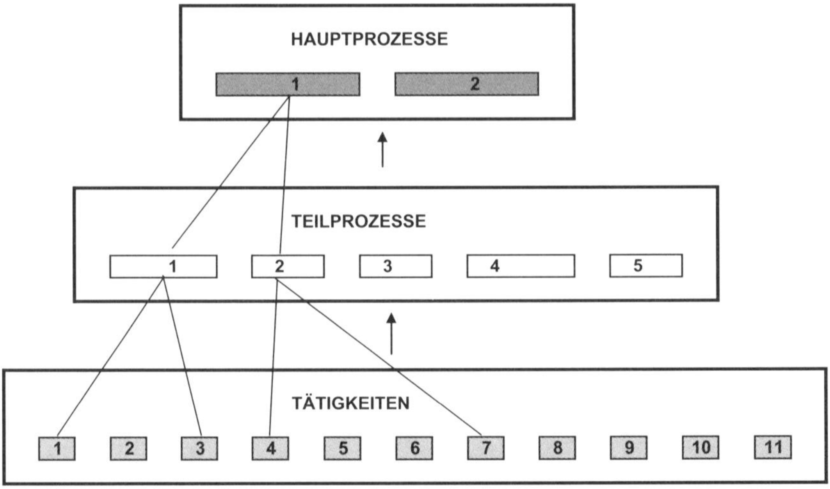

Abbildung 90: Von der Tätigkeitsanalyse zu den Hauptprozessen

Prozessanalyse häufig auch nicht unternehmensübergreifend eingeführt, sondern man beschränkt sich auf wichtige Hauptbereiche, z.B. die Beschaffung. Manchmal kann man bereits auf vorhandene Unterlagen zurückgreifen, aber meist muss man aber den bitteren Weg der Analyse gehen, mit Interviews, Arbeitserfassungsbögen, Stundenaufschreibungen usw. Konkretes Beispiel (siehe Abb. 91):

Es gibt also in jedem Bereich (Einkauf, Warenannahme usw.) verschiedene Tätigkeiten, die für den Hauptprozess durchgeführt werden, und deren Summe den Hauptprozess ausmacht. Im Beispielfall ist es der Prozess Rohstoffbeschaffung.

Im nächsten Schritt werden die Kosten für die Prozesse ermittelt (siehe Abb. 92).

Problematisch sind die Prozesse, die kaum messbar sind, z.B. Abteilung leiten. Diese nennt man leistungsmengenneutrale Prozesse. Hier gibt es keine Bezugsgrößen wie z.B. im Lager, wo man die Zahl der Ein- und Auslagerungen zählen kann, dies nennt man leistungsmengeninduzierte Prozesse. Bei den leistungsmengenneutralen Prozessen weiß man nicht so richtig, was man tun soll, meist werden sie in irgendeiner Form wieder umgelegt; und schon begibt man sich wieder auf kostenrechnerisch fragwürdiges Gebiet.

Teilprozesse

Einkauf	Waren-annahme	Qualitäts-wesen	Lager	**Hauptprozess: Rohstoff-beschaffung**
Rohstoffe einkaufen		Endkontrolle Fertigwaren	Unfertige Erz. lagern	Rohstoffe einkaufen
Sonst. Mat. einkaufen	Material ent-gegennehmen	Nacharbeiten organisieren	Fertigerz. lagern	Material ent-gegennehmen
Energie einkaufen		Eingangsprüf. f. Rohstoffe	Sondermüll lagern	Eingangspr. f. Rohst.
		Chemische Prüfung	Material lagern	Material lagern

Hinter jeden Teilprozess stehen wiederum einzelne Aktivitäten.

Z.B. Rohstoffe einkaufen:
- Angebot bearbeiten
- Disponieren
- Bestellen
- Terminverfolgung
- Rechnungsprüfung
- Datenpflege

Z. B. Material entgegennehmen:
- Anlieferung entgegennehmen
- Lieferung auf Identität prüfen
- Zugang eingeben
- Weitergabe an Lager

Abbildung 91: Vom Teilprozess zum Hauptprozess

Zunächst werden die Kosten für die Teilprozesse ermittelt, die Summe ergibt dann die Kosten für den Hauptprozess. Dies geschieht ganz traditionell nach guter alter kostenrechnerischer Übung:

1. Man nimmt die Kosten der einzelnen Bereiche,
2. stellt die Mitarbeiterkapazität fest (z.B. wie viele Minuten die Mitarbeiter in den entsprechenden Abteilungen leisten),
3. berechnet nun einen Minutensatz für diesen Bereich.

Dies waren die Basisarbeiten. Nun wird es konkret:

- Man hat mit der Tätigkeitsanalyse eine Zeit, z.B. für den Einkauf von Rohstoffen, ermittelt.
- Man kennt den Kostensatz der Abteilung oder des Mitarbeiters.

	Einkauf	Waren-annahme	Qualitäts-wesen	Lager	Summe
Kosten in EUR	310.673	87.642	136.575	89.632	624.522
Mitarbeiter-zahl	6	2	3	2	13
Mitarbeiter-kapazität **in Minuten**	6 x 84273 505.638	2 x 82.273 168.546	3 x 82.273 252.819	2 x 82.273 168.546	13 x 84.273 1.095.549
Minuten-satz in EUR	0,61	0,52	0,54	0,53	0,57

Mitarbeiterkapazität:
Anwesenheit = (365 Tage - Wochenenden/Feiertage - Urlaub/Krankheit - unproduktive Zeiten)

365 Tage
-104 Wochenenden
-11 Feiertage
-30 Urlaub
-14 Krankheit

206 Tage * 7,5 Std./Tag * 60 Minuten
= 92.700 Minuten
10% Unproduktive Zeiten
84273 Minuten Kapazität pro Mitarbeiter

Kalkulation des Hauptprozesses
- Rohstoffbeschaffung -

	Standard-zeiten pro Teilprozess	Minuten-satz	Kosten pro Teilprozess
	Minuten	EUR	EUR
Rohstoff einkaufen	50	0,61	30,72
Material ent-gegennehmen	20	0,52	10,40
Eingangs-prüfung	30	0,54	16,21
Material lagern	20	0,53	10,64
Summe	**120**	**0,57**	**67,96**

Die Kosten für den Hauptprozess Rohstoffbeschaffung betragen 67,96 EUR

Abbildung 92: Kostenermittlung für einen Hauptprozess

- Jetzt multipliziert man die Zeiten der Teilprozesse mit den entsprechenden Minutensätzen und kommt in Summe so zu den Kosten des Hauptprozesses.

Diese Kosten für den Hauptprozess werden nun in der Kalkulation angesetzt. Die Anhänger loben die bessere Verrechnung, die genauere Kalkulation und die darüber hinaus geschaffene Transparenz im Unternehmen. Die Kritiker sagen, dass letztlich ja nur Fixkosten etwas genauer umgelegt werden, die sowieso anfallen.
Interessant ist, wie die Praxis diese Methode einschätzt. So haben mehrere Befragungen unabhängig voneinander ergeben, dass man drei wesentliche positive Effekte sieht:

- Erhöhung der Kostentransparenz
- Verbesserung der Kalkulation
- Optimierung der internen Abläufe

Fazit: Man schaut sich (endlich) einmal seine internen Abläufe an. Und indem man diese mit Kosten bewertet – und als eventuell zu teuer empfindet – wird man versuchen, diese Abläufe zu optimieren. Effekt: Kennt man nun die Kostentreiber und hat diese besser im Griff, **sinken die Kosten.**

Life-Cycle-Costing: Den Horizont erweitern

Die Idee: Produkte müssen von Anfang an in ihrem ganzen Lebenszyklus betrachtet und gerechnet werden, von den Entwicklungskosten über Folgekosten, Garantiekosten bis hin zu evtl. Verschrottungskosten.

Grundideen und Grundprobleme

Der Anstoß für die *Lebenszyklusbetrachtung* kommt vom Markt.

- **Problem: Die Lebenszyklen werden kürzer**
  Alle Produkte haben ihren Lebenszyklus von „der Geburt bis zum Tod“. In den letzten Jahren konnte man beobachten, dass die Produktlebenszyklen immer kürzer werden, d.h. es müssen immer schneller und damit zunehmend kostenintensiv neue Produkt entwickelt werden. Die Le-

benszyklen hängen vom Produkt ab, im Modebereich gibt es kurze Lebenszyklen, im Lebensmittelsektor teilweise eher lange. Fraglich wird immer mehr, ob sich die Kosten vor dem Hintergrund kurzer Lebenszyklen überhaupt noch amortisieren.

- **Problem: Sinkende Gewinne im Zeitablauf**
  Durch die Erfahrungen, die im Laufe der Zeit bei der Produktion gemacht werden, kommt es zu Einsparungen. Man nennt dies Lernkurve. Nur sinkt aber bei vielen Produkten der Preis im Laufe der Zeit und das geht zu Lasten der Gewinne.
- **Problem: Hohe Vor- und Nachleistungen**
  Hoher Entwicklungsaufwand, d.h. hohe Vorleistungen finanzieller Natur stehen am Anfang des Produktzyklusses. Mittlerweile ergeben sich durch die Umweltdiskussion auch hohe Nachleistungen, z.B. Recycling u.ä. Dieser Trend wird sich fortsetzen, ist zumindest in die strategische Planung einzubeziehen.
- **Problem: Realisierung von Folgegeschäften**
  Was aber, wenn die Folgegeschäfte nicht realisiert werden können? Wenn es den Konkurrenten gelingt, die Folgegeschäfte günstiger anzubieten. Auf jeden Fall ist das Folgeverhalten der Kunden mit Unsicherheiten behaftet.
- **Problem: Berücksichtigung von Anlagealternativen**
  Hohe Entwicklungskosten oder Investitionen müssen finanziert werden. Diese Gelder könnten anderweitig angelegt werden (z.B. Wertpapiere) und würden Erträge bringen. Diese sog. Opportunitätskosten müssen berücksichtigt werden.

Vorgehensweise bei der Lebenszykluskostenrechnung
Analysiert oder kalkuliert man ein Produkt, müssen alle obigen Probleme berücksichtigt werden, man muss also schon an übermorgen denken. Jetzt bietet sich eine Aufstellung aller anfallenden Einnahmen und Ausgaben im Lebenszyklus an, beginnend mit den Vorleistungen bis hin zu den Auslaufkosten eines Produktes.

Ergebnis:
Nun hat man einen Überblick über die geplante Lebensdauer des Produktes. Ein Produkt ist nur dann ein erfolgreiches Produkt, wenn absehbar ist, dass

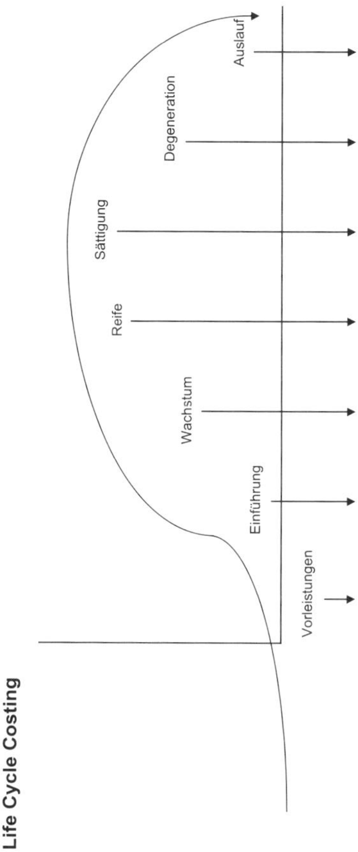

	Vorleistungen	Einführung	Wachstum	Reife	Sättigung	Degeneration	Auslauf	Summen
Einnahmen:								
Verkäufe	0	200	450	600	700	250	20	2.220
Einnahmen aus Wartung	0	10	25	50	80	30	10	205
Einnahmen aus Service	0	20	40	80	100	50	10	300
Sonstige Einnahmen	0	10	15	20	20	5	0	70
Summe Einnahmen	**0**	**230**	**515**	**730**	**880**	**330**	**40**	**2.725**
Ausgaben:								
Investitionen	300	50	10	0	0	0	0	360
Produktionskosten	0	100	225	250	300	100	5	980
Werbungskosten	50	120	200	150	100	20	0	640
Wartungskosten d. Anlagen	0	5	15	30	40	15	5	110
Servicekosten	0	10	20	40	50	25	5	150
Entsorgungskosten d. Anlagen	0	0	0	0	0	0	150	150
Sonstige Ausgaben	0	5	10	20	20	10	15	80
Summe Ausgaben	**350**	**290**	**480**	**490**	**510**	**170**	**180**	**2.470**
Opportunitätskosten (entgangene Alternativverträge)	10	10	10	10	10	10	10	70
Ergebnis	**-360**	**-70**	**25**	**230**	**360**	**150**	**-150**	**185**

Abbildung 93: Lebenszyklusrechnung

es unter dem Strich **nach** dem Auslauf, also am Ende des Lebenszyklusses, Gewinne eingefahren hat.

Integration externes/internes Rechnungswesen: Was zusammen wächst

Nachdem das Controlling über Jahrzehnte immer dafür plädiert hat, dass die Daten des externen Rechnungswesens erweitert bzw. modifiziert werden müssen, muss es wohl umdenken.
In der Theorie, vor allem aber auch in der Praxis stellt man zunehmend fest, dass sich eine Tendenz zu einer Integration von externem und internem Rechnungswesen abzeichnet. Dies mag vielleicht zunächst verwundern.

Externes und internes Rechnungswesen haben sich getrennt
Zur Erinnerung: Mit dem externen Rechnungswesen bezeichnet man die Buchhaltung mit Gewinn- und Verlustrechnung und Bilanz. Das Rechenwerk folgt den Grundsätzen ordnungsmäßiger Buchführung und ist in diversen Gesetzen, z.B. Handelsgesetzbuch, Aktiengesetz usw. geregelt. Das interne Rechnungswesen beinhaltet Kostenrechnung/Controlling.
Häufig wird vehement eine notwendige Trennung von Buchhaltung und Kostenrechnung verfochten. Man argumentiert, dass die Kostenrechnung für ihre Zwecke die Buchhaltungsdaten modifizieren muss. Somit ist aber u.U. das Kostenrechnungs- bzw. Controllingergebnis ein ganz anderes als das der gesetzlichen Rechnungslegung, meist ist es niedriger, „schlechter". Diese Tatsache hat schon immer Eigentümer und Mitarbeiter von Unternehmen verwirrt. Gerade in kleinen Unternehmen, die noch gut überschaubar sind, kann man die Divergenzen den Verantwortlichen nur schwer erklären. Unter dem Strich ist man skeptisch gegenüber den Controllingdaten. Die Buchhaltung ist vom Steuerberater oder Wirtschaftsprüfer solide geprüft und nach anerkannten Regelungen aufgestellt. Und dann kommt das Controlling mit ganz anderen Zahlen. Was stimmt denn nun?

Das interne Rechnungswesen wurde ausgebaut
Früher war die Zahlenbasis für die Unternehmen das externe Rechenwerk. Diese Daten galten meist auch für interne Untersuchungen. In den letzten Jahrzehnten, ja seit etwa Beginn des 20. Jahrhunderts, dann wesentlich in den dreißiger Jahren und massiv ab ca. den 1960er Jahren, hat sich das interne Rechnungswesen aber weiterentwickelt.

Stichwortartig seien hier z.B. die Artikelergebnisrechnung oder differenzierte Betriebsergebnisrechnungen erwähnt. Die unterschiedlichen Rechnungszwecke zwischen externem und internem Rechnungswesen führten dazu, dass sich das interne Rechnungswesen immer mehr vom externen löste und intensiv von Wissenschaft und Praxis ausgebaut wurde. Teilweise wurde es eine Angelegenheit von bzw. für Spezialisten.

Was unterscheidet externes und internes Rechnungswesen?

- **Schwerpunkt der externen Rechnungswesens ist eine Rechenschaftslegung** gegenüber Anteilseignern, Gläubigern, Banken. Sie ist stark von bilanzpolitischen Erwägungen beeinflusst, was sich z.B. in den Vorschriften über die Bestandsbewertung niederschlägt.
  Ferner spielen auch steuerliche Überlegungen eine Rolle.
- Das internen Rechnungswesen legt sein Hauptaugenmerk auf interne Steuerung, Managementinformationen, Substanzerhaltung.
- Letztere zeigt sich z.B. im Ansatz kalkulatorischer Abschreibungen auf Basis von Wiederbeschaffungswerten. Das externe Rechnungswesen kennt nur Abschreibungen auf Basis von Anschaffungs- und Herstellungskosten
- Das interne Rechnungswesen arbeitet nach dem sog. Opportunitätskostenprinzip. Hier wird ein Nutzenentgang als Kosten angesetzt. Beispiel: Kalkulatorische Mieten. Für die im Eigenbesitz befindlichen Räumlichkeiten wird eine Miete in der Kostenrechnung angesetzt. Man könnte die Räumlichkeiten alternativ ja auch vermieten.
  Ähnlich verhält es sich z.B. beim kalkulatorischen Unternehmerlohn. Der Eigentümer könnte ja auch für die im Unternehmen eingesetzte Arbeitskraft woanders ein Gehalt beziehen. Dieses entgangene Gehalt wird als zusätzliche Kosten angesetzt. Bei den kalkulatorischen Zinsen soll u.a. das eingesetzte Eigenkapital verzinst werden.
- Das externe Rechnungswesen grenzt in der Regel nicht so differenziert ab wie das interne Rechnungswesen. Darunter leidet die Aussagefähigkeit von z.B. externen Monatsabschlüssen.
  Aus internen Steuerungsnotwendigkeiten strebt die Kostenrechnung nach monatsgenauer Transparenz und verteilt die von der Buchhaltung übernommenen Daten je nach Notwendigkeit auf die Monate.

Funktioniert nicht doch eine einheitliche Basis?

Letztlich sind die praktischen Auswirkungen der o.g. Unterschiede so groß auch wieder nicht und so fragt man zunehmend, warum es keine einheitliche Basis geben kann. Die Praxis insbesondere kleinerer Unternehmen zeigt, dass häufig auf eine Modifikation der Daten durch die Kostenrechnung verzichtet wird. So wurde z.B. in vielen Unternehmen das Rechnen mit kalkulatorischen Abschreibungen auf Basis von Wiederbeschaffungswerten abgeschafft und wieder auf originäre Daten der Anlagenbuchhaltung zurückgegriffen.

Wenn die Daten der Finanzbuchhaltung übernommen werden können, wird eine eigene durch die Kostenrechnung gepflegte Kostenartenrechnung überflüssig.

Für ein einheitliches Konzept wird auch von wissenschaftlicher Seite geworben. So sagt Prof. Dr. Wolfgang Männel von der Universität Nürnberg: „Das Rechnungswesen eines Unternehmens sollte in seiner Gesamtheit ein durchgängiges Verfolgen der relevanten Erfolgsgrößen erlauben. Nur wenn *ein im Kern einheitliches Konzept* sowohl für die externe Gewinn- und Verlustrechnung als auch für die interne Betriebsergebnisrechnung gefunden wird, erhalten die Informationsempfänger eine *stimmige, für alle Beteiligten gleichermaßen nützliche und insofern integrierend wirkende Kommunikationsbasis.*"

Wie kann es gehen?

Der Teufel steckt oft im Detail. Es gibt eben doch einige wesentliche Punkte, die man in der Kostenrechnung anders beurteilt und gelöst sehen will. Im Folgenden werden einige dieser Punkte angeschnitten.

Kalkulatorische Kosten

Im Rahmen einer Integration sollte auf den Ansatz kalkulatorischer Kosten von der Kostenrechnung verzichtet werden.

Zum einen gibt es das alte Argument, dass z.B. für die Realisierung von Opportunitätskosten der Gewinn da ist. Ja, das es gerade die Aufgabe des Gewinns ist, derartige Aufwände wie kalkulatorische Zinsen oder Unternehmerlohn zu kompensieren und deren Einbringung in das Unternehmen zu belohnen. Erst ohne den Ansatz kalkulatorischer Zusatzkosten sehe ich, ob es sich gelohnt hat, unternehmerisch mit seinem Kapital oder seiner Arbeitskraft tätig zu werden.

Außerdem wird argumentiert, dass kalkulatorische Kosten letztlich Gewinnbestandteile sind, da sie in der Gewinn- und Verlustrechnung keine entsprechende Aufwandsposition haben.

Problemfall Abschreibungen

Im Rahmen der steuerlichen Gestaltung oder der Jahresabschlusspolitik wird das externe Rechnungswesen natürlich die Möglichkeiten nutzen wollen, die der Gesetzgeber ermöglicht. So wird z.B. eine degressive Abschreibung gewählt, andere zulässige Abschreibungszeiten usw. Mit der Wahl der Methode bzw. der Zeiten kann aber u.U. die Kostenrechnung nicht einverstanden sein, da sie den Werteverzehr nicht realistisch wiedergibt. Darüber hinaus kann die Kostenrechnung argumentieren, dass mit der handels- bzw. steuerrechtlichen Abschreibungen die Substanzerhaltung des Unternehmens nicht sichergestellt ist. Ein schwerwiegender Einwand. Man denke z.B. an das Transportgewerbe, wo der Fuhrpark durch Umwelt- und Sicherheitsauflagen bei Ersatzbeschaffung immer teurer wird. Eine Lösung dieses Substanzerhaltungsproblems ist die Abschreibung auf Basis von Wiederbeschaffungswerten. Will man aber die Abschreibungen der externen Rechnungslegung übernehmen, muss dieses Problem anderweitig gelöst werden. Aber auch dies ist nicht allzu schwierig. Man kalkuliere in die Preise eine Position Substanzerhaltung als separate Position. Dies hat sogar noch den Vorteil dass der Substanzerhaltungsansatz sehr transparent ist und bei einer Änderung nicht die Anlagenbuchhaltung (softwaremäßig) eingeschaltet werden muss, was teilweise recht aufwendig sein kann.

Abgrenzungen

Jedes, auch preiswerte, Buchhaltungsprogramm „kann" heutzutage abgrenzen. Häufig ist es also in den Unternehmen nur noch der Streit, wer abgrenzt: die Buchhaltung oder die Kostenrechnung. Darum geht es oft! Weniger um die Sache an sich. Falls das Controlling mehr Abgrenzungen als die Buchhaltung fordert, ist dies letztlich nur noch ein technisches Problem. Auf z.B. folgende Abgrenzungen kann man sich sicher zwischen Buchhaltung und Controlling einigen:

- Personalkosten: Weihnachts-, Urlaubsgelder
- Mieten/Leasing: monatsgenaue Abgrenzung für die Monatsergebnisse

- Steuern: Kostensteuern, z.B. Grundsteuer.
- Zinsen: Ausweis monatlich
- Abgrenzung der Leistungen: Evtl. problematisch sind hier Provisionen und Erlösschmälerungen wie z.B. Skonti und Boni. Diese Positionen werden in der Buchhaltung oft erst dann erfasst, wenn sie liquiditätswirksam werden, also wenn die Provisionen gezahlt werden. Dies kann u.U. viel später sein als z.B. die erbrachte Leistung der Vertreter, die Provisionen erhalten. Dann kommt noch dazu, dass Provisionen auf Basis von z.B. Gesamtumsätzen gezahlt werden, die erst später feststehen. So weiß man vielleicht, dass in einem Monat Provisionen fällig sind, kennt aber die Höhe nicht genau. Hier muss prognostiziert werden; trotzdem ist eine Abgrenzung bereits in der Buchhaltung möglich.

Fazit:
Theorie und Praxis tendieren stark Richtung Vereinheitlichung und technisch ist dies gar kein Problem. Die Diskussion ist allerdings noch nicht abgeschlossen.
Ein weiteres Argument Richtung Vereinheitlichung ist die Internationale Rechnungslegung. Diese ist durch ihr Regelwerk dem internen Rechnungswesen „näher“, es ist betriebswirtschaftlicher orientiert, bewertet z.B. realistischer und kennt weniger Gestaltungsspielräume. Da die Internationale Rechnungslegung dabei ist, Standard auch in Deutschland zu werden (zumindest in größeren Unternehmen), werden die Differenzierungen noch geringer und machen so noch weniger Sinn.

3. Kommunikation im Controlling

Wie der Controller mit seinen internen Kunden reden sollte

Mittlerweile hat sich herumgesprochen: Mit Kommunikation ist auch die sog. nichtverbale Kommunikation gemeint. Man kann auch ohne Worte kommunizieren. Wenn der Controller bei einer Besprechung mit verschränkten Armen leicht zurückgelehnt gedankenverloren in die Ecke des Raumes schaut, kommuniziert er auf eine denkbar schlechte Art. Wenn er beim monatlichen Kostenstellengespräch sagt: „Erst Februar und schon eine so eine hohe Abweichung", muss er sich nicht wundern, wenn der Betroffene die Zusammenarbeit (heimlich) verweigert.

Gesagt ist nicht verstanden
Controlling ist eine interne Dienstleistung und alle (!) im Unternehmen sind letztlich Kunden des Controllings. Der Controller sollte sich fragen: Wie bringe ich meine Controller-Dienstleistungen an die Frau, an den Mann? Ganz wichtig in diesem Zusammenhang sind die Fragen:

- Was ist das Problem meiner (internen) Kunden?
- Bringe ich die richtigen Problemlösungen (Werkzeuge) für meine Kunden mit?

Nun wird es dem Controller meist gelingen, die Probleme zu erkennen, z.B. entwickeln sich die Kosten nicht entlang des Planes. Auch die Werkzeuge kennt er in der Regel, z.B. muss er jetzt eine Hochrechnung machen, diese mit Maßnahmen unterlegen um den Plan noch zu retten. Aber: Wie sag ichs meinem Kinde?" Das Fachliche ist nur ein Aspekt. So wird zum Beispiel geschätzt, dass eine Führungskraft rund 70 % der Arbeitszeit mit Kommunikation verbringt, lediglich 30 % mit fachlichen Themen beschäftigt ist. In der Controllerarbeit bedeutet dies oft, dass ein Großteil der Arbeit zunächst Überzeugungsarbeit ist, die „eigentliche" Arbeit ist dann schnell getan. Von Controllingkollegen hört man immer wieder, dass sie mehr Zeit für den

„Verkauf" ihrer Inhalte aufbringen als für die Produktion der Inhalte. Kommunikation ist nicht einfach und es beginnt schon damit, dass sich Controller und Kunde missverstehen.

> Fragt der Controller: „Warum ist der Schwund so hoch?"
> Der Angesprochene fühlt sich angegriffen und antwortet: „Meine Leute schlampen nicht."

Der Controller wollte sich sachlich ohne Hintergedanken nach der Ursache erkunden, hat dies durch seine Frage zum Ausdruck gebracht. Der Befragte hat die Frage akustisch richtig verstanden, aber sofort als Vorwurf gegen sich bzw. seine Mitarbeiter interpretiert.
So etwas nennt man den **Verzerrungswinkel bei der Kommunikation**. Der Sender einer Nachricht will etwas aussagen, meint etwas, sagt in Folge etwas. Der Empfänger hört etwas, versteht aber etwas anderes. Man sagt auch:

- Gemeint ist nicht gesagt
- Gesagt ist nicht verstanden
- Verstanden ist nicht einverstanden.

Kurz: Man redet aneinander vorbei. Wie kann man derartigen Missverständnissen begegnen? Durch das sog. Feed back, auf deutsch Rückmeldung. Wenn der Controller bemerkt, dass seine Nachricht falsch angekommen ist, einfach nachfragen, eventuelle Missverständnisse klären. Im Zweifel nochmals ausdrücklich darstellen, was wirklich gemeint war.

Auch kritische Gespräche gehören zum Controllingjob
Vermeiden Sie, dem Gesprächspartner symbolisch unter dem Tisch gegen das Knie zu treten. Am besten man vermeidet das Wort „Warum". Warum ist immer eine verdeckte Frage nach der Schuld. Warum sind die Kosten so hoch. Empfänger hört: Ich bin schuld, dass die Kosten so hoch sind. Warum provoziert immer eine Gegenreaktion, z.B.

- Dafür kann ich nichts!
- Das war vor meiner Zeit!
- Stimmen Ihre Zahlen überhaupt!

- Zuständig ist Kollege XY!
- Das können Sie als Kaufmann gar nicht beurteilen!

usw.

Besser man fragt danach, wie es (gemeinsam) weitergehen kann, wie der Plan dennoch erreicht werden kann, wie man zukünftig Abweichungen vermeidet usw. Trotz aller sensiblen Fragetechnik: Kritische Gespräche gehören zum Controllerleben. Am besten, man bereitet sich mit einer Art Gesprächsleitfaden auf das kritische Gespräch vor.

- Wichtig ist immer eine **gute Vorbereitung**, auch was die Person des Gegenübers betrifft. Welche Funktion hat er im Unternehmen, wie lange ist er dabei usw.
- Nicht die Leute unvorbereitet überraschen (erschrecken?!) **Termine machen**.
- Zunächst neutral die **Tatsachen darstellen**, die Schuldfrage umgehen, den Blick in die Zukunft lenken.
- Dem Gegenüber reichlich **Zeit für Stellungnahmen geben**.
- **Gemeinsam nach Maßnahmen suchen**, was jetzt aktuell zu tun ist und worauf was grundsätzlich geachtet werden soll.
- Erst jetzt im Zweifel **tiefer analysieren**, warum es zu der Abweichung kommen konnte. Der Gegenüber ist kooperativer, da bereits der Blick in die Zukunft gerichtet wurde und es bereits Maßnahmen gibt, dass derartiges nicht mehr vorkommt.

Dabei sollten Sie immer daran denken:

- **Zuhören ist manchmal wichtiger als selber reden** (auch Zuhören ist Kommunikation). Häufig formuliert man schon seine Antwort oder sein nächstes Argument, während der andere noch spricht. Zeigen Sie nonverbal Interesse oder Zustimmung.
- Es heißt, **wer fragt, führt**. Bitten Sie um die Meinung des anderen, erfragen Sie die Hintergründe, die u.U. zu der Meinung geführt haben. Vermeiden Sie dabei aber Suggestivfragen: „Wie wir alle ja der Meinung sind ...“ oder „Auch Sie sind doch sicherlich der Meinung, dass ...“

- Denken Sie daran, dass Ihre Gegenüber wahrscheinlich kein Controllingfachmann ist. **Vermeiden Sie fachchinesisch**. Erkunden Sie im Zweifel zunächst, wie Ihr Gegenüber z.B. eine Zahl interpretiert.
- Üben Sie einige Argumente ein, wie man auf sog. **Killerphrasen** reagieren kann. Häufig hört man: „Das funktioniert vielleicht woanders, bei kann das aber gar nicht funktionieren." Dann fragen Sie, warum es denn z.B. woanders funktioniert. Wo denn die wesentlichen Unterschiede liegen.
- Oder: „Für so etwas haben wir jetzt keine Zeit." Dann fragen Sie, welchem Thema denn der Gesprächspartner zur Zeit Priorität einräumen würde.

Aber auch hier gilt: All dies nicht übertreiben. Controller sind keine Sozialarbeiter für schwer erziehbare Kinder.

Tipps für Besprechungen, Präsentationen u.ä.
Gute Kommunikation ist nicht nur im Zwiegespräch wichtig. Beachtet man einige wenige Punkte, kann auch eine Besprechung oder Präsentation besser gelingen, denn man hat festgestellt, der Mensch behält

- 10 % von der Information, die er liest
- 20 % von der Information, die er hört
- 30 % von der Information, die er sieht
- 50 % von der Information, die er gleichzeitig sieht und hört
- 70 % von der Information, über die er selbst sprechen kann
- 90 % von der Information, die er unmittelbar anwenden kann.

Grundsatz: Stellen Sie sich immer vor, Sie wären nicht der Controller, sondern derjenige, den die Controllinginformation erreichen soll.

Was ist wichtig?

- **Empfängerorientiert vorgehen**
  Das heißt im Wesentlichen, an den Erfahrungshintergrund der Empfänger anknüpfen. Man wird bei einer Präsentation im Vertrieb nicht das Beispiel aus der Fertigungsabteilung nehmen. Auch sollten Sie fragen,

was für den Empfänger interessant ist, was er wohl wissen möchte, warum er gerade jetzt hier sitzt und was er aus dieser Sitzung mitnehmen möchte.

- **Öffentlich Ergebnisprotokolle machen**
  Nicht im Verborgenen arbeiten, wir sind nicht beim Geheimdienst. Am besten, der Controller macht sich seine Notizen nicht auf seinem Block, sondern öffentlich auf dem Flip-Chart. Das ist dann gleichzeitig das Ergebnisprotokoll der Sitzung oder Präsentation. Jeder sieht: Aha, das haben wir gemacht, das haben wir erreicht. Eigene Beiträge sind ersichtlich. Stichwort: Motivation schaffen.
- **Alle mit einbeziehen**
  Häufig werden Controllingpräsentationen Expertenrunden, bei denen die Hälfte der Teilnehmer aussteigt. Gute Kommunikation heißt auch, mit allen zu kommunizieren. Aber bitte nicht mit dem Vorschlaghammer: „Herr Müller, haben Sie denn so gar nichts zu diesem doch für die anderen so interessanten Thema zu sagen?." Den Müller haben Sie wahrscheinlich für den Rest Ihrer Controllerkarriere im Unternehmen verprellt.
- **Zahlen verpacken, visualisieren**
  Der Controller ist in seinen Zahlen zu Hause. Mit der Zeit führt das zu einer gewissen Betriebsblindheit. Für andere sollten die Zahlen aufbereitet, verpackt werden. Ein Bild sagt mehr als 1000 Worte.
- **Hinweis, wie die Inhalte verwertet werden können**
  Zum Schluss einer Sitzung oder Präsentation stellt sich jeder regelmäßig die Frage: Was hat das jetzt gebracht? So muss zum Schluss immer die Frage kommen: Was ist jetzt zu tun? Wie können die Informationen verwertet werden?

4. Einführung des Controllings im Unternehmen

Wie fange ich es an und setze es um?

Ein guter Fischer flickt seine Segel vor dem Sturm

Unternehmensführer sind nicht immer gute Fischer. In ruhigen Zeiten sah man keine Notwendigkeit für ein ausgebautes Controlling. In schlechten Zeiten gab es dann kein Controlling und wenn ruck zuck eines eingeführt wurde, war es zu spät. Dann kommen die Besserwisser und sagen: „Sehen Sie, auch das Controlling konnte nicht helfen."
Will man ein Controlling einführen, stellt man meist fest, dass in irgendeiner Form Controlling schon „da" ist, dass es bereits Instrumente gibt, z.B. Umsatzaufstellungen, Kostenstellenauswertungen usw. Häufig gibt es bereits eine Betriebsabrechnung, die einen Betriebsabrechnungsbogen erstellt usw.
Die Einführung eines Controllings ist Projektarbeit und letztlich kann man ganz „klassisch" vorgehen:

- **Vorbedingungen**
  Zunächst sollte die Einführung eines Controllings oder die Verbesserung bestehender Strukturen erst einmal gewollt sein, und zwar auch von oben. Derartige Projekte müssen von der Unternehmensleitung gestützt werden. Ferner sollten alle relevanten Stellen im Unternehmen über die bestehende Einführung informiert werden, über Ziele des Projektes, was auf sie selber an Arbeit zukommt usw. Im Zweifel muss man erst einmal ganz von vorn anfangen und erklären, was Controlling überhaupt ist.
  In der Folge wird ein Arbeitsteam mit einem Verantwortlichen gebildet (idealerweise derjenige, der sich bereits mit Controllinginhalten im Unternehmen befasst, vielleicht der Leiter Rechnungswesen).
- **Informationsphase**

– Wie zu Beginn fast jeder Projektarbeit werden die Ziele des Projektes festgelegt. Was soll mit dem Controlling erreicht werden? Also z.B.

verbesserte Transparenz aller Bereiche, verbesserte Kalkulation, Artikelergebnisse, Einführung einer Planung u.ä.

- Es erfolgt eine Istanalyse. Was ist da? Wie ist die bisherige Qualität des Controllings? Hier sollte man ruhig einmal in die Tiefe gehen und „Gewissensfragen" stellen. Durch die Istanalyse ergeben sich in der Praxis immer Anregungen für die Gestaltung des späteren Systems. Hier wird gern mit Checklisten gearbeitet, die systematisch die Bereiche des Unternehmens beleuchten. Am Schluss dieses Kapitels finden Sie eine derartige Checkliste, die von einem Beratungsunternehmen in der Praxis eingesetzt wird.
- Festlegung eines Zeitplans für die Einführung

- **Entscheidungsfindung**
  Entscheidung für oder gegen die Einführung, Festlegung möglicher Alternativen
- **Konzepterarbeitung**

- Konkrete Zielformulierung
- Notwendige organisatorische Strukturen, z.B. wer betreut das spätere Controlling
- Entwicklung der Instrumente, z.B. Deckungsbeitragsrechnung, Übernahme vorhandener Instrumente
- Welche EDV-Unterstützung?
- Verständigung über die weitere Vorgehensweise, Abstimmung mit „oben"

- **Durchführung**
  Konkrete Einführung, das Arbeitsteam realisiert bis zum Echtlauf
- **Konsolidierungsphase**
- Prüfung, ob die Ziele realisiert wurden. Laufende Verbesserung des Controllingsystems.

Mittlerweile sind derartige Themen immer auch EDV-Themen oder wie man heutzutage sagt: IT-Themen. IT = Informationstechnologie. Es gibt Controllingsoftware jeder Größe und Preisklasse. Man kann im Zweifel schon mal einige Millionen Euro loswerden. Aber es geht auch einige Nummern kleiner. So gibt es schon sehr leistungsfähig Lösungen auf dem Personalcomputer, mit denen mittelständische Unternehmen erheblicher Größenordnung gut auskommen. Wählt man eine Software aus, wird man in der Regel ein sog.

Pflichtenheft konzipieren. Was soll die Software können? Hier folgen einige Eckpunkte, die in einem Pflichtenheft berücksichtigt werden sollten:

- Wie werden Schnittstellen zu Vorsystemen bewältigt?
- Ist eine direkte Übernahme von Zuliefterersystemen möglich (z.B. Lohnbuchhaltung)?
- Ist das Programm flexibel im Hinblick auf z.B. Feldlängen?
- Kann tief gegliedert werden und sind Hierarchiebildungen möglich, z.B. von Kostenarten und Kostenstellen?
- Können innerbetriebliche Leistungen verrechnet werden?
- Sind verschiedene Methoden möglich, z.B. eine Teilkostenrechnung?
- Kann die Software mit Bezugsgrößen arbeiten?
- Ist die Arbeit mit Plandaten möglich, gibt es Plan/Ist-Vergleiche?
- Sind Berichte frei gestaltbar, ist eine grafische Umsetzung von Daten möglich?
- und einiges mehr.

Man wird selten voll zufrieden sein, mal wünscht man sich eine flexible Plankostenrechnung, es ist aber nur eine starre möglich. Mal wünscht man sich verbesserte statistische Auswertungen über Kunden, Gebiete usw., bekommt aber nur verdichtete Daten usw. Daran sollte eine Einführung niemals scheitern. Die Alternative zur 100 %-Lösung ist immer, keine Lösung zu haben. Und das kann es auch nicht sein!

Checkliste zur Controllingeinführung (bzw. zum Checken der Qualität Ihres Controllings)

Zum Schluss eine Checkliste. Ein gutes Controllingsystem sollte möglichst viele Fragen mit „Ja" beantworten können. Bei sehr vielen Teilweise- und Ja-Nein-Antworten besteht sicherlich ein gewisser Nachholbedarf. Checken Sie einmal Ihr Unternehmen.

Detailfragen Umsatz, Kosten, Ergebnis, Finanzen

	Umsatz, Kosten, Ergebnis, Finanzen	ja	teil-weise	nein	Anmerkungen
1.	**Haben Sie spätestens am 10. des Folgemonats einen kompletten Überblick über den abgelaufenen Monat?**				
1.1.	Kommen alle Berichte immer (!) pünktlich?				
1.2.	Sind Probleme der Datenverarbeitung gelöst?				
1.3.	Sind personelle Probleme der Berichterstattung gelöst?				
2.	**Führen Sie regelmäßig Ergebnisbesprechungen mit Ihrer Führungsmannschaft durch?**				
2.1.	Verteilen Sie Ihre Berichte immer mit einer Kommentierung?				
2.2.	Sind Sie der Meinung, dass die Ergebnisbesprechungen einen Lerneffekt haben?				
3.	**Überprüfen Sie monatlich, ob Sie noch am Plan sind? Veranlassen Sie bei größeren Abweichungen Gegen-steuerungsmaßnahmen?**				
3.1.	Machen Sie überhaupt eine Monatsplanung?				
3.2.	Analysieren Sie regelmäßig Abweichungen?				
3.3.	Gibt es für jede Abweichung einen Ansprechpartner, einen Verantwortlichen?				
4.	**Steuern Sie Ihr Unternehmen über ein DV-gestütztes Kennzahlensystem?**				
4.1.	Sind Sie sicher, die richtigen Kennzahlen zu ermitteln?				
4.2.	Haben Sie die richtige Anzahl von Kennzahlen für die verschiedenen Unternehmensbereiche?				
4.3.	Werden Kennzahlen automatisch generiert?				
5.	**Führen Sie Ergebnisanalysen mit einer Deckungsbeitragsrechnung durch?**				
5.1.	Haben Sie die richtigen Instrumente?				
5.2.	Können Sie die Artikelergebnisse richtig einschätzen?				
5.3.	Kennen Sie die Fehler der Vollkostenrechnung?				
5.4.	Haben Sie die interne Rechnungslegung den Veränderungen der letzten Zeit angepasst?				
6.	**Verfolgen Sie laufend die Entwicklung der wichtigsten Kostenblöcke in Ihrem Unternehmen?**				
6.1.	Haben Sie genügend Kostentransparenz?				
6.2.	Stimmt die Relation Einzel-/Gemeinkosten?				
6.3.	Stimmt die Relation fixe/variable Kosten?				
6.4.	Wissen Sie, wie sich die Kosten entwickeln, wenn der Umsatz zurückgeht?				
6.5.	Verfolgen Sie die Kosten mit Kostenmanagement-methoden, z.B. der Wertanalyse				
6.6.	Arbeiten Sie mit klassischen Methoden der Kosten-senkung, z.B. Wertanalysen, Zero-Base-Methoden usw.?				

Abbildung 94: Checkliste zur Qualität Ihres Controllings

7.	Arbeiten Sie mit effektiven Kalkulationsinstrumenten?				
7.1.	Spiegelt die Kalkulation den tatsächlichen Preis Ihrer Produkte wieder?				
7.2.	Kennen Sie die Schwachpunkte Ihrer Kalkulationsmethoden? Z.B. der Zuschlagskalkulation?				
7.3.	Jede Kalkulation streut um die Wirklichkeit! Kennen Sie die Streuung?				

8.	Gibt es einen laufenden Liquiditätsstatus?				
8.1.	Wissen Sie, wie liquide Sie sind?				
8.2.	Wissen Sie, was passiert, wenn eine wichtige Forderung ausfällt? Oder ein wichtiger Kunde?				
8.3.	Wissen Sie, für wie lange Sie Reserven haben?				

9.	Haben Sie einen monatlichen Einnahmen-/Ausgabenplan (Monatsfinanzplan)?				
9.1.	Verfolgen Sie systematisch Einnahmen und Ausgaben?				
9.2.	Arbeiten Sie mit Finanzplänen?				
9.3.	Arbeiten Sie mit Finanzkennzahlen (z.B. Cash Flow?)				

Was ist vorhanden?

- q Bilanz/GuV
- q Lagebericht
- q Kostenartenrechnung
- q Kostenstellenrechnung
- q Betriebsabrechnungsbogen (BAB)
- q Kostenträgerrechnung
- q Vollkostenrechnung
- q Teilkostenrechnung
- q Sonstige Kostenrechnungsverfahren
  ....
  ....
- q Kalkulationsmethoden
  ....

- q Planung/langfristig, kurzfristig
- q Hochrechnung
- q Liquiditätsstatus
- q Kennzahlen
- q Statistiken
- q Investitionsrechnungen
- q Sonstiges
  ....

EDV-Ausstattung

- q Hardware/Software Buchhaltung
  ....
- q Hardware/Software Kostenrechnung
  ....

Detailfragen Entwicklung, Produktion, Materialwirtschaft

	Entwicklung, Produktion, Materialwirtschaft	ja	teilw.	nein	Anmerkungen
10.	Ist bekannt, in welchem Umfang die Entwicklungsabteilung durch Kundenaufträge ausgelastet ist?				
10.1.	Arbeitet die Entwicklungsabteilung konkret an Kundenaufträgen?				
10.2.	Wissen Sie, welche Entwicklungskosten sich sicher amortisieren werden?				
10.3.	Kennen Sie den Anteil der Entwicklungskosten, die „auf Verdacht" geleistet werden?				
10.4.	Wird regelmäßig eine Aufwand/Nutzen-Analyse der Entwicklungskosten durchgeführt?				

11.	Haben Sie eine Übersicht, in welchem Umfang Kosten und Termine für die laufenden Entwicklungsprojekte eingehalten werden?				
11.1.	Verfolgen Sie Ihre Projekte nicht nur inhaltlich, sondern auch kostenmäßig?				
11.2.	Machen Sie Hochrechnungen über laufende Projekte?				
11.3.	Sind Sie sicher, dass Sie keine (kostenmäßigen) Überraschungen am Ende des Projektes erleben werden?				
11.4.	Ist die Amortisation des Projektes gesichert?				
11.5.	Wissen Sie, in welchem Zeitraum die Kosten der Projekte amortisiert sind?				

12.	Verfolgen Sie regelmäßig für abgeschlossene Entwicklungsprojekte das Leistungsniveau der Entwicklung (Reklamationen, Änderungen, Nacharbeiten, Gewährleistungen)?				
12.1.	Ein Projekt ist noch lange nicht zu Ende, wenn es zu Ende ist. Kennen Sie die Folgeaktivitäten, Auswirkungen auf andere Unternehmensbereiche, Folgekosten?				
12.2.	Sind Projekte so dokumentiert, dass Lerneffekte für andere Projekte übernommen werden können. Soll heißen: Tauschen sich Ihre Projektverantwortlichen untereinander aus?				

13.	Haben Sie eine Übersicht über die Auslastung Ihrer Produktionskapazitäten (Maschinen, Personal)?				
13.1.	Kennen Sie Ihre Leerkosten, also die Kosten Ihrer nicht genutzten Kapazitäten?				
13.2.	Arbeiten Sie hier mit Kennzahlen, also z.B. Nutzungsgrad von Anlagen, Leistung zu Anwesenheit des Personals usw.?				
13.3.	Sind nicht nur die Maschinen ausgelastet sondern auch das Personal (auch das sog. Overheadpersonal)?				

14.	Verfolgen Sie die Produktivitätsentwicklung in Fertigung und Entwicklung?				
14.1.	Arbeiten Sie mit Produktivitätskennzahlen, z.B. Lohnkosten pro Leistungseinheit?				
14.2.	Haben Sie Methoden, um die Produktivität der Entwicklung zu messen. Gibt es z.B. Leistungsvorgaben, Standards o.ä.?				

15.	Kennen Sie die Bestands- und Umschlagsentwicklung der gelagerten Materialien?				
15.1.	Verfolgen Sie ständig die Bestände an - Roh-/Hilfs- und Betriebsstoffen - unfertigen Erzeugnissen - fertigen Erzeugnissen?				
15.2.	Wissen Sie, welche Liquidität in Ihren Beständen gebunden ist?				
15.3.	Kennen Sie die Potentiale der Bestandssenkung?				
15.4.	Gibt es Maßnahmen zur Bestandssenkung?				
15.5.	Haben Sie z.B. folgende Effekte einmal quantifiziert: - Was bedeutet z.B. 20% Bestandssenkung? - Was bedeutet die Verringerung der Lagerreichweite z.B. um einen Monat?				

16.	Haben Sie eine Übersicht über die anfallenden Lagerhaltungskosten?				
16.1.	Extrem gefragt: Brauchen Sie überhaupt ein Lager?				
16.2.	Hat Ihr Lager die optimale Größe?				
16.3.	Wurden die Lagerkosten bereits einmal kritisch durchleuchtet?				

Was ist vorhanden?

q Projektorganisations-Tools
....
....
q Projekt(kosten)rechnungen
q Produktionsplanung
q DV-gesteuerte Produktionsplanungssysteme
....
....
....
q Maschineneinsatz-/auslastungsplanung
q Produktionskennzahlen
q Bestands-/Lagerkennzahlen
q ABC-Analysen oder ähnliche Tools
q Sonstiges
....
....
....
....

Detailfragen Vertrieb

	Vertrieb	ja	teilw.	nein	Anmerkungen
17.	Analysieren Sie monatlich Ihre Auftragsentwicklung, Ihre Erfolgsquoten und Auftragsverluste, Ihr Interessentenpotential usw.?				
17.1.	Bilden Sie Vertriebskennzahlen, z.B. Auftragseingänge, Auftragsbestand u.ä.?				
17.2.	Vergleichen Sie Ihre Vertriebskennzahlen im Zeitablauf?				
17.3.	Kennen Sie noch nicht genutzte Vertriebspotentiale?				
17.4.	Betreiben Sie ein schlagkräftiges Marketing. Nutzen Sie z.B. die Instrumente des Marketingmix?				
18.	Führen Sie eine differenzierte Verkaufserfolgsrechnung nach Produktgruppen, Produkten, Anwendungsgebieten und Profit-Center durch?				
18.1.	Machen Sie differenzierte Umsatzbetrachtungen?				
18.2.	Haben Sie eine effektive Vertriebsstatistik?				
18.3.	Gibt es Verantwortliche für Produktgruppen, Profit-Center, Vertriebsgebiete o.ä.?				
18.4.	Trägt Ihr Vertrieb unternehmerische Verantwortung?				
19.	Setzen Sie eine DV-gestützte Vertriebssteuerung mit Instrumenten wie Kundenanalyse, Auftragseingangsplanung, Kundendeckungsbeitragsrechnung ein?				
19.1.	Nutzen Sie Controllinginstrumente für die Vertriebssteuerung?				
19.2.	Ist z.B. nicht nur Ihre Produktion controllingmäßig „up to date", sondern auch Ihr Vertrieb?				
19.3.	Arbeiten Sie mit Vertriebskennzahlen?				
20.	Verbringt der Vertrieb mehr als 75% seiner Zeit mit operativer Angebots- und Interessentenbearbeitung?				
20.1.	Kennen Sie die Tätigkeiten, die Ihr Vertrieb überhaupt macht? Schätzen Sie diese Tätigkeiten wertanalytisch ein?				
20.2.	Halten Sie Ihren Vertrieb überhaupt für schlagkräftig?				

Was ist vorhanden?

- q Vertriebs-Hardware/Software
  ....
  ....
- q Vertriebsplanung
- q Vertriebskennzahlen
- q Vertriebskennzahlen
- q Vertriebsstatistiken
- q Differenzierte Verkaufserfolgsrechnungen/ Profit-Center-Rechnungen
- q Vertriebskostenrechnung (z.B. Deckungsbeiträge pro Kunde)
- q Provisionsabrechnungssystem
- q Sonstiges
  ....
  ....

Detailfragen Personal

	Personal	ja	teilw.	nein	Anmerkungen
21.	Kennen Sie den Krankenstand und die Personalfluktuation?				
21.1.	Wissen Sie, wie viel Ihr Krankenstand überhaupt kostet?				
21.2.	Kennen Sie die Gründe für Fluktuation?				
21.2.	Kennen Sie Ihre „hausgemachten" Personalprobleme?				

22.	Haben Sie eine Personalbedarfsplanung?				
22.1.	Stimmt die Höhe Ihres Personalstandes?				
22.2.	Haben Sie Kriterien für die Höhe des Personalstandes im administrativen Bereich?				
22.2.	Planen Sie Ihren Personalbedarf (oder warten Sie, bis eine Lücke auftaucht)?				

23.	Planen Sie systematisch Personalentwicklungsmaßnahmen?				
23.1.	Kennen Sie die Potentiale Ihrer Mitarbeiter?				
23.2.	Wissen Sie, in welche Richtung sich einzelne Mitarbeiter entwickeln sollen?				

24.	Haben Sie ein Personalbeurteilungssystem?				
24.1.	Sprechen Sie mit den Mitarbeitern über Ihre Beurteilungen?				
24.2.	Beurteilen Sie auch die Führungskräfte?!				

Was ist vorhanden?

- q Hardware/Software (Personalabrechnungssysteme)
  ....
  ....
  ....
  ....
- q Personalkennzahlen
- q Personalplanung
- q Personalentwicklungsplanung
- q Personalbeurteilungssystem
- q Weiterbildungsplanung
- q Sonstiges
  ....
  ....
  ....
  ....

Detailfragen Datenverarbeitung

	Datenverarbeitung	ja	teilw.	nein	Anmerkungen
25.	Gibt es eine Rahmenplanung zur geordneten Entwicklung der DV-Infrastruktur?				
25.1.	Die DV-Welt verändert sich ständig. Wissen Sie, wohin Sie sich mitverändern wollen?				
25.2.	Planen Sie Ihre EDV solide und langfristig (oder jagen Sie den letzten Highlights hinterher)?				
25.3.	Haben Sie eine integrierte Lösung oder arbeiten Sie mit „Insellösungen"?				
25.4.	Kennen Sie die zukünftige Dimensionierung Ihrer DV-Infrastruktur?				

26.	Unterstützt Ihre DV die Geschäftsprozesse durchgängig über alle Funktionsbereiche				
26.1.	Wissen Sie, in welchem Umfang die einzelnen Bereiche die Möglichkeiten Ihrer EDV wirklich nutzen?				
26.2.	Gibt es gravierende Niveauunterschiede bei der DV-Unterstützung (z.B. die Buchhaltung wird optimal unterstützt, die Kostenrechnung „arbeitet noch mit dem Taschenrechner")				

27.	**Ist Ihre DV in der Lage, die zukünftige Entwicklung Ihres Unternehmens nachhaltig zu unterstützen?**				
27.1.	Kann Ihre EDV z.B. eine evtl. Expansion bewältigen?				
27.2.	Schauen wir in die Zukunft: Meinen Sie, Ihre EDV ist für die Probleme gerüstet, die Sie z.B. in 3 Jahren haben?				
27.3.	Haben Sie analysiert, was aktuell dv-technisch zu tun ist?				

Was ist vorhanden?

q Hardware
....
....
....
....

q Software
....
....
....
....

q Sonstiges
....
....
....
....

Literaturverzeichnis

Es gibt eine Fülle von **Controllingliteratur**. Im folgenden zwei Grundlagenwerke:

Deyhle, Alfred: **Controller Handbuch.** Lexikon mit 5 Bänden
Das Handbuch spiegelt das Lehrgebäude der Controller-Akademie wieder. Praxisorientiert und interessant geschrieben.

Horvàth, Peter: **Controlling**
Ein Klassiker der Controllingliteratur. Ausführlich, aber leider manchmal etwas theoretisch.
Interessant: Auch Randbereiche des Controllings werden beleuchtet

... und nicht vergessen: Controlling ist "BWL pur". Da ist es immer hilfreich, ein Nachschlage- bzw. **Grundwerk** zur Betriebswirtschaftslehre zur Hand zu haben, z.B.:

Wöhe, Günter: **Einführung in die Allgemeine Betriebswirtschaftslehre**
Ein Klassiker, nach dem unzählige Studenten Betriebswirtschaftslehre gelernt haben. Immer gut für solide Basisinformationen.

Haunerdinger, Monika und Probst, Hans-Jürgen: **BWL leicht gemacht**
In leicht verständlicher Form ist dieses Buch auch eine für betriebswirtschaftliche Laien kompakte und praxisorientierte Einführung in die Betriebswirtschaftslehre.

Zeitschriften: Wer sich regelmäßig über Controllingfragen informieren will, für den bieten sich z.B. folgende Fachzeitschriften an:

Controlling. Vahlen Verlag
Erscheint zehnmal jährlich
Autoren aus Wissenschaft und Praxis

Controller Magazin. Verlag für Controllingwissen
6 Ausgaben pro Jahr
Eng verbunden mit dem Controller-Verein und der Controller-Akademie in Gauting.

Controlling und Management. Gabler Verlag
6 Ausgaben pro Jahr
Autoren aus Wissenschaft und Praxis
Auch Informationen aus dem Hochschulbereich

Auch das **Internet** ist eine gute Informationsquelle zu Controllingthemen, beispielhaft sei hier die Seite www.controllingportal.de genannt.

Stichwortverzeichnis

W

Z